JN428771

PSpice로 배우는

기초회로

이론과 실험실습

진현준 지음

홍릉과학출판사

머리말

이 책은 이론에 충실한 실험 책이다. 실험의 배경이 되는 이론을 충실히 배우고 실험에 임할 수 있도록 상세한 설명을 포함하였다. 하지만 너무 많은 내용을 다루지 않도록 조심하였다. 자칫 이론 설명이 너무 많아져 실험에 대한 흥미를 떨어뜨리지는 않을까 하는 우려 때문이다.

회로 이론은 전기전자 계열 학과의 전공 기초과목이지만 수학, 물리, 전기등의 기본지식을 필요로 하여 처음 배우는 학생 입장에서는 어렵게 느껴질 수도 있다. 그래서 대부분의 학과에서는 실험 실습을 병행한다. 수식이나 개념적으로 배운 내용을 실험을 통하여 보다 확실하게 이해할 수 있게 함이다. 그런데 회로 이론과 실험 과목을 동시에 수강하는 경우 실험 과목의 진도가 이론 과목보다 빠르기 마련이다. 실험의 이론적 배경을 배우기도 전에 실험을 해야 하는 경우가 생기게 된다. 실험을 왜 하며 그 내용이 어떠한지에 대한 확실한 이해없이 실험을 하게 된다면 애초 실험 실습 과목의 의미는 퇴색될 수밖에 없다.

따라서 실험 과목 자체로도 충분한 이론 설명이 가능하고 실험 실습을 병행할 수 있도록 책을 구성하였다. 대부분 대학의 한 학기가 15주 안팎인 것을 고려하여 중간고사와 기말고사를 제외한 나머지 13주에 맞도록 전체를 13장으로 구성하였고 한 주 4시간 강의를 기본으로 하였다. 4시간 강의 중 1시간 이론 강의와 3시간 실험 실습이 되도록 하였으나 내용에 따라 이론 강의가 1시간을 초과할 수도 있겠다. 이 책의 내용은 다음과 같은 네 단계로 진행된다.

배경이론 → 예제 풀이 → 실험 실습 → PSpice 시뮬레이션

각 장은 주제에 따라 작은 절로 이루어져 있고 마지막 절은 항상 실험 실습을 위한 것

이다. 배경이론의 설명 뒤에는 대표적인 예제를 두어 이해를 도왔으며 가능한 예제의 내용이 그대로 실험 실습으로 이어지게 하였다. 마지막으로 PSpice 시뮬레이션을 통하여 실험의 결과를 예측하고 확인할 수 있도록 하였다. 물론 경우에 따라 시뮬레이션을 먼저 수행한 후 실험을 하는 경우도 있을 수 있고 실험의 특성상 예제의 내용이 그대로 실험으로 이어지지 않는 경우도 있지만 가능한 위의 네 단계 진행을 원칙으로 하였다.

이 책의 내용은 크게 세 부분으로 구성된다. 첫 부분은 직류 회로 실험, 두 번째 부분은 교류 회로 실험, 그리고 마지막 부분은 응용 회로 실험 이렇게 세 부분으로 구성하였다. 직류 회로 실험은 1장에서 5장까지로 옴의 법칙, 직병렬 저항 회로, 키르히호프의 법칙, 테브난 노턴의 정리 등을 포함한다. 특히 2장에서 PSpice 시뮬레이션을 위한 OrCAD 소프트웨어 툴 사용법을 설명하는데 이는 처음부터 시뮬레이션 툴 사용법을 설명하는 것보다 한 주라도 실제 실험을 경험해 본 후 최소한의 전원 사용법, 멀티 미터 측정법, 저항과 같은 부품 연결방법 등을 익힌 후 시뮬레이션을 해 보는 것이 실험의 이해에 도움이 되리라는 생각 때문이다. 그렇다고 너무 뒷부분에서 설명하는 것은 실험 진행의 맥을 끊어놓을 수 있다는 생각도 들어 그렇게 하였다.

교류 회로 실험은 6장에서 12장까지로 책 구성의 반 이상을 차지하는데 아무래도 교류 실험이 직류 실험보다 어려운 탓에 많은 부분을 할애하였다. 교류 실험은 주로 RLC 회로 실험으로 저항, 인덕터, 커패시터의 교류 특성에 초점을 맞추어 그 내용을 구성하였다. 특히 12장에서 교류 회로의 전력에 대하여 설명하는데 전력은 기초 회로 실험 시간에 실험 실습으로 확인하기에는 다소 까다로운 내용이 포함되어 있어 실험 실습보다는 이론 설명이 중요한 부분이 되었으나 실험을 통한 개념 이해에 도움이 되도록 하였다. 마지막 13장에서는 브리지 회로와 필터 회로를 통해 간단한 응용 회로를 경험할 수 있게 하였다.

대부분의 실습 교재가 이론 설명이 부족할 수밖에 없지만 가능한 별도의 이론 책의 도움 없이 실험을 이해하고 진행할 수 있게 책을 구성하였다. 아직 여기저기 부족한 곳이 많이 남아있으리라 생각된다. 능력의 부족을 절감하지만 그동안 이 책이 이만큼이라도 나올 수 있게 성심으로 도와주신 홍릉과학출판 편집부 여러분에게 감사를 드린다.

2019년 2월 저자

차 례

제1장

옴의 법칙과 저항 회로

1.1 옴의 법칙

옴의 법칙(Ohm's law)은 전압 V와 저항 R이 있는 회로에서 전압과 저항, 그리고 회로에 흐르는 전류 I와의 상관관계를 나타내며 다음 식으로 표현한다.

$$V = I \cdot R \tag{1.1}$$

식 (1.1)에 의하면 저항이 일정할 때 전압과 전류는 비례 관계임을 알 수 있다. 즉, 전압이 증가하면 전류도 증가하고 반대로 전류가 증가하면 전압도 증가한다.

또한 식 (1.1)을 저항을 기준으로 나타내면 $R = V/I$ 식으로 나타낼 수 있으므로 저항이란 전압과 전류의 비율임을 알 수 있다. 회로에서 인가된 전압에 비해 흐르는 전류의 양이 적으면 저항값이 커지므로 이 회로의 저항이 크다 라고 말할 수 있다. 이와 반대로 같은 전압에 대하여 흐르는 전류의 양이 크다면 이 회로의 저항은 작다 라고 말할 수 있다.

식 (1.1)을 이용하여 전압, 전류 또는 저항값을 계산할 때 각각의 단위는 전압은 V(Volt), 전류는 A(Ampere), 저항은 Ω(Ohm)임을 주의하자. 예를 들어 전압이 5V이고 전류가 1A이면 이때의 저항값은

$$R = \frac{V}{I} = \frac{5(\mathrm{V})}{1(\mathrm{A})} = 5(\Omega)$$

이 되고 전압이 5(V)이고 전류가 1(mA)이면 이때 저항값은

$$R = \frac{V}{I} = \frac{5(\mathrm{V})}{1(\mathrm{mA})} = 5(\mathrm{K}\Omega)$$

이 된다.

예제 1-1

그림 1–1 회로를 브레드보드에 구현하고 전류 I와 저항 R에 걸리는 전압을 구하시오.

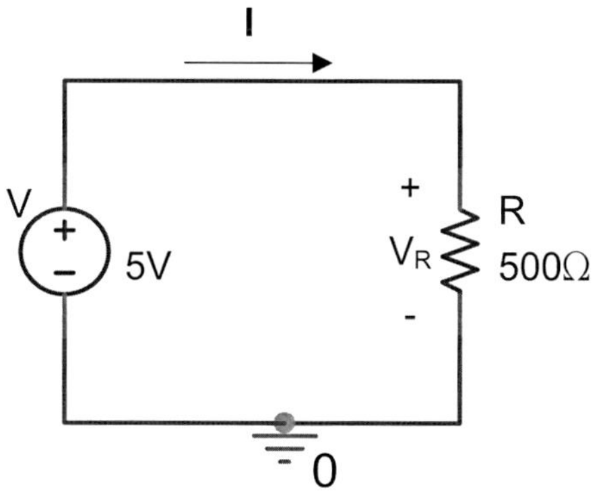

| 그림 1-1 | 저항회로

풀이

옴의 법칙의 식 $V = IR$에서 전류 $I = V/R$이므로

$$I = \frac{5(\mathrm{V})}{500(\Omega)} = 10(\mathrm{mA})$$

이고 저항 R에 걸리는 전압은 $V = IR$ 식에 의하여

$$V_R = 10(\mathrm{mA}) \times 500(\Omega) = 5(\mathrm{V})$$

이다. 회로를 브레드보드에 구현한 모습은 그림 1-2와 같다.

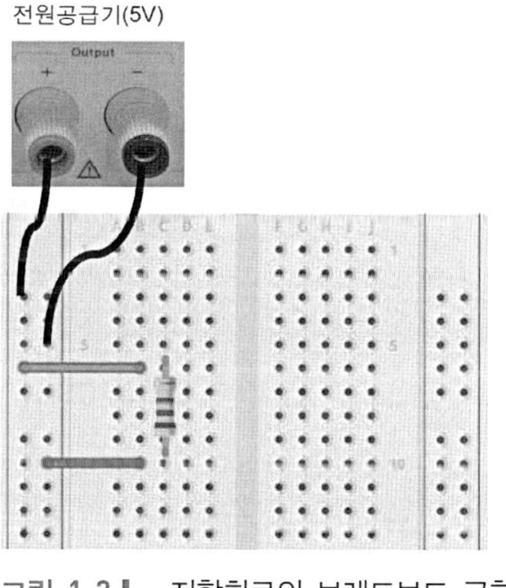

| 그림 1-2 | 저항회로의 브레드보드 구현

1.2 직렬저항 회로

회로에 저항 n개가 직렬로 연결되어 있으면 총 저항 R_t는 다음 식으로 나타낼 수 있다.

$$R_t = R_1 + R_2 + \dots + R_n$$

직렬저항 회로에서 총 저항값은 연결된 각 저항값의 총합과 같다. 직렬저항 회로에서 각 저항에 흐르는 전류값은 동일하다. 하지만 옴의 법칙에 의해 각 저항에 걸리는 전압값은 저항의 크기에 비례한다. 전류값이 동일하기 때문에 저항값이 커지면 그 저항에 걸리는 전압값도 커진다.

$$V_{R1} = IR_1$$
$$V_{R2} = IR_2$$
$$\vdots$$
$$V_{Rn} = IR_n$$

회로에 공급되는 전원 전압값은 각 저항에 걸리는 전압값을 합한 것과 같다.

$$V = V_{R1} + V_{R2} + \dots + V_{Rn}$$

예제 1-2

그림 1-3 직렬저항 회로에서 직류전원 전압은 V, 회로에 흐르는 전류는 I, 각 저항에 걸리는 전압은 $V_{R1} \sim V_{R3}$로 나타내었다. 그림 1-3의 회로를 브레드보드에 구현하고 전압 V를 전류와 저항값으로 나타내시오.

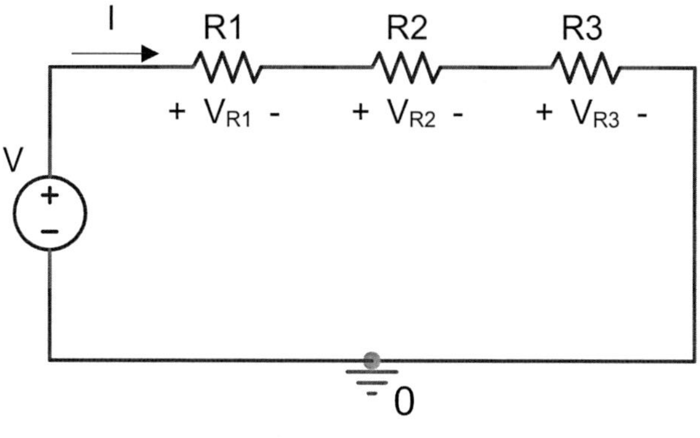

▌그림 1-3▐ 직렬저항 회로

풀이

위의 회로에서 전체 저항 R_t는 직렬연결이므로 다음과 같다.

$$R_t = R_1 + R_2 + R_3$$

따라서 옴의 법칙을 이용하여 전압을 전류와 저항값으로 나타내면 다음과 같다.

$$V = IR_t = I(R_1 + R_2 + R_3) = IR_1 + IR_2 + IR_3$$

주의 저항은 전기적 극성이 없으므로 저항 양단에 걸리는 전압의 극성은 일반적으로 전류가 들어가는 방향을 (+)로, 나가는 방향을 (−)로 한다.

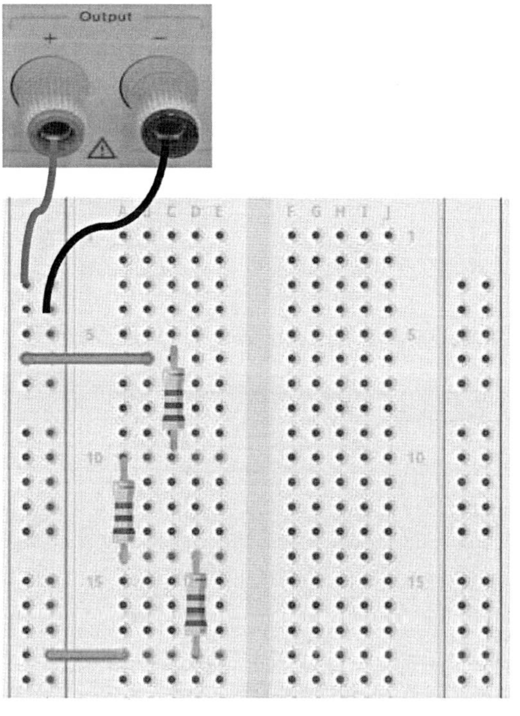

▌그림 1-4▐ 직렬저항 회로의 브레드보드 구현

1.3 병렬저항 회로

저항 n개가 병렬로 연결되어 있을 때 총 저항 R_t는 식 (1.2)와 같이 구할 수 있다. 여기서 저항의 병렬연결이란 저항의 양쪽 끝이 서로 공통으로 연결되어 있는 형태를 말한다.

$$\frac{1}{R_t}=\frac{1}{R_1}+\frac{1}{R_2}+\dots+\frac{1}{R_n} \tag{1.2}$$

병렬저항 회로에서 각 저항에 걸리는 전압은 모두 동일하고 전류는 저항값에 따라 분배되어 흐른다. 회로의 전원에서 공급되는 전류는 각 저항에 흐르는 전류의 합과 같다. 그림 1-5와 같은 병렬저항 회로에서 전원 전압은 V, 전류는 I일 때 각 저항에 흐르는 전류를 I_1, I_2, I_3이라고 하자.

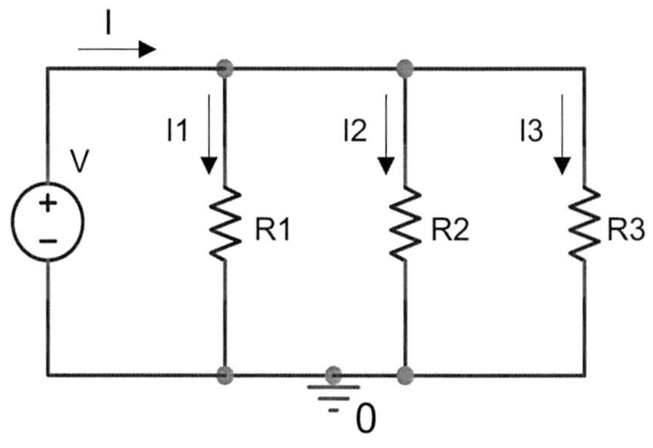

| 그림 1-5 | 병렬 저항 회로

위의 회로에서 전체 전류 I는 옴의 법칙에 의하여 다음과 같이 나타낼 수 있다.

$$I=\frac{V}{R_t}=V\left(\frac{1}{R_1}+\frac{1}{R_2}+\frac{1}{R_3}\right)=\frac{V}{R_1}+\frac{V}{R_2}+\frac{V}{R_3}=I_1+I_2+I_3$$

예제 1-3

그림 1–6과 같은 병렬저항 회로를 브레드보드에 구현하고 전원 전압이 10V일 때 각 저항에 흐르는 전류를 구하시오.

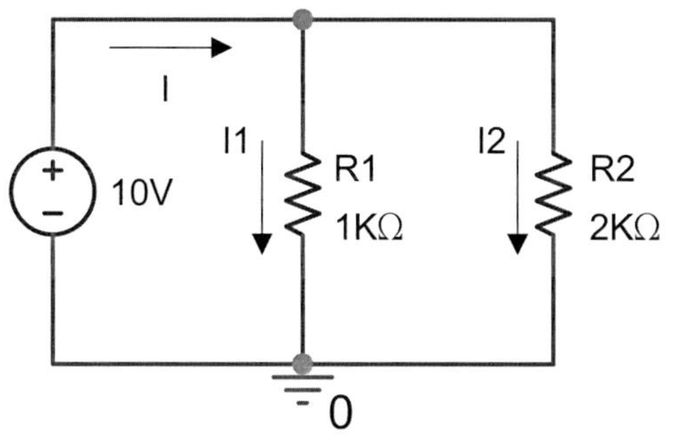

| 그림 1-6 | 병렬저항 회로

풀이

저항 R_1과 R_2가 병렬 연결되어 있으므로 각 저항에 걸리는 전압은 10V로 동일하다. 따라서 각 저항에 흐르는 전류 I_1과 I_2는 다음과 같다.

$$I_1 = \frac{V}{R_1} = \frac{10(\mathrm{V})}{1(\mathrm{K})} = 10(\mathrm{mA})$$

$$I_2 = \frac{V}{R_2} = \frac{10(\mathrm{V})}{2(\mathrm{K})} = 5(\mathrm{mA})$$

따라서 전체 전류 I는 $I_1 + I_2$이므로 15(mA)이다.

전체 병렬 저항값을 구한 후 옴의 법칙에 의하여 전류값을 확인할 수도 있다. 회로의 전체 병렬 저항 R_t의 크기는 아래 식과 같다.

$$\frac{1}{R_t} = \frac{1}{R_1} + \frac{1}{R_2} = \frac{1}{1K} + \frac{1}{2K} = \frac{3}{2K}$$

$$R_t = \frac{2}{3}(\mathrm{K\Omega})$$

따라서 옴의 법칙에 의하여 전체 전류는

$$I = \frac{V}{R_t} = \frac{10}{\frac{2}{3}K} = \frac{30}{2K} = 15(\mathrm{mA})$$

이므로 위의 계산과 동일함을 알 수 있다. 그림 1-7은 그림 1-6의 병렬저항 회로를 브레드보드에 구현한 것이고 전류계는 1KΩ의 저항에 흐르는 전류를 측정하기 위해 연결된 상태이다.

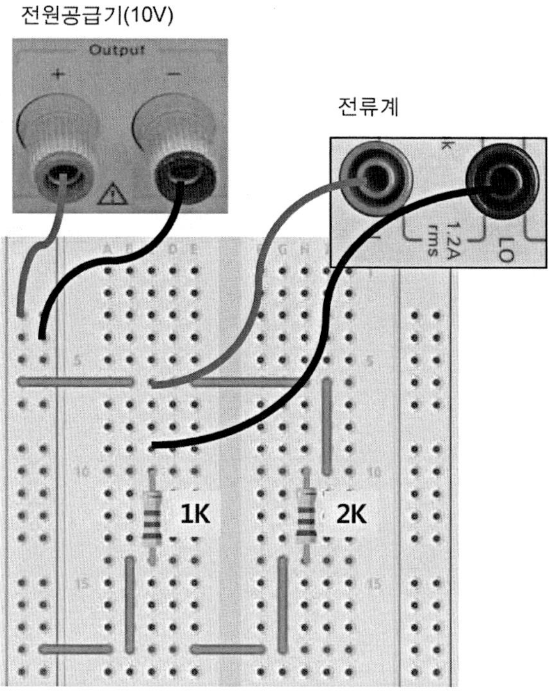

| 그림 1-7 | 병렬저항 회로의 브레드보드 구현

1.4 직병렬 저항 회로

대부분의 회로에서는 저항이 직렬과 병렬연결이 혼합된 형태로 구성되어 있다. 그림 1-8은 직병렬저항 회로를 보여준다. 회로에서 저항 R_2와 R_3는 병렬로 연결되어 있으며 이들 저항은 저항 R_1과 저항 R_4와는 직렬로 연결되어 있다. 저항이 직렬 연결되어 있을 때 흐르는 전류값은 동일하므로 R_1과 R_4에 흐르는 전류값 I_1과 I_4는 같을 것이다. 병렬 회로에서는 저항에 걸리는 전압이 동일하므로 V_{R2}와 V_{R3}는 같은 값을 가지고 R_2와 R_3에 흐르는 전류는 저항의 크기에 의해 분배된다.

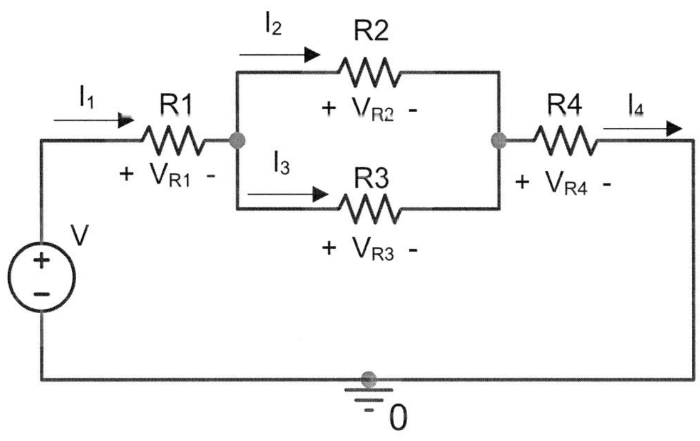

| 그림 1-8 | 직병렬 저항 회로

그림 1-8 회로에서 저항 R_2와 R_3는 병렬 연결되어 있으므로 병렬 저항의 합을 R_p라 하면 다음 식과 같이 나타낼 수 있다.

$$\frac{1}{R_P} = \frac{1}{R_2} + \frac{1}{R_3}$$

$$R_P = \frac{R_2 R_3}{R_2 + R_3}$$

또한 R_p는 R_1과 R_4와는 직렬 연결되어 있으므로 전체 저항 R_t는 다음과 같이 나타낼 수 있다.

$$R_t = R_1 + R_p + R_4$$

전압을 V, 전체 전류는 I라 하면 옴의 법칙에 의해 다음 식이 성립한다.

$$V = IR_t = I(R_1 + R_p + R_4) = IR_1 + IR_p + IR_4$$
$$= V_{R1} + V_{Rp} + V_{R4}$$

저항 R_2와 R_3는 병렬 연결되어 있고 병렬 회로의 입력 전류가 I_1이고 전압이 V_{Rp}이므로 옴의 법칙에 의해 다음 식이 성립한다.

$$I_1 = \frac{V_{Rp}}{R_P} = V_{Rp}\left(\frac{1}{R_2} + \frac{1}{R_3}\right) = \frac{V_{Rp}}{R_2} + \frac{V_{Rp}}{R_3} = I_2 + I_3$$

또한 병렬 회로를 흐르는 전류 I_2와 I_3는 다시 I_4로 합쳐지므로 다음과 같은 식이 성립함을 알 수 있다.

$$I_1 = I_2 + I_3 = I_4$$

예제 1-4

그림 1–9와 같은 직병렬저항 회로에서 전원 전압이 10V일 때 각 저항에 흐르는 전류와 각 저항에 걸리는 전압을 구하시오.

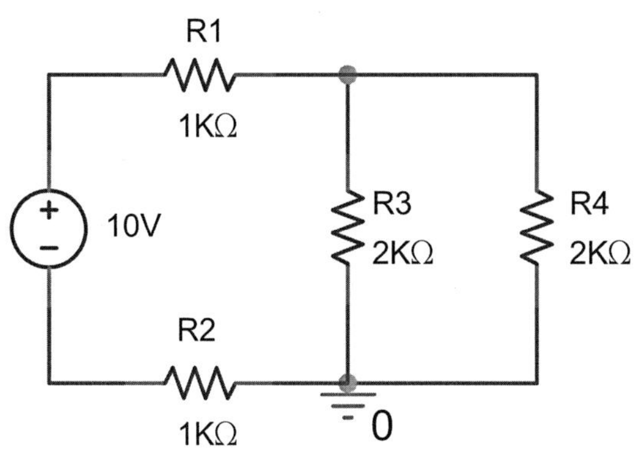

그림 1-9 직병렬 저항회로

풀이

전체 전류를 구하기 위하여 먼저 전체 저항값을 구한다. R_3와 R_4의 병렬 저항 값 R_p를 구하면

$$\frac{1}{R_p} = \frac{1}{R_3} + \frac{1}{R_4} = \frac{1}{2(K)} + \frac{1}{2(K)} = \frac{2}{2(K)}$$

$$R_p = 1(K)$$

따라서 전체 저항 $R_t = R_1 + R_2 + R_p = 3(\text{K}\Omega)$이 된다. 옴의 법칙을 이용하여 전류값을 구하면 다음과 같다.

$$I = \frac{V}{R_t} = \frac{10}{3(K)} \simeq 3.33(\text{mA})$$

그러므로 저항 R_1과 R_2에 흐르는 전류값은 3.33(mA)이다.

저항 R_3와 R_4는 병렬 연결되어 있으므로 각 저항에 걸리는 전압값이 같고 저항값도 서로 동일하므로 각 저항에 흐르는 전류값 또한 같다. 따라서 R_3와 R_4에 흐르는 전류값은 R_1에 흐르는 전류가 반으로 나누어져 흐르게 되므로 각각 3.33/2(mA)가 된다.

각 저항에 흐르는 전류값을 알았으므로 각 저항에 걸리는 전압값을 계산하면

$$V_{R1} = IR_1 = 3.33(\text{mA}) \cdot 1(\text{K}\Omega) = 3.33(\text{V})$$

$$V_{R2} = IR_2 = 3.33(\text{mA}) \cdot 1(\text{K}\Omega) = 3.33(\text{V})$$

$$V_{R3} = \frac{I}{2} R_3 = \frac{3.33(\text{mA})}{2} \cdot 2(\text{K}\Omega) = 3.33(\text{V})$$

$$V_{R4} = \frac{I}{2} R_4 = \frac{3.33(\text{mA})}{2} \cdot 2(\text{K}\Omega) = 3.33(\text{V})$$

와 같이 되어 저항에 걸리는 전압의 합은 10V가 되고 공급되는 전원 전압의 값과 같게 된다. 그림 1-10은 그림 1-9의 직병렬저항 회로를 브레드보드에 구현한 모습이다.

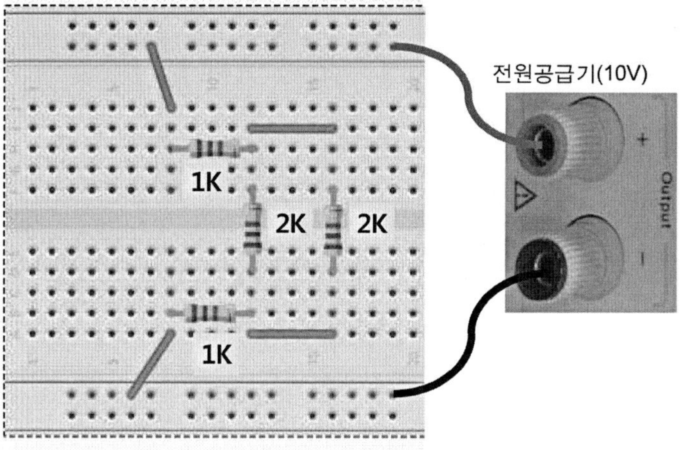

▌그림 1-10▐ 직병렬저항 회로의 브레드보드 구현

1.5 실험 실습

1.5.1 실험 목표

옴의 법칙이 나타내는 수식에서 전압, 전류, 그리고 저항 간의 상관관계를 이해하고 실험을 통하여 이를 직접 확인한다. 회로도로 나타내는 회로를 브레드보드에 직접 구현하고 전압 및 전류를 측정하는 방법을 배운다.

1.5.2 실험 장비 및 부품

전원공급기	DC 5V 용	1대
디지털 멀티미터	전압, 전류, 저항 측정용	1대
저항	330Ω	1개
	470Ω	1개
	1KΩ	4개
	2KΩ	2개

1.5.3 실험 내용

> **주의** 회로를 브레드보드에 직접 꾸민 후 전압, 전류 및 저항을 측정할 때 다음과 같은 사항을 주의한다.

❶ 전압, 전류 및 저항값은 디지털 멀티미터로 측정한다.

❷ 전압은 멀티미터의 2개의 프로브를 사용하여 측정하고자 하는 지점의 양단을 측정한다. 이때 한 지점은 (+)가 되고 다른 한 지점은 (−)가 된다. 예를 들어 회로에서 저항 양단에 걸리는 전압을 측정할 때는 그림 1-11과 같이 측정한다.

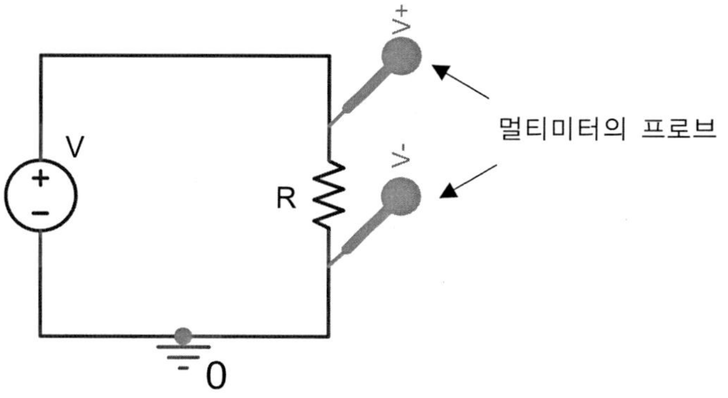

┃그림 1-11┃ 전압 측정 방법

❸ 전류는 측정하고자 하는 지점의 회로를 끊고 끊어진 양단을 멀티미터의 프로브에 직렬로 연결한다. 이때 한 곳은 프로브 (+) 단자에 연결하고 다른 곳은 프로브 (−) 단자에 연결한다.

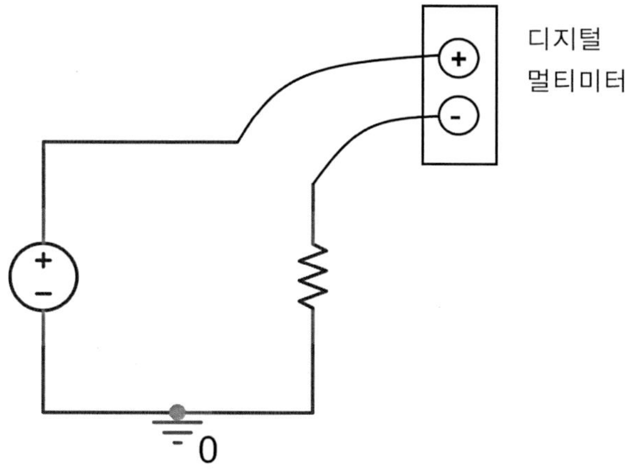

┃그림 1-12┃ 전류 측정 방법

❹ 저항을 측정할 때는 전원을 끈 상태에서 저항 양단을 멀티미터 프로브로 연결하여 측정한다. 이때 멀티미터 저항 값의 최대 측정 범위를 적절히 선택해야 한다. 예를 들어 2KΩ의 저항을 측정하는 데 최대 측정 범위를 1KΩ으로 설정하면 측정이 안 될 수도 있다.

실험 1

그림 1-13과 같이 회로를 구성하고 회로 전류 I와 저항 R 양단의 전압 V_R을 측정하여 표 1-1에 기록하시오.

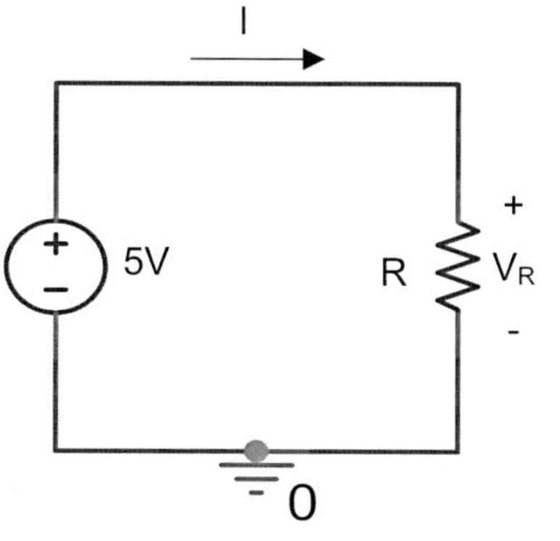

❙ 그림 1-13 ❙ 실험 1 회로

❙ 표 1-1 ❙ 저항 회로 (V = 5)

저항(R)	측정 저항값	전류 I		전압 V_R	
		계산값	측정값	계산값	측정값
330Ω					
470Ω					
1KΩ					
2KΩ					

실험 2

[실험 1] 회로에서 1KΩ과 2KΩ 저항에 대하여 직류전원의 전압값을 1V에서 10V까지 1V 단위로 증가시키면서 저항에 흐르는 전류값을 각각 측정하고 전압에 따른 전류의 변화를 표 1-2에 그래프로 그리시오.

┃표 1-2┃ 저항 회로에서 전압과 전류의 관계

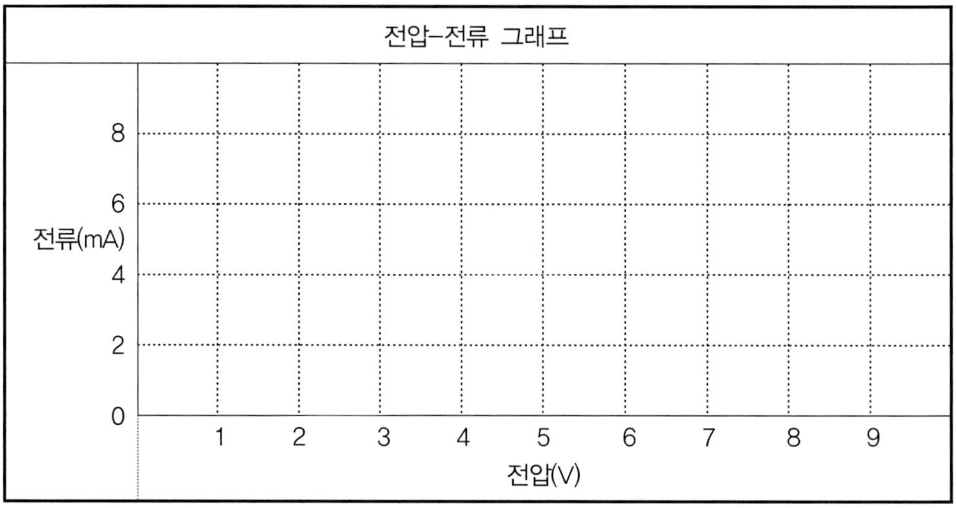

실험 3

그림 1-14와 같이 직렬저항 회로를 구성하시오. 전원 전압은 10V 직류 전압을 인가하고 저항값을 변화시키면서 멀티미터를 이용하여 회로에 흐르는 전류값과 각 저항에 걸리는 전압값을 측정하여 표 1-3에 기록하시오. 표에서 계산 값이란 옴의 법칙에 의하여 계산된 값을 말한다.

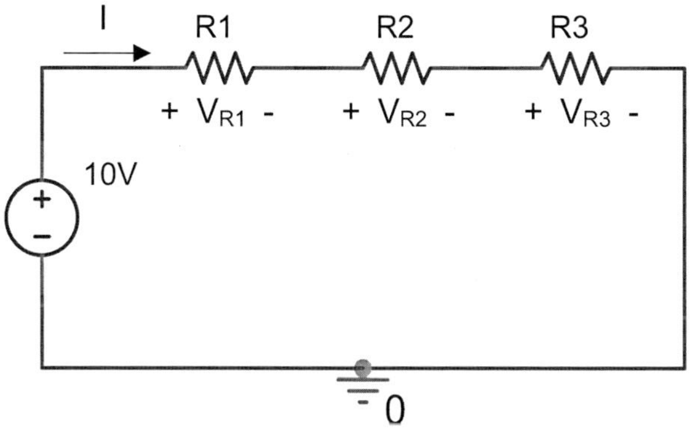

그림 1-14 실험 3 회로

표 1-3 직렬 저항 회로 (V = 10)

저항(Ω)	전류 I (mA)		V_{R1} (Volt)		V_{R2} (Volt)		V_{R3} (Volt)	
	계산값	측정값	계산값	측정값	계산값	측정값	계산값	측정값
R1 330 R2 470 R3 1K								
R1 1K R2 1K R3 1K								
R1 1K R2 470 R3 330								

실험 4

그림 1-15와 같은 병렬저항 회로를 구성하시오. 전원 전압은 10V 직류 전압을 인가하고 멀티미터를 이용하여 저항 R_1에 걸리는 전압값과 각 저항에 흐르는 전류값을 측정하여 표 1-4에 기록하시오.

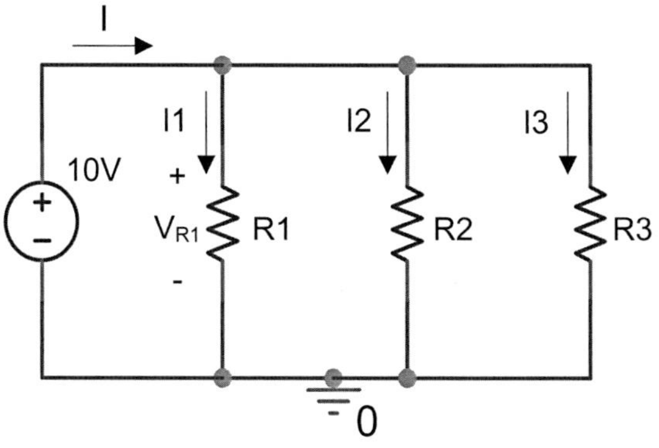

| 그림 1-15 | 실험 4 회로

| 표 1-4 | 병렬 저항 회로 (V = 10)

저항	전압 V_{R1}		I1		I2		I3	
	계산값	측정값	계산값	측정값	계산값	측정값	계산값	측정값
R1 330 R2 470 R3 1K								
R1 1K R2 1K R3 1K								
R1 1K R2 470 R3 330								

실험 5

그림 1-16과 같은 직병렬저항 회로를 구성하시오. 회로의 전체 저항값을 계산하여 표 1-5에 기록하시오. 전원 전압은 10V 직류 전압을 인가하고 멀티미터를 이용하여 각 저항에 걸리는 전압값과 전류값을 측정하여 표 1-6과 표 1-7에 기록하시오.

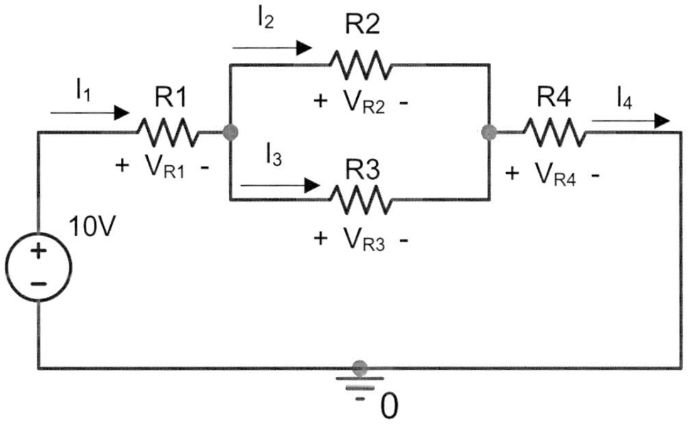

| 그림 1-16 | 실험 5 회로

| 표 1-5 | 회로의 전체 저항값

저항(Ω)	회로의 전체 저항값(계산값)
R1 1K R2 330 R3 470 R4 2K	
R1 1K R2 1K R3 1K R4 1K	
R1 2K R2 1K R3 1K R4 2K	

| 표 1-6 | 전압 측정

저항	V_{R1}		V_{R2}		V_{R3}		V_{R4}	
	계산값	측정값	계산값	측정값	계산값	측정값	계산값	측정값
R1 1K R2 330 R3 470 R4 2K								
R1 1K R2 1K R3 1K R4 1K								
R1 2K R2 1K R3 1K R4 2K								

| 표 1-7 | 전류 측정

저항	I1		I2		I3		I4	
	계산값	측정값	계산값	측정값	계산값	측정값	계산값	측정값
R1 1K R2 330 R3 470 R4 2K								
R1 1K R2 1K R3 1K R4 1K								
R1 2K R2 1K R3 1K R4 2K								

제 2 장

PSpice 회로 시뮬레이션

2.1 다운로드 및 설치

회로를 설계할 때 물리적으로 직접 꾸며서 검증하기 전에 회로의 동작과 그 결과를 예측할 수 있는 모의실험을 할 수 있다면 설계 시간을 많이 단축할 수 있고 보다 나은 회로를 설계할 수 있을 것이다. 일반적으로 컴퓨터를 이용하여 모의실험을 하는 것을 시뮬레이션이라 하는데 PSpice(Personal Simulation Program with Integrated Circuit Emphasis)는 전자회로의 시뮬레이션을 수행하는 프로그램이다.

PSpice는 Cadence사의 OrCAD 소프트웨어 패키지에 포함되어 있는데 이 책에서는 무료로 사용할 수 있는 데모 버전(Lite)을 다운로드 하기로 한다. 다운로드는 국내에서는 나인플러스 IT(주)사의 홈페이지에서 가능하고 해외에서는 Cadence사의 홈페이지에서 직접 할 수 있다. Cadence사의 홈페이지에서 다운로드하는 경우 www.orcad.com에 접속하면 아래 그림과 같은 화면이 나타나는데 여기서 RESOURCES 탭을 선택하고 팝업 메뉴에서 Download OrCAD Lite를 선택하면 다운로드를 진행할 수 있다.

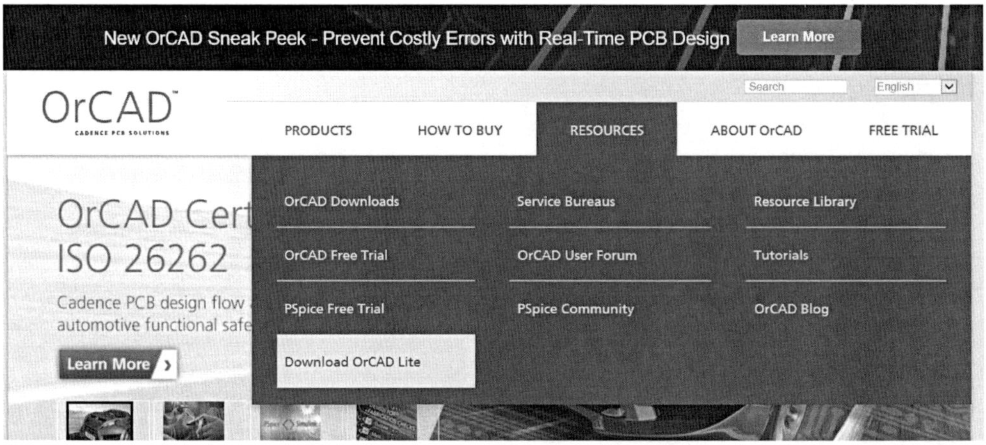

▌그림 2-1▐ 홈페이지 접속화면

하지만 이 경우 그림 2-2와 같이 Download Lite Request라 하여 개인 정보에 관한 몇 가지 사항을 물어보고 이에 대하여 답하여야 하므로 약간 번거로운 점이 있다.

| 그림 2-2 | 다운로드에 필요한 정보 요구 화면

국내의 나인플러스 IT(주) 홈페이지에서는 비교적 손쉽게 다운로드 할 수 있다. www.npit.co.kr 에 접속하여 다운로드 → Demo(Lite) 탭을 선택하면 그림 2-3과 같은 화면이 나오는데 여기서 바로 다운로드 할 수 있다. 우리는 가장 최신 버전인 OrCAD 17.2-2016 Lite 버전을 다운로드 하기로 한다. 화면에서 프로그램명 OrCAD 17.2-2016 Lite를 클릭한다. OrCAD 17.2-2016 Lite를 클릭하면 그림 2-4와 같은 화면이 나오는데 Capture/PSpice 만을 포함하는 프로그램이면 충분하므로 이를 다운로드하면 된다. Capture란 회로를 그리는 기능 즉, Schematic design 기능이며 PSpice란 Schematic design으로 그린 회로를 시뮬레이션하는 기능을 말한다. Capture/PSpice를 포함하는 소프트웨어를 클릭하면 압축파일로 다운로드되며 다운로드가 끝나면 압축을 푼 후 해당 폴더에서 setup.exe 파일을 실행시켜 설치를 시작한다.

| 그림 2-3 | OrCAD Lite 버전 다운로드

| 그림 2-4 | Capture/PSpice 다운로드 선택

setup.exe 파일을 실행시키면 그림 2-5와 같은 화면이 나오고 Next 버튼을 눌러 설치를 진행시키고 그림 2-6과 같은 화면에서 install 버튼을 눌러 설치를 시작한다. 설치는 마칠 때까지 특별한 선택 사항 없이 진행된다.

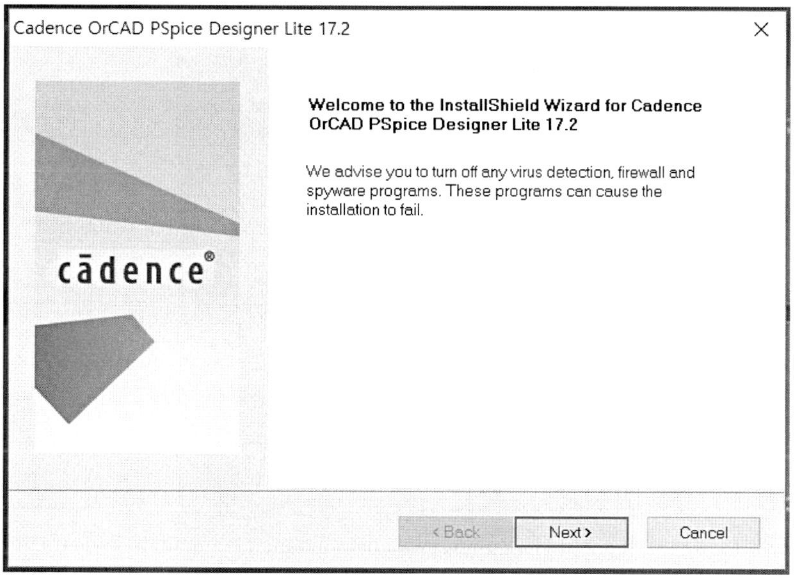

▌그림 2-5▐ setup.exe 파일 실행 화면

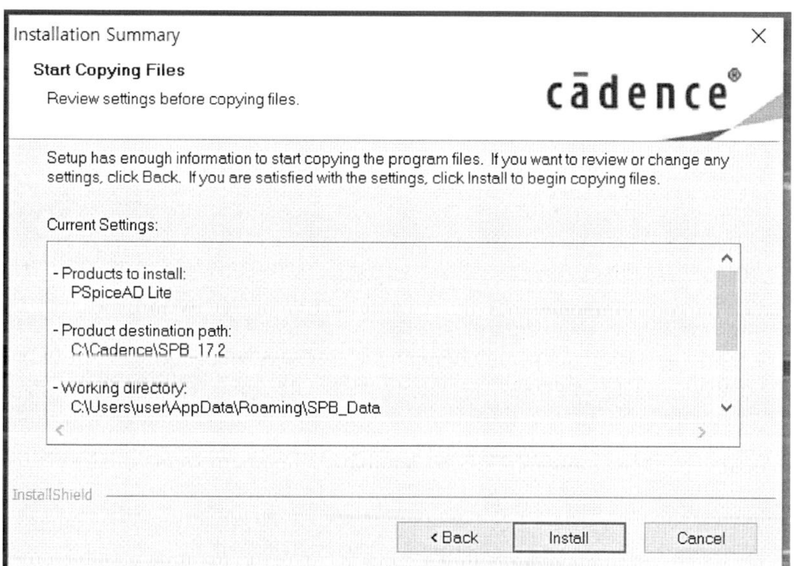

▌그림 2-6▐ 설치(install) 시작 화면

설치를 종료하면 컴퓨터에 프로그램이 제대로 설치되었는지 윈도우 시작 메뉴에서 확인한다. 그림 2-7과 같이 시작 메뉴에 Cadence Release 17.2-2016이란 폴더가 생성되었음을 확인할 수 있고 그 폴더 안의 여러 메뉴 중에 Capture CIS Lite가 앞으로 PSpice 활용을 위하여 사용될 프로그램 메뉴이다.

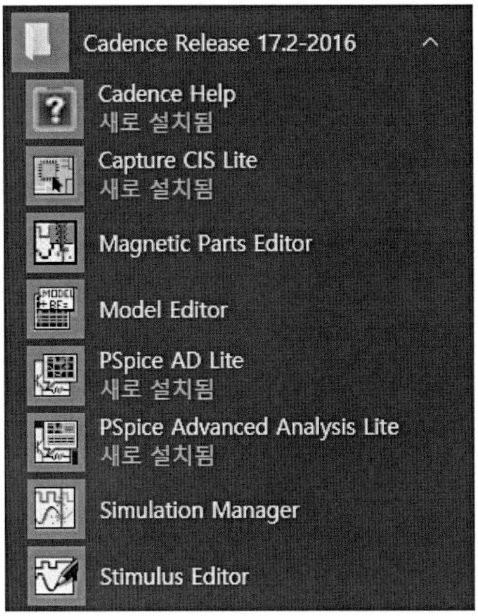

❙그림 2-7❙ 프로그램이 설치된 메뉴 화면

2.2 OrCAD Capture

Capture CIS Lite 메뉴를 클릭하면 그림 2-8과 같은 시작 페이지가 나타나고 화면 중앙의 New Project 아이콘을 클릭하거나 화면 상단의 메뉴바에서 File → New → Project를 선택하여 Schematic design을 위한 OrCAD Capture를 실행한다. New Project 메뉴를 선택하면 프로젝트의 이름을 입력하고 기본 설정을 선택하는 화면이 나타나는데 그림 2-9와 같이 프로젝트 이름, PSpice Analog or Mixed A/D 선택, Location 창에 프로젝트 파일이 저장될 위치를 입력하고 OK 버튼을 누른다.

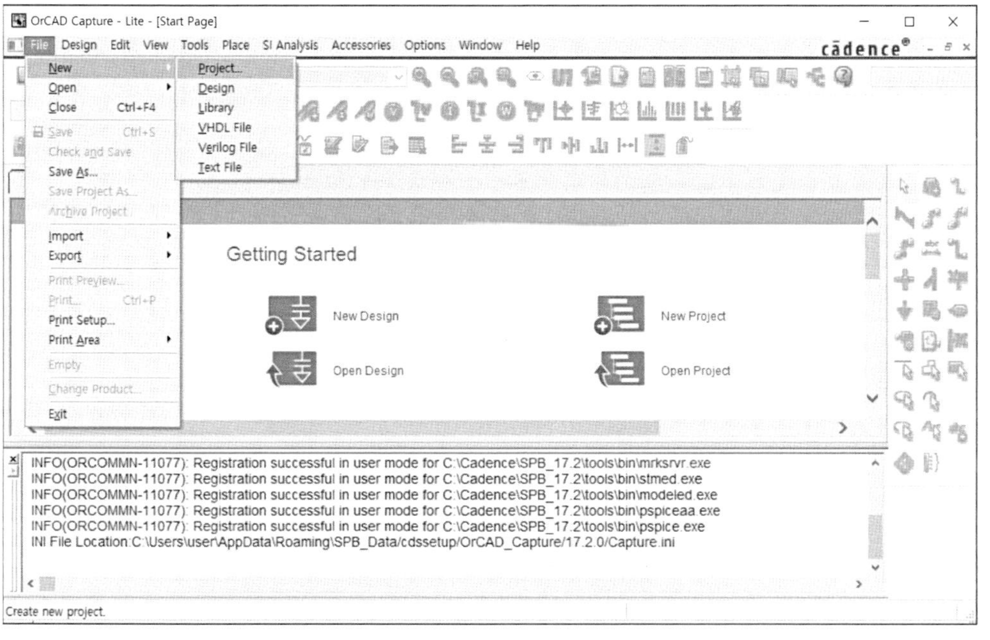

❙ 그림 2-8 ❙ OrCAD Capture 시작 페이지 화면

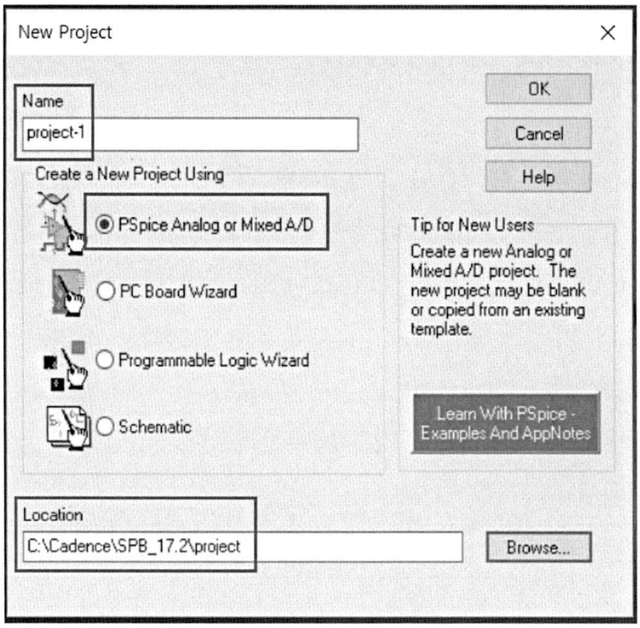

❙ 그림 2-9 ❙ 프로젝트 설정 화면

프로젝트 설정을 마치면 그림 2-10과 같은 화면이 나오고 빈 프로젝트로 작업을 시작하기 위하여 Create a blank project를 선택한다.

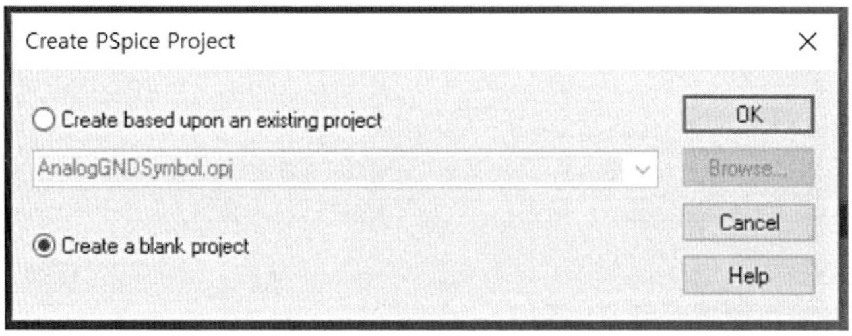

❙ 그림 2-10 ❙ 빈 프로젝트 선택 및 생성

프로젝트를 생성하면 그림 2-11과 같이 회로도를 작성하고 PSpice를 실행시킬 수 있는 작업 화면이 나타난다. 여기서 꼭 기억해야 할 것은 화면 상단의 네모 묶음으로 표시한 것이 PSpice 시뮬레이션 도구들의 모음이고 오른쪽의 네모 묶음은 회로도 작성을 위한 Schematic 도구들의 모음이다. 회로도의 작성은 중앙의 큰 화면에서 작업하게 된다.

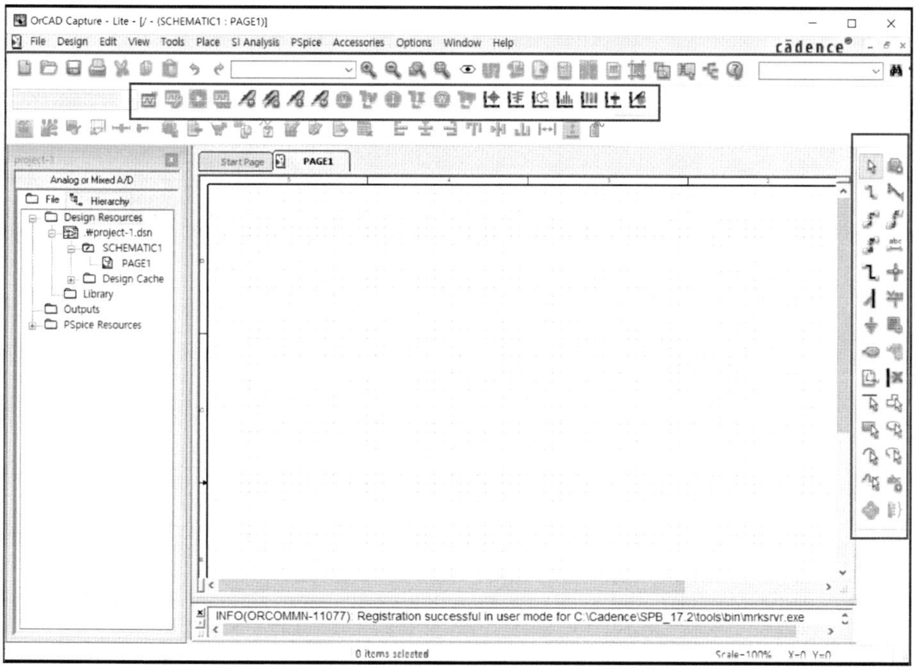

❙ 그림 2-11 ❙ OrCAD Capture 작업 화면

회로도 작성을 위해서 오른쪽 Schematic 도구 모음에서 **Place Part**  아이콘을 클릭하거나 아니면 화면 상단의 메뉴바에서 **Place → Part**를 선택한다. **Part** 메뉴를 선택하면 그림 2-12와 같이 화면 오른쪽에 Place Part 창이 나타난다. 하지만 처음 실행하게 되면 Part들의 라이브러리가 연결되지 않아 빈 창만 나타나게 된다. 따라서 Place Part 창의 중간 부분에 **Libraries:** 부분 창에 있는 세 개의 아이콘 중에 Add Library를 위한 가운데 아이콘을 클릭하면 그림 2-13과 같은 화면이 나타나며 Capture를 위한 라이브러리 파일(*.olb)들이 나타난다. CTRL-A와 같은 단축키를 이용하여 모든 라이브러리 파일들을 선택하고 열기 버튼을 클릭하면 선택된 라이브러리 파일들이 **Part** 도구를 위하여 추가된다. 그림 2-14는 라이브러리 파일들이 추가된 모습이며 예를 들어 저항을 그리기 위해 Part 이름에 'r' 또는 'R'을 입력하면 Part List에서 **R/ANALOG**가 선택되고 기본적인 저항의 기호 형태가 나타난다.

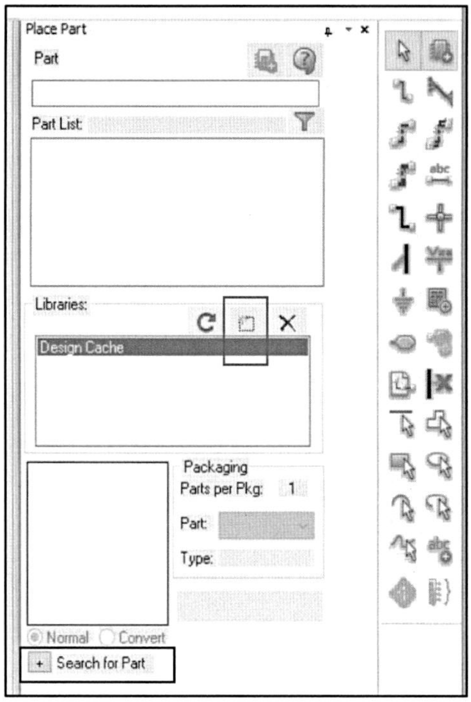

┃그림 2-12┃ Part를 선택하기 위한 화면

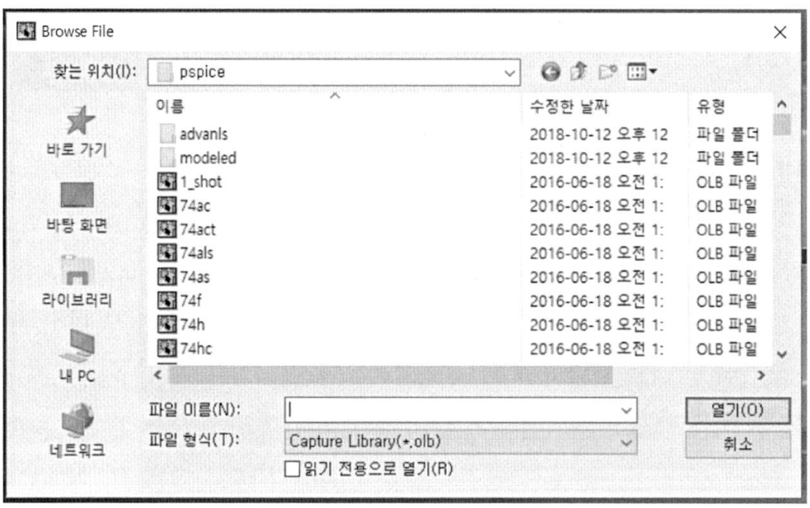

┃그림 2-13┃ Capture 라이브러리 파일 리스트

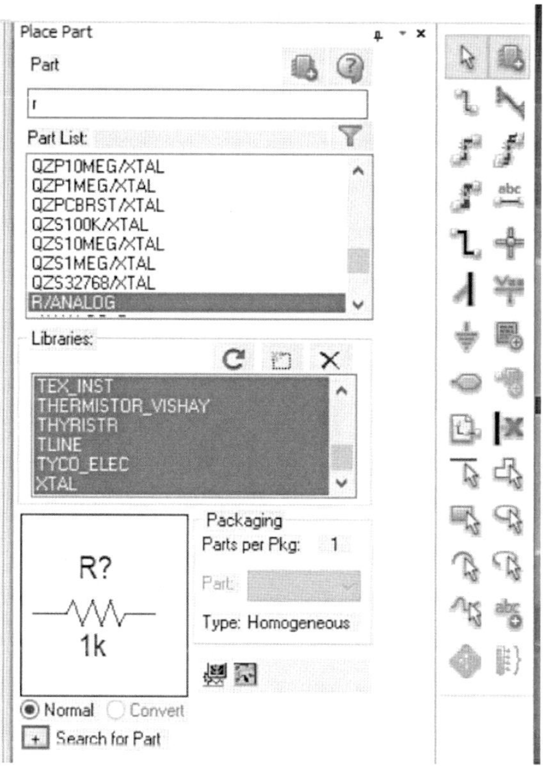

【그림 2-14】 라이브러리 파일의 추가

예제 2-1

OrCAD Capture 프로그램을 이용하여 직류 전압 전원 1개, 저항 2개로 이루어진 직렬 저항 회로를 작성하시오.

풀이

그림 2-12와 같은 Place Part 창에서 Part 이름을 R로 입력하면 Part List에 R/ANALOG가 선택되고 그림 2-14에서와 같이 저항의 기호 모양이 나타난다. Part List에서 R/ANALOG를 더블 클릭하고 커서를 화면 중앙의 작업 화면으로 가져오면 저항을 그릴 수 있도록 저항 기호가 커서 대신에 보이며 화면의 적당한 곳에 마우스를 클릭하여 저항을 입력한다. 예를 들어 저항이 두 개 필요하면 원하는 위치에 마우스를 두 번 클릭하고 Esc 버튼을 눌러 저항 입력을 종료한다.

또 직류 전압 전원이 필요하므로 Part 이름을 VDC로 입력하고 저항 입력에서와 동일한 작업을 하여 직류전원을 입력한다. 마지막으로 회로의 Ground를 입력하여야 한다. Ground는 회로의 기준 전압(0V)이 되는 지점이므로 PSpice 시뮬레이션을 위하여 반드시 필요하다. Ground의 입력은 화면의 오른쪽 Schematic 도구 모음에서 Place ground  아이콘을 클릭하고 그림 2-15와 같은 창이 나오면 OK 버튼을 눌러 입력을 완료한다.

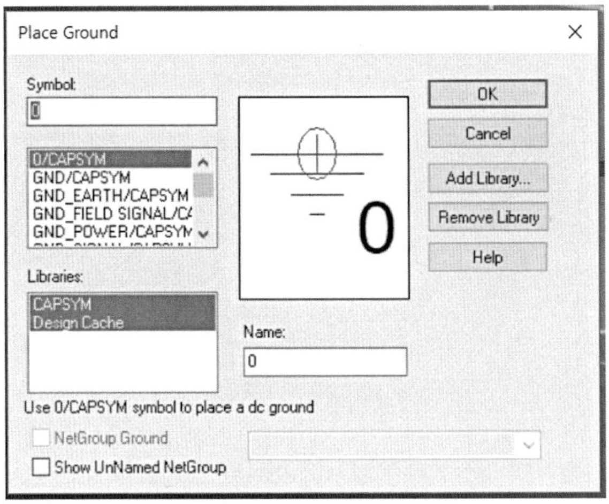

▌그림 2-15▐ Ground의 입력

그림 2-16과 같이 저항 2개, 전원 1개, Ground 1개를 적절히 배치시킨 후 이제 부품들을 서로 연결시켜야 한다. 그림 2-16에서 R_2 저항은 R_1 저항과 같이 가로로 배치되어 있던 것을 세로로 배치한 것이다. 마우스로 R_2 저항을 클릭한 후 키보드에서 R 버튼을 누르면 저항이 한 번에 90°씩 왼쪽으로 회전하므로 적절히 위치시킨다.

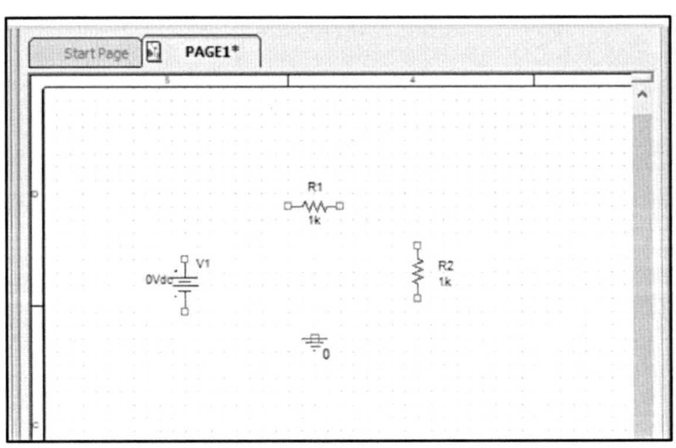

▌그림 2-16▐ 부품의 배치

부품들의 연결은 Schematic 도구 모음에서 Place wire  아이콘을 클릭한 후 연결을 시작하고자 하는 부품의 끝단을 시작점으로 하여 마우스로 클릭하면 연결할 수 있는 선이 나타나고 연결을 끝내고자 하는 부품의 끝 단을 다시 마우스를 클릭하면 연결이 종료된다. 더 이상 Place wire 기능이 필요 없으면 Esc 키를 눌러 종료한다.

이제 각 부품들의 값 즉, 전원의 전압값, 저항의 저항값을 수정하기로 한다. 먼저 전원의 전압값이 0Vdc로 되어 있는데 이를 5V로 수정하고자 하면 마우스로 0Vdc 글자를 더블 클릭하면 그림 2-17과 같은 Display Properites 창이 나타나고 Value 값을 5Vdc로 입력한 후 OK 버튼을 눌러 수정을 완료한다. 저항들도 마찬가지로 다른 값으로 수정해 본다. R1은 500Ω, R2는 2KΩ으로 수정한 후 PSpice 시뮬레이션을 해 보기로 한다.

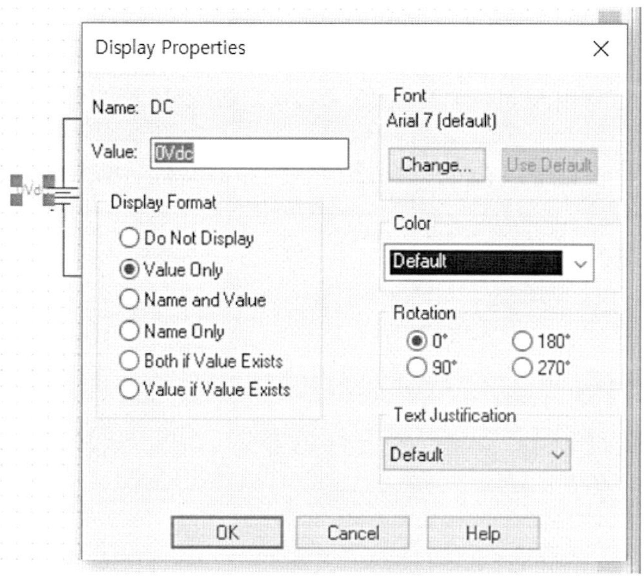

❙ 그림 2-17 ❙ 전원의 전압값을 수정하는 화면

2.3 PSpice 시뮬레이션

회로도의 작성을 마쳤으므로 이제 PSpice 시뮬레이션을 해 보기로 한다. 시뮬레이션을 위해서 먼저 새로운 시뮬레이션 프로파일(Profile)을 작성해야 한다. 그림 2-18과 같이 OrCAD Capture 화면 상단의 메뉴 바에서 PSpice 탭을 클릭하고 New Simulation Profile을 선택한다. 그림 2-19와 같은 New Simulation 창이 나타나면 프로파일의 이름을 입력한다. 여기서는 편의상 프로젝트의 이름과 동일하게 하였으나 다른 이름을 사용할 수 있다. 이름을 입력한 후 Create 버튼을 클릭하면 그림 2-20과 같은 설정 창이 나타난다.

프로파일 설정 창이 나타나면 Analysis Type을 Bias Point로 바꾸고 설정을 마친다. Bias Point 해석이란 직류전원에 대하여 steady state의 전압 또는 전류를 측정하는 것을 말한다. PSpice는 4가지 Analysis Type을 제공하는데 각각은 다음과 같다.

Analysis Type

1. Bias Point

   직류전원에 대하여 steady state의 전압 또는 전류 시뮬레이션

2. DC Sweep

   DC 전압 변화에 대한 회로의 응답 시뮬레이션

3. AC Sweep

   주파수 변화에 대한 AC 신호 시뮬레이션

4. Time Domain(Transient)

   시간에 대한 직류/교류 신호 시뮬레이션

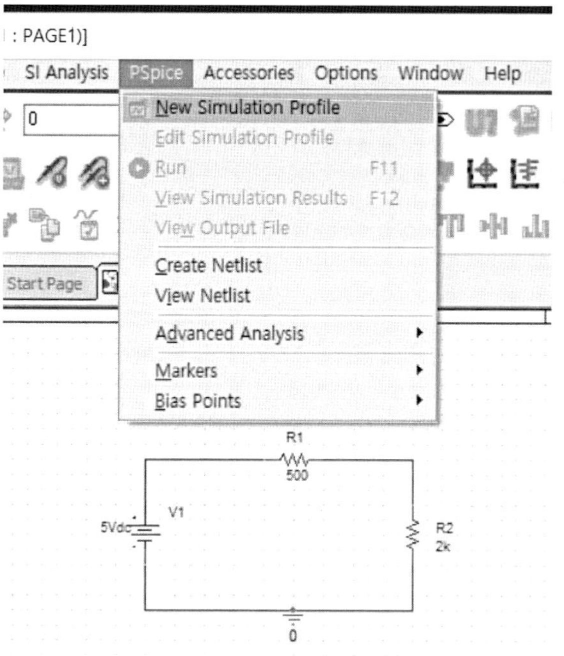

▌그림 2-18▐ 시뮬레이션 프로파일 메뉴 선택

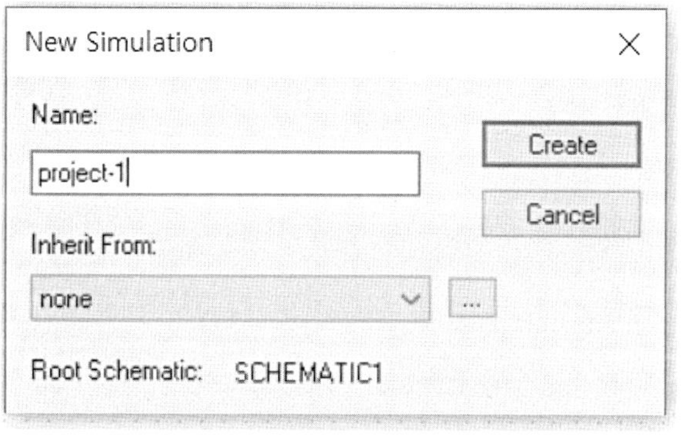

▌그림 2-19▐ 프로파일의 생성

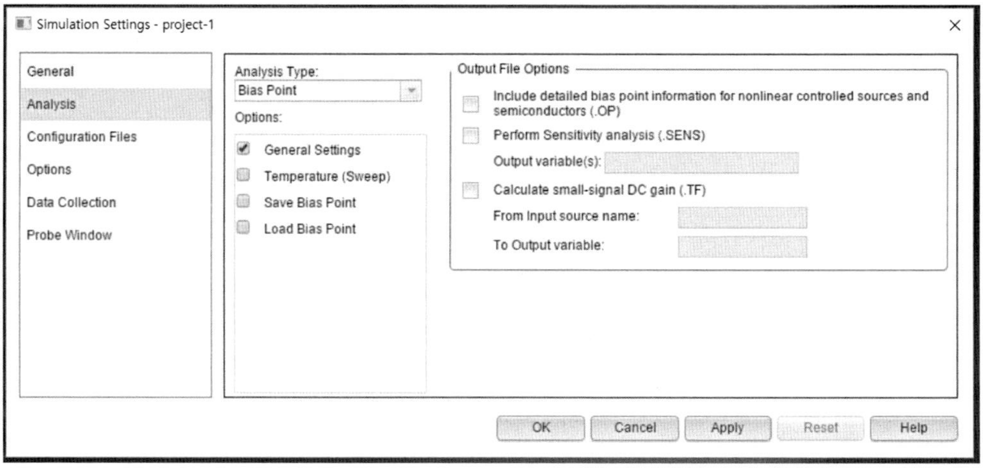

| 그림 2-20 | 시뮬레이션 타입의 설정

만일 시뮬레이션 타입을 다시 수정하고자 할 때에는 메뉴바에서 **PSpice → Edit Simulation Profile**을 선택하여 수정할 수 있다. 시뮬레이션 프로파일의 생성과 시뮬레이션 타입의 입력을 마치면 아래와 같이 PSpice의 도구 모임이 활성화되어 있음을 알 수 있다.

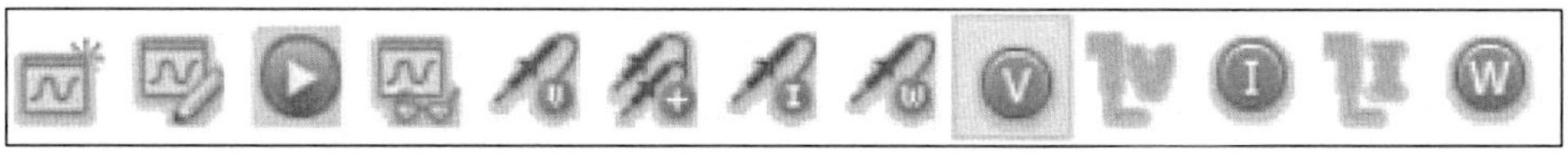

위의 도구 모음에서 아이콘을 클릭하면 시뮬레이션을 시작한다. 시뮬레이션이 끝나면 결과 화면이 나타나지만 지금은 아무것도 나타나지 않으므로 결과 화면은 활용하지 않기로 한다. Capture 화면의 PSpice 도구 모음에서 아이콘을 선택하면 회로의 각 부품에 걸리는 전압이 출력된다. 또한 각 부품에 흐르는 전류값을 알고 싶으면 아이콘을 선택하면 된다. 그림 2-21은 시뮬레이션 결과로 전압, 전류값을 나타내는 화면이다.

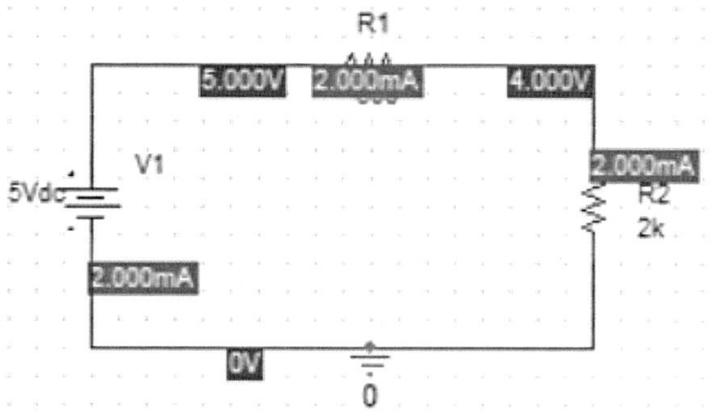

▌그림 2-21▐ 시뮬레이션 결과

마커(Marker)의 사용

직류전원에 대한 전압과 전류값은 PSpice 도구 모음에서 아래와 같은 마커(Marker)를 이용하여 구할 수도 있다.

마커는 실제 측정 도구의 프로브(Probe) 역할을 하는데 이를 사용하기 위해서는 Analysis Type을 Time Domain(Transient)으로 변경하고 시뮬레이션을 수행하여야 한다. 그림 2-22는 R1 저항과 R2 저항의 양단전압을 측정하기 위해 마커를 세 군데 위치시킨 화면이다.

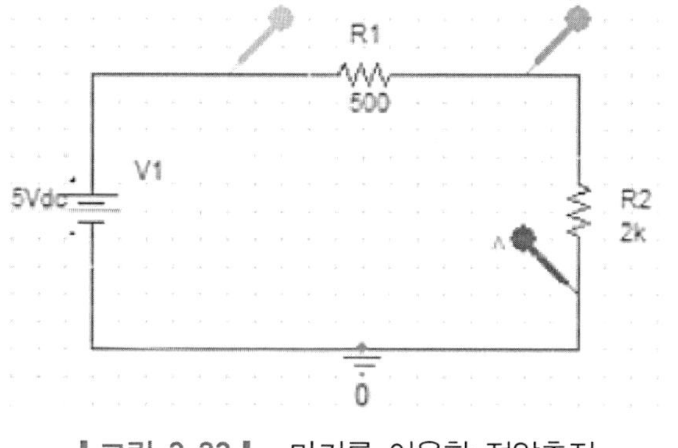

▌그림 2-22▐ 마커를 이용한 전압측정

시뮬레이션의 결과는 결과 화면에 마커가 표시된 지점의 전압 또는 전류가 그래프로 나타나는데 직류전원의 경우 시간에 따라 변화가 없기 때문에 일직선으로 나타난다. 그림 2-23에서 보면 전압 5.0V를 나타내는 직선이 R1 저항 왼쪽의 마커가 측정한 전압값에 대한 그래프이고 가운데 4V의 전압값을 나타내는 그래프는 R1 저항 오른쪽의 마커가 측정한 전압값이다. 직류전원을 가진 저항만의 회로에서는 시간에 따른 전압 및 전류값의 변화가 없기 때문에 굳이 Time Domain(Transient) 해석보다는 Bias Point 해석이 보다 간편하다.

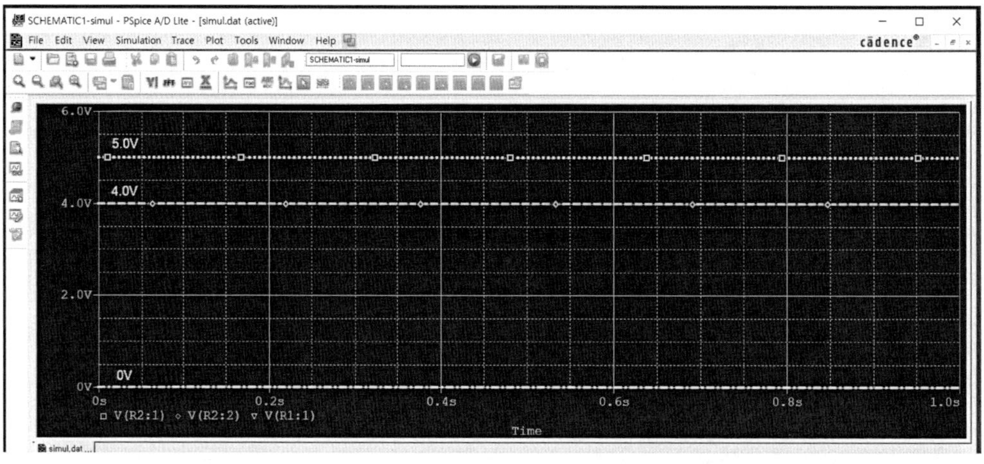

▎그림 2-23▐ Time Domain 시뮬레이션 결과 화면

전압원의 종류

시뮬레이션에서 사용되는 직류 및 교류 전압원 중에서 자주 사용되는 대표적인 전압원 4개는 다음과 같다.

1. VDC
   - 직류 전압 전원
   - Bias Point, DC Sweep 해석에 사용
   - Part symbol

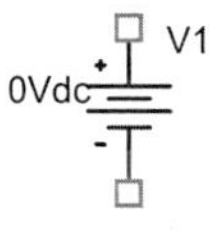

2. VAC

- 교류 전압 전원
- Vac = peak amplitude, Vdc = DC offset
- AC Sweep 해석에 사용
- Part symbol

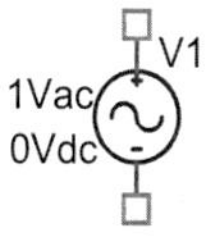

3. VSIN

- 사인파 전압 전원
- VOFF=DC offset, VAMPL=진폭, FREQ=주파수, AC=AC 해석에 사용
- Time Domain(Transient) 해석에 사용
- Part symbol

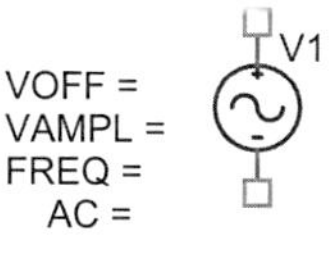

4. VPULSE

- 구형파 전압 전원
- V1=pulse off value, V2=pulse on value, TD=delay time
- TR=rising time, TF=falling time, PW=pulse width, PER=period
- Time Domain(Transient) 해석에 사용
- Part symbol

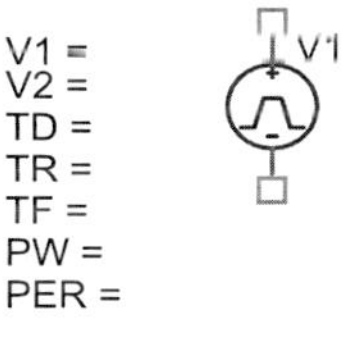

2.4 실험 실습

2.4.1 실험 목표

PSpice 시뮬레이션 툴에서 OrCAD Capture를 이용한 회로도 작성을 위하여 Schematic design 기능을 익히고 작성된 회로에 대한 시뮬레이션을 실행하는 방법을 배운다.

2.4.2 실험 부품

OrCAD PSpice 시뮬레이션 프로그램

2.4.3 실험 내용

실험 1

OrCAD Capture를 이용하여 그림 2-24와 같은 직렬저항 회로를 작성하고 저항값을 바꿔가면서 PSpice 시뮬레이션을 수행하여 각 저항에 걸리는 전압과 전류값을 구하여 표 2-1에 작성하시오.

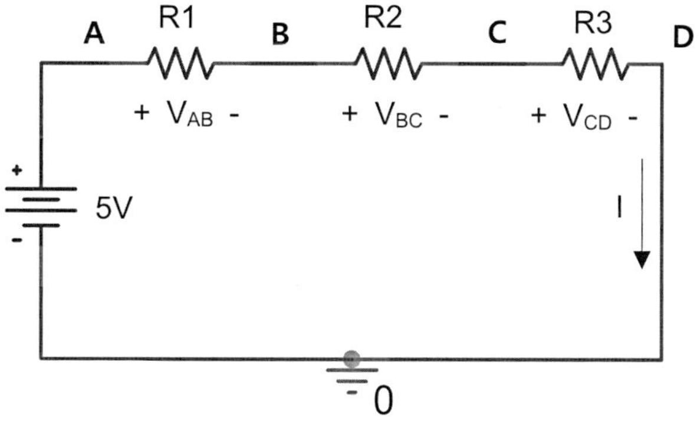

| 그림 2-24 | 실험 1 회로

| 표 2-1 | 직렬저항 회로의 저항 전압 및 전류

R1	R2	R3	V_{AB}	V_{BC}	V_{CD}	I
500	1K	2K				
1K	1K	1K				
3K	2K	1K				

실험 2

[실험 1]의 회로에서 저항 R1 양단에 걸리는 전압을 V_{AB}, 저항 R_2 양단에 걸리는 전압을 V_{BC}, 저항 R_3 양단에 걸리는 전압을 V_{CD}라 할 때, R_1=1KΩ, R_2=2KΩ, R_3=3KΩ 으로 설정한 후 전원 전압이 1V~5V로 1V씩 증가함에 따라 각 저항에 걸리는 전압 V_{AB}, V_{BC}, V_{CD}가 변하는 현상을 각각 표 2-2에 그리시오.

표 2-2 전원전압 vs 저항전압

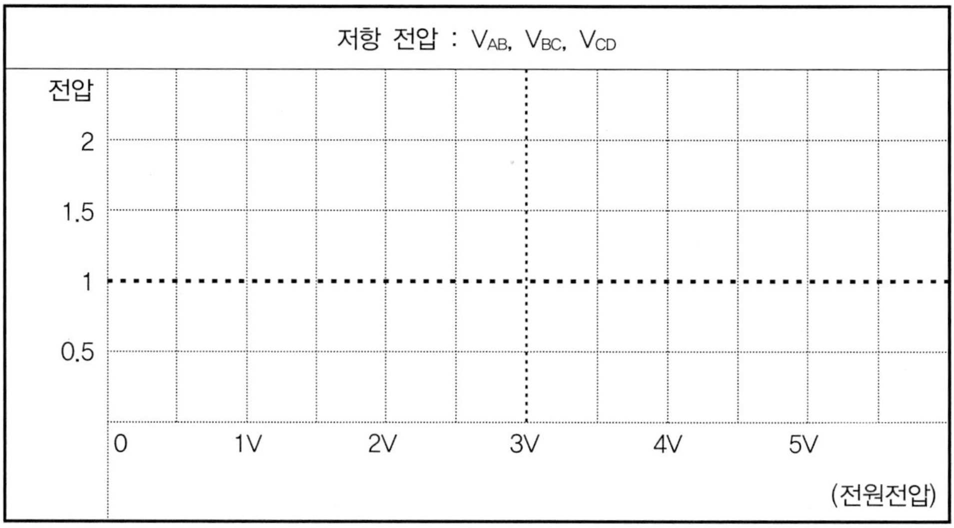

실험 3

[실험 2]에 대하여 전원 전압의 변화에 따라 회로의 전류가 어떻게 변하는 지 표 2-3에 그리시오.

┃표 2-3┃ 직렬회로에서 전원전압 vs 전류

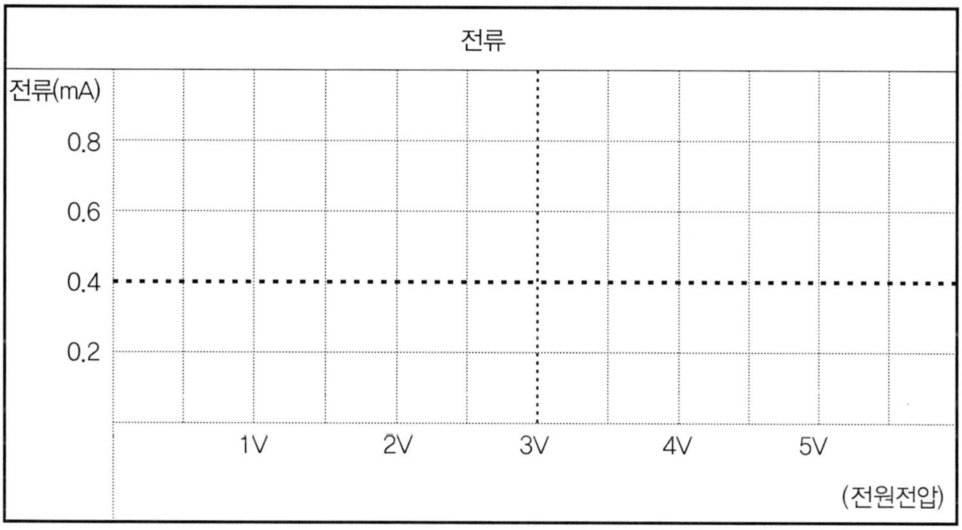

실험 4

그림 2-25와 같은 병렬 저항 회로를 그리고 PSpice 시뮬레이션을 수행하여 저항값을 바꿔가면서 각 저항에 흐르는 전류값과 전압값을 표 2-4에 작성하시오. 병렬 회로에서 각 저항에 걸리는 전압은 동일하므로 하나만 구하여 적으시오.

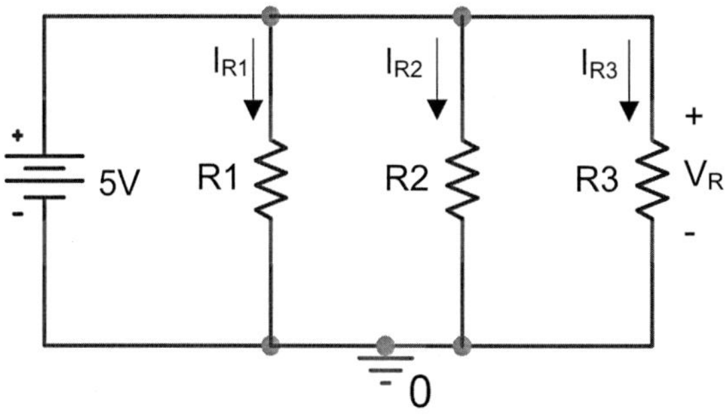

| 그림 2-25 | 실험 4 회로

| 표 2-4 | 병렬저항 회로의 전류와 전압

R1	R2	R3	I_{R1}	I_{R2}	I_{R3}	V_R
500	1K	2K				
1K	1K	1K				
3K	2K	1K				

실험 5

[실험 4]의 회로에서 R_1=1KΩ, R_2=2KΩ, R_3=3KΩ 으로 설정한 후 전원이 1V~5V로 1V씩 증가함에 따라 각 저항에 흐르는 전류 I_{R1}, I_{R2}, I_{R3}가 변하는 현상을 표 2-5에 그리시오.

| 표 2-5 | 병렬회로에서 전원전압 vs 전류

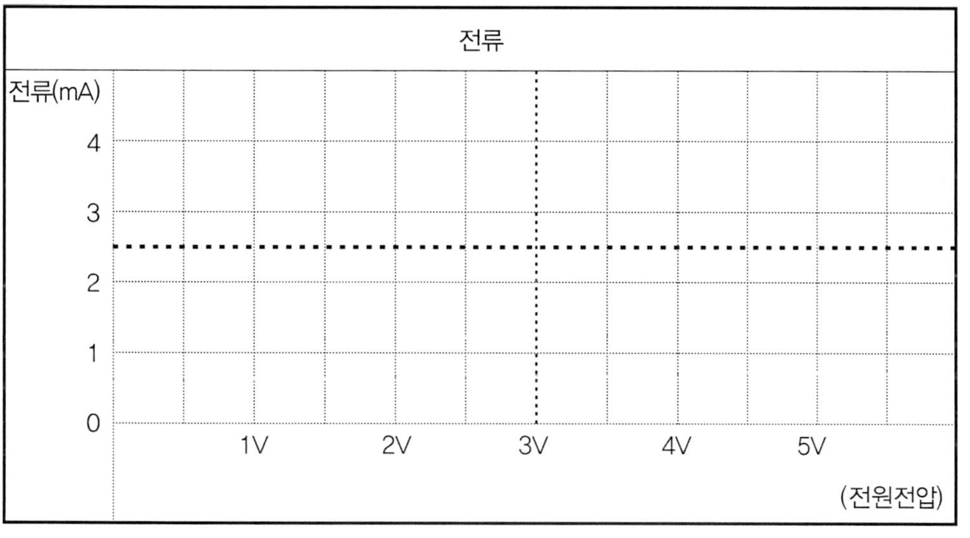

실험 6

그림 2-26과 같은 직·병렬 저항 회로를 그리고 PSpice 시뮬레이션을 수행하여 주어진 저항값에 대해 각 저항에 흐르는 전류값과 각 저항 양단의 전압값을 구하여 표 2-6에 작성하시오.

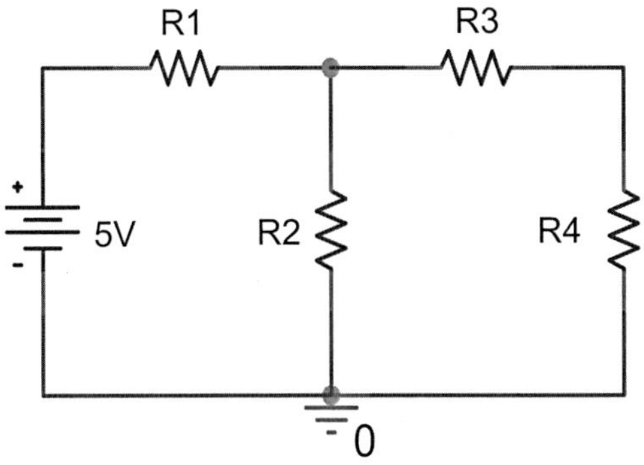

| 그림 2-26 | 실험 6 회로

| 표 2-6 | 직병렬 회로의 전류와 전압

	전류(mA)	전압(V)
R1:500		
R2:1K		
R3:500		
R4:1K		

	전류(mA)	전압(V)
R1:1K		
R2:1K		
R3:1K		
R4:1K		

	전류(mA)	전압(V)
R1:1K		
R2:500		
R3:1K		
R4:500		

실험 7

[실험 6] 회로에 대하여 R_1=1KΩ, R_2=2KΩ, R_3=1KΩ, R_4=2KΩ으로 설정한 후 전원이 1V~5V로 1V씩 증가함에 따라 저항 R2와 R4에 흐르는 전류가 변하는 현상을 표 2-7에 그리시오.

▌표 2-7▐ 직병렬회로에서 전원전압 vs 전류

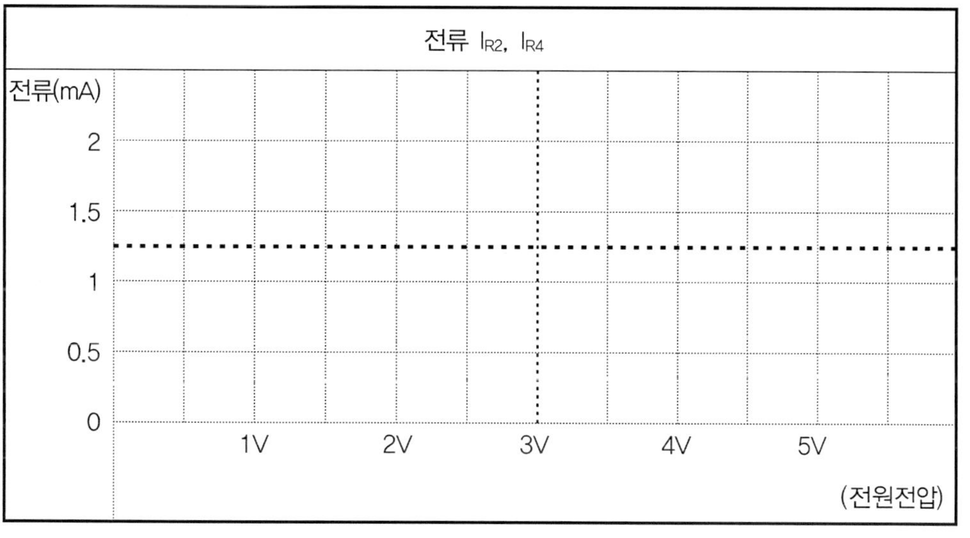

실험 8

[실험 6] 회로에 대하여 R_1=1KΩ, R_2=2KΩ, R_3=1KΩ, R_4=2KΩ 으로 설정한 후 전원이 1V~5V로 1V씩 증가함에 따라 각 저항에 걸리는 전압이 변화하는 현상을 표 2-8에 그리시오.

| 표 2-8 | 직병렬 회로에서 전원전압 vs 저항전압

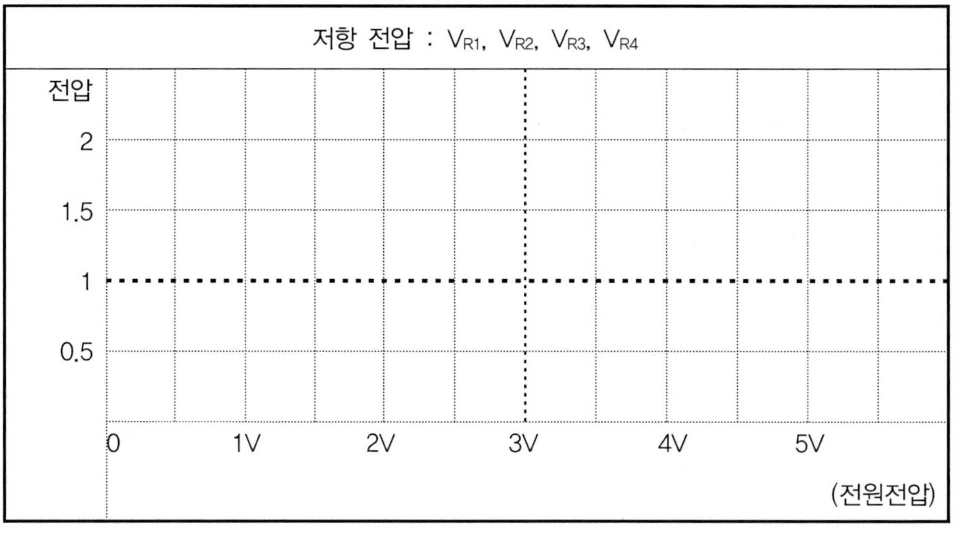

실험 9

그림 2-27 회로에서 R_1=100Ω, R_2=200Ω, R_3=200Ω, R_4=100Ω일 때 저항 R_2와 R_4에 흐르는 전류와 저항 양단의 전압을 PSpice 시뮬레이션을 이용하여 구하고 표 2-9에 적으시오. 전류원의 Part name은 IDC로 하시오.

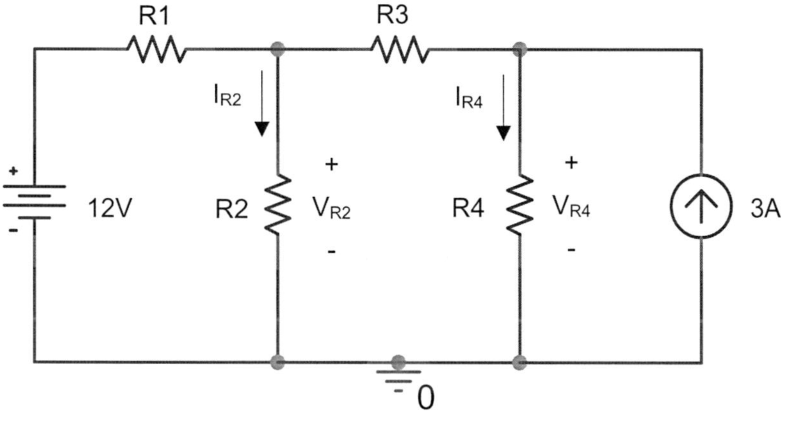

그림 2-27 실험 9 회로

표 2-9 저항 R_2와 R_4의 전압 및 전류

	전압	전류
저항 R_2		
저항 R_4		

제 3 장

키르히호프의 법칙

3.1 키르히호프의 전압 법칙

키르히호프의 전압 법칙(Kirchhoff's Voltage Law)은 하나의 폐회로에서 전압의 대수적인 합이 0인 것을 말한다. 즉, 전원에서 공급되는 전압은 회로의 다른 모든 소자에 걸린 전압의 합과 같다. 그림 3-1과 같은 직렬저항 회로에서 폐회로 내에 시계 방향으로 전류 I가 흐를 때 모든 소자의 전압의 합은 식 (3.1)과 같이 나타낼 수 있다.

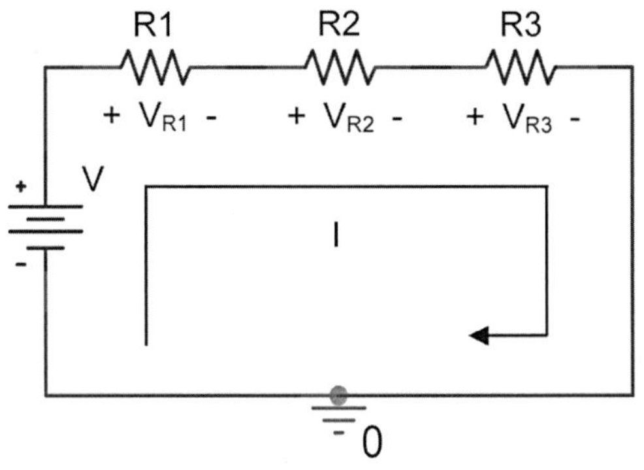

그림 3-1 키르히호프의 전압 법칙

$$- V + V_{R1} + V_{R2} + V_{R3} = 0 \tag{3.1}$$

$$V = V_{R1} + V_{R2} + V_{R3}$$

폐회로 내의 소자에 걸리는 전압의 부호는 전류의 방향을 기준으로 한다. 저항과 같이 극성이 없는 소자의 경우 일반적으로 전류가 들어가는 방향을 (+)로 한다. 식 (3.1) 에서 보는 바와 같이 전원 전압의 부호와 저항에 걸리는 전압의 부호가 다른데 이것을 전원에 의해 전압이 상승되고 저항에 의해 전압 강하가 생긴다고 말한다.

예제 3-1

그림 3-1과 같은 회로에서 전원 전압 V는 5V이고 저항 $R1$은 100Ω, 저항 $R2$는 200Ω, 저항 $R3$는 500Ω 일 때 회로에 흐르는 전류와 각 저항에 걸리는 전압을 구하시오.

풀이

회로에 키르히호프의 전압 법칙(KVL)을 적용하여 전류를 구하면

$$V = V_{R1} + V_{R2} + V_{R3} = IR1 + IR2 + IR3 = I(R1 + R2 + R3)$$

$$I = \frac{V}{(R_1 + R_2 + R_3)}$$

이다. 저항이 직렬 연결되어 있으므로 총 저항값을 구하면

$$R1 + R2 + R3 = 100 + 200 + 500 = 800(\Omega)$$

이므로 전류값을 구하면

$$I = \frac{5}{800} = 6.25(\mathrm{mA})$$

이다. 옴의 법칙을 사용하여 각 저항에 걸리는 전압을 구하면 다음과 같다.

$$V_{R1} = IR1 = 6.25(\mathrm{mA}) \times 100(\Omega) = 0.625(\mathrm{V})$$

$$V_{R2} = IR2 = 6.25(\mathrm{mA}) \times 200(\Omega) = 1.25(\mathrm{V})$$

$$V_{R3} = IR3 = 6.25(\mathrm{mA}) \times 500(\Omega) = 3.125(\mathrm{V})$$

다시 KVL로 결과 값을 확인해 보자. $V = V_{R1} + V_{R2} + V_{R3}$ 이므로 식에 전압 값을 대입해 보면 V는 5이고 0.625 + 1.25 + 3.125 = 5이므로 등식이 성립함을 알 수 있다.

3.2 키르히호프의 전류 법칙

키르히호프의 전류 법칙(KCL)은 한 개의 노드를 기준으로 들어오는 전류의 합과 나가는 전류의 합은 같다는 것을 말한다. 그림 3-2와 같은 회로에서 노드 A를 기준으로 할 때 들어오는 전류 I와 나가는 전류 $I1$, $I2$, $I3$의 합은 같고 식 (3.2) 와 같이 나타낼 수 있다. 여기서 노드라 함은 회로에서 여러 소자가 만나는 지점을 말한다.

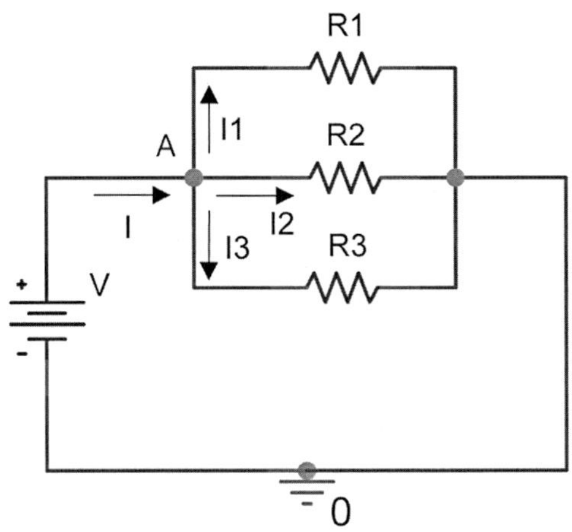

▌그림 3-2▌ 키르히호프의 전류 법칙

$$I = I1 + I2 + I3 \tag{3.2}$$

식 (3.2) 와 같이 KCL을 적용하려면 전류의 방향에 주의하여야 한다. 식에서 전류가 들어가는 방향과 나가는 방향의 부호가 서로 반대가 되어야 한다. 예를 들어 그림 3-2에서 노드 A에서의 전류 방향을 그림 3-3과 같이 정했다면 모든 전류가 같은 방향이므로 부호도 같아야 한다. 따라서 KCL 식은

$$I + I1 + I2 + I3 = 0$$

이 된다. 식에서 좌변은 들어가는 방향의 전류를 그리고 우변은 나가는 방향의 전류를 나타낸다면 이 식은 모든 전류는 들어가는 방향이고 나가는 전류는 없다 라는 것을 말해준다. 하지만 전류의 방향에 맞게 KCL을 적용했다면 결과 값은 같아야 한다. 만일 모든

전류의 방향을 나가는 방향으로 정했다 해도 KCL 식은

$$0 = I + I1 + I2 + I3$$

가 되어 이전 식과 같게 되고 결과 값 역시 동일할 것이다.

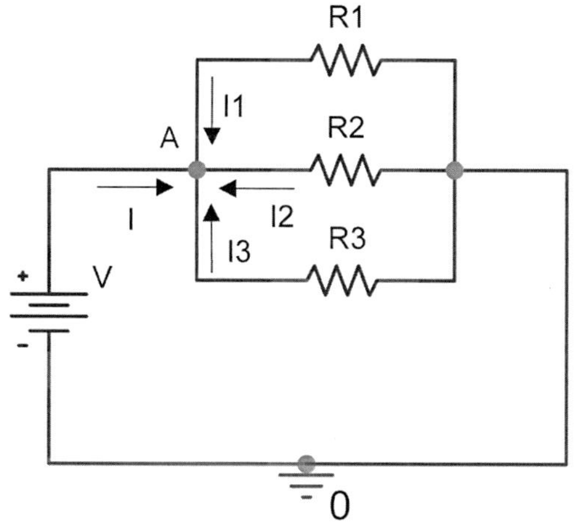

| 그림 3-3 | 전류 방향이 같은 회로

예제 3-2

그림 3-2와 같은 회로에서 전압 V=5, 저항 $R1$, $R2$, $R3$의 값은 각각 100Ω, 200Ω, 500Ω이라 할 때 전류 I, $I1$, $I2$, $I3$의 값을 구하시오.

풀이

노드 A에 KCL을 적용하면

$$I = I1 + I2 + I3$$

이고 저항은 전원에 대하여 병렬로 연결되어 있으므로 각 저항에 걸리는 전압은 동일하다. 전압값과 저항값을 알고 있으므로 각 저항에 흐르는 전류 $I1$, $I2$, $I3$는 다음과 같다.

$$I1 = \frac{V}{R1} = \frac{5}{100} = 50(\mathrm{mA})$$

$$I2 = \frac{V}{R2} = \frac{5}{200} = 25(\text{mA})$$

$$I3 = \frac{V}{R3} = \frac{5}{500} = 10(\text{mA})$$

따라서 전체 전류 I는 다음과 같다.

$$I = I1 + I2 + I3 = 50 + 25 + 10 = 85(\text{mA})$$

예제 3-3

그림 3-3 회로와 같이 전류의 방향을 모두 노드 A로 들어가는 방향으로 정했을 때 전류 I, $I1$, $I2$, $I3$의 값을 구하시오. 전압과 저항값은 예제 3-2와 동일하다.

풀이

전류의 방향이 노드 A를 기준으로 모두 들어가는 방향이므로 KCL 식은

$$I + I1 + I2 + I3 = 0$$

이 된다. 그런데 저항에 걸리는 전압의 극성은 전류가 들어가는 방향을 (+)로 정하므로 그림 3-4와 같이 각 저항에 걸리는 전압의 부호는 전원 전압과는 반대가 된다. 따라서 저항에서 노드 A로 들어가는 전류의 값은

$$I1 = \frac{V_{R1}}{R1} = \frac{-5(\text{V})}{100(\Omega)} = -50(\text{mA})$$

$$I2 = \frac{V_{R2}}{R1} = \frac{-5(\text{V})}{200(\Omega)} = -25(\text{mA})$$

$$I3 = \frac{V_{R3}}{R1} = \frac{-5(\text{V})}{500(\Omega)} = -10(\text{mA})$$

가 된다.

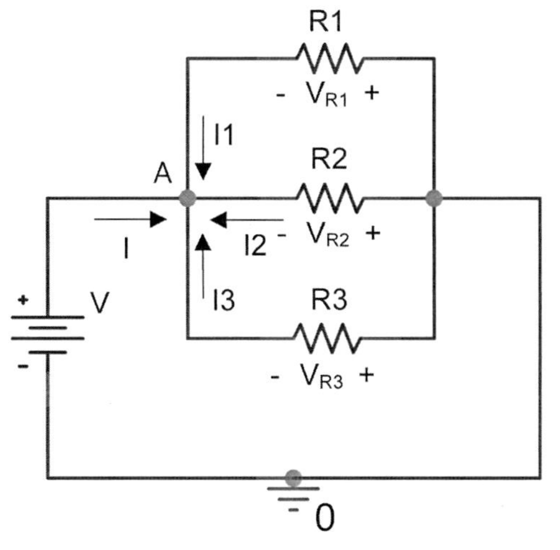

▌그림 3-4▐ 전류방향과 저항전압의 극성

따라서 전체 전류 I는 다음과 같이 구할 수 있다.

$$I + I1 + I2 + I3 = 0$$

$$I = -(I1 + I2 + I3) = -(-50 - 25 - 10) = 85(\mathrm{mA})$$

결론적으로 전류의 방향과 상관없이 결과값은 같아짐을 알 수 있다.

3.3 노드 해석

저항 회로에서 노드를 기준으로 KCL을 적용하여 회로를 해석하는 방법을 노드해석법이라 한다. KCL을 적용하므로 노드의 전류값을 구하기 위한 방정식을 저항 및 전압값을 이용하여 세운 후 전류값을 구한다.

노드해석법에서 노드에 대해 KCL을 적용하기 위해서 우선 각 노드의 전압을 할당하여야 한다. 그래야만 각 노드의 전류들이 전압과 저항으로 표현될 수 있기 때문이다. 각 노드의 전압을 정하기 위해서 기준 노드를 설정해야 하는데 일반적으로 접지가 기준 노드가 되며 이때의 전압값은 0V가 된다.

예제 3-4

그림 3-5의 회로에서 노드 1의 전압을 $v1$, 노드 2의 전압을 $v2$라 할 때 전류 I, $I1$, $I2$, $I3$, $I4$를 구하시오.

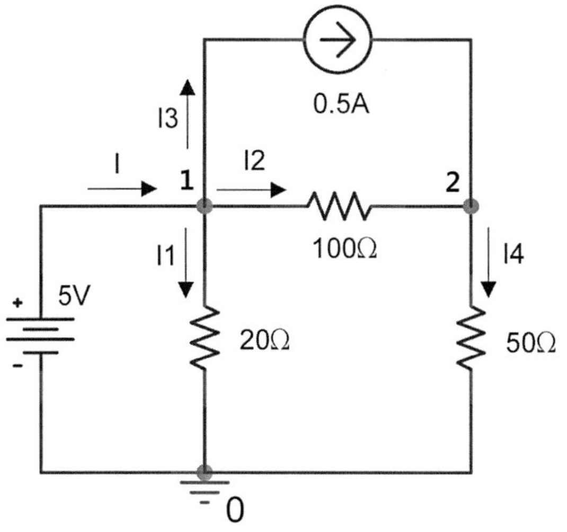

▌그림 3-5▐ 노드해석을 위한 회로

풀이

먼저 노드 1과 노드 2에 KCL을 적용하면 각각 다음 방정식과 같다.

$$I = I1 + I2 + I3$$

$$I2 + I3 = I4$$

노드 1의 전압 $v1$은 전압원 V에 의한 전압과 같으므로 5V이다. 따라서 20Ω 저항에 흐르는 전류 $I1$은 옴의 법칙에 의해

$$I1 = \frac{5}{20} = 0.25(\mathrm{A})$$

이고 전류 $I2$는 100Ω 저항에 걸리는 전압이 ($v1$-$v2$)이므로 옴의 법칙을 적용하면

$$I2 = \frac{5 - v2}{100}$$

이다. 전류 $I3$는 0.5A 전류원의 전류와 같으므로 0.5A이고 전류 I4는

$$I4 = \frac{v2}{50}$$

이므로 이를 방정식에 대입하면

$$I = I1 + I2 + I3 = \frac{5}{20} + \frac{5 - v2}{100} + 0.5$$

$$I2 + I3 = \frac{5 - v2}{100} + 0.5 = \frac{v2}{50}$$

이다. 위의 두 번째 방정식을 $v2$에 대해서 풀면 $v2$=55/3(V)이므로 전류 I는 0.62(A)가 된다.

3.4 메시 해석

회로에서 메시를 중심으로 KVL을 적용하여 회로를 해석하는 방법을 메시해석법이라 한다. 메시란 하나의 폐회로 또는 폐경로 안에 또 다른 폐회로를 포함하지 않는 가장 작은 단위의 폐회로를 말한다. 메시 해석에서는 메시에 흐르는 전류를 구하기 위해 KVL을 적용하며 이를 이용해 메시에 포함되는 각 소자의 전류 및 전압값을 구할 수 있다. 하나의 메시에 대하여 KVL을 적용하여 하나의 방정식을 세울 수 있으므로 만일 회로가 n개의 메시를 가진다면 메시 전류를 구하기 위해 n개의 연립 방정식을 풀어야 한다. 그림 3-6은 두 개의 메시를 가진 회로를 보여준다.

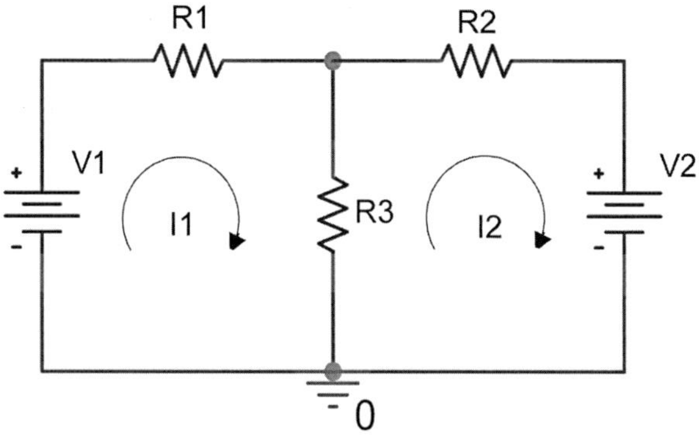

| 그림 3-6 | 두 개의 메시를 가진 회로

그림 3-6의 회로는 두 개의 메시를 갖고 있으므로 메시 전류를 I_1과 I_2로 설정하고 각각에 대하여 KVL을 적용하면 다음과 같은 방정식을 세울 수 있다.

$$-V1 + I_1R_1 + (I_1 - I_2)R_3 = 0$$

$$(I_2 - I_1)R3 + I_2R_2 + V2 = 0$$

위의 두 식에서 전압 V_1과 V_2, 저항 R_1, R_2, R_3의 값을 알고 있다면 미지수가 I_1과 I_2로 두 개이고 방정식도 두 개이므로 I_1, I_2의 값을 구할 수 있다. 식에서 저항 R_3에 걸리는 전압을 표현할 때 첫 번째 메시와 두 번째 메시에서 부호가 서로 반대임을 주의해야 한다. 왜냐하면 첫 번째 메시에서는 전류 I_1의 방향을 기준으로 전압을 표현하였고 두 번째 메시에서는 전류 I_2를 기준으로 전압을 표현했기 때문이다.

예제 3-5

그림 3-7과 같은 회로에서 메시 해석법을 이용하여 각 저항에 흐르는 전류 I_1, I_2, I_3를 구하시오.

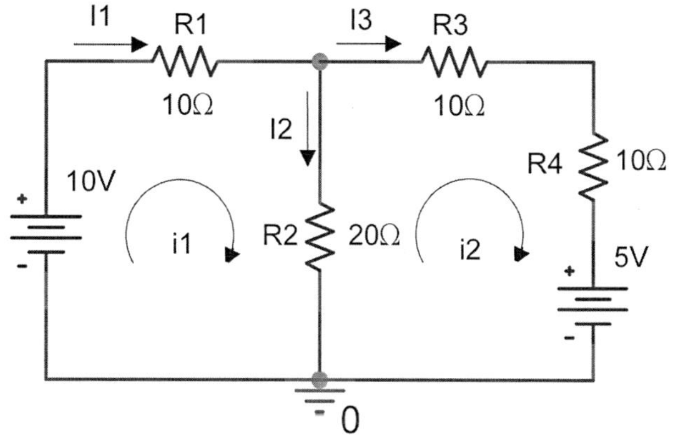

┃그림 3-7┃ 메시 해석을 위한 회로

풀이

회로의 각 메시에 KVL을 적용하면 다음과 같은 식을 구할 수 있다.

$$-10+10i_1+20(i_1-i_2)=0$$

$$20(i_2-i_1)+10i_2+10i_2+5=0$$

위의 두 식을 i_1과 i_2에 대하여 정리하면

$$30i_1-20i_2=10$$

$$-20i_1+40i_2=-5$$

와 같고 방정식을 풀면 i_1 = 375(mA)이고 i_2는 62.5(mA)이다. 따라서 전류 I_1, I_2, I_3은 다음과 같다.

$$I_1 = i_1 = 375(\text{mA})$$

$$I_2 = i_1 - i_2 = 375 - 62.5 = 312.5(\text{mA})$$

$$I_3 = i_2 = 62.5(\text{mA})$$

3.5 실험 실습

3.5.1 실험 목표

저항 회로에서 키르히호프의 전류 법칙과 전압 법칙을 적용하여 회로를 해석하는 방법을 익힌다. 또한 키르히호프의 전류 법칙과 전압 법칙을 활용한 대표적인 회로 해석법인 노드 해석법과 메시 해석법을 배우고 실험을 통하여 이를 확인한다.

3.5.2 실험 부품

저항	330Ω	1개
	470Ω	1개
	1KΩ	3개
	2KΩ	1개

3.5.3 실험 내용

실험 1

그림 3-8과 같은 회로를 구성하고 멀티미터를 이용하여 각 저항 양단의 전압을 측정하여 표 3-1에 기록하시오. 전원 전압은 10V로 하시오. 또한 각 저항에 걸리는 전압의 합이 전원 전압 V와 같아지는지 확인하시오.

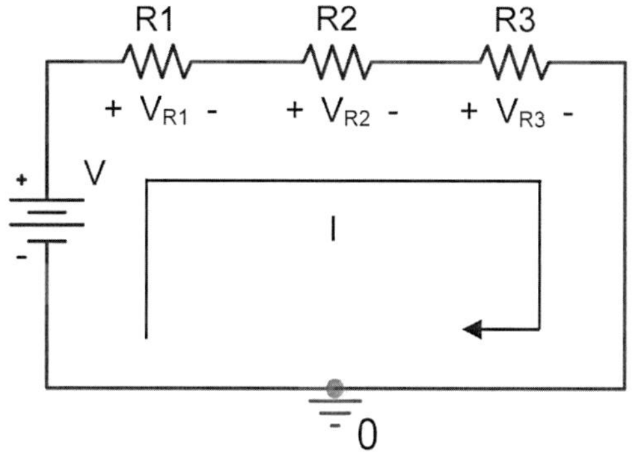

그림 3-8 실험 1 회로

표 3-1 직렬저항 회로

저항	전류 I		V_{R1}		V_{R2}		V_{R3}	
	계산값	측정값	계산값	측정값	계산값	측정값	계산값	측정값
R1 330 R2 470 R3 1K								
R1 1K R2 1K R3 1K								
R1 1K R2 470 R3 330								

실험 2

[실험 1]에 대해 PSpice 시뮬레이션을 실행하여 각 저항에 걸리는 전압을 확인하고 표 3-2에 기록하시오. 또한 시뮬레이션 결과와 [실험 1]의 측정 결과를 비교하여 실험 오차를 확인하시오.

표 3-2 직렬 저항 회로 PSpice 실행 결과

저항	전류 I	V_{R1}	V_{R2}	V_{R3}
R1 330 R2 470 R3 1K				
R1 1K R2 1K R3 1K				
R1 1K R2 470 R3 330				

실험 3

그림 3-9와 같은 회로를 구성하고 회로의 전류값과 각 저항 양단의 전압을 측정하여 표 3-3에 기록하시오. 전원 전압은 각각 5V, 10V로 하시오.

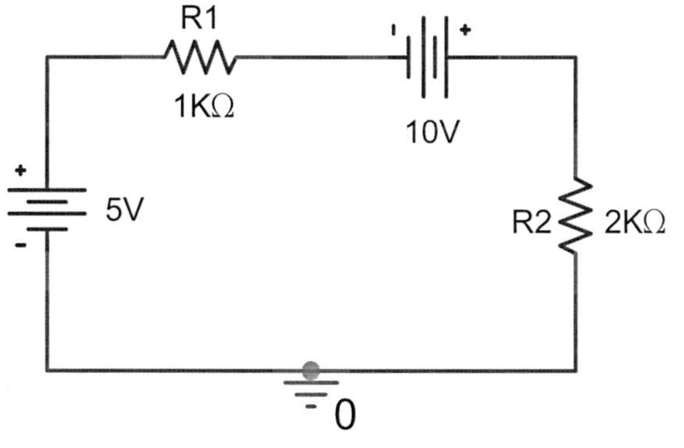

▌그림 3-9▐ 실험 3 회로

▌표 3-3▐ 전압 전원이 두 개인 회로 실험 결과

전류 I		VR1		VR2	
계산값	측정값	계산값	측정값	계산값	측정값

실험 4

그림 3-10과 같은 회로를 구성하고 각 저항에 흐르는 전류를 측정하여 표 3-4에 기록하시오. 전원 전압은 10V로 하시오. 또한 각 저항에 흐르는 전류의 합이 노드 A에 들어오는 전류 I와 같아지는지 확인하시오.

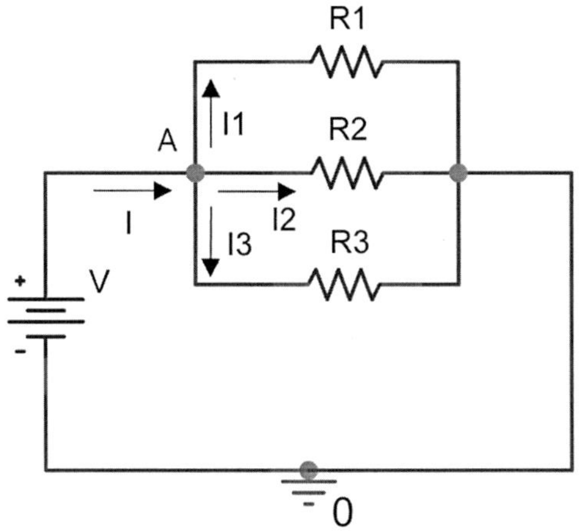

| 그림 3-10 | 실험 4 회로

| 표 3-4 | 병렬 저항 회로 실험 결과 (V = 10)

저항 \ 전류	I		I1		I2		I3	
	계산값	측정값	계산값	측정값	계산값	측정값	계산값	측정값
R1 330 R2 470 R3 1K								
R1 1K R2 1K R3 1K								
R1 1K R2 470 R3 330								

실험 5

[실험 4]에 대해 PSpice 시뮬레이션을 실행하여 각 저항에 흐르는 전류를 확인하고 표 3-5에 기록하시오. 또한 시뮬레이션 결과와 [실험 4]의 측정 결과를 비교하여 실험 오차를 확인하시오.

| 표 3-5 | 병렬 저항 회로 PSpice 실행 결과

저항 \ 전류	I	I1	I2	I3
R1 1K R2 330 R3 470				
R1 1K R2 1K R3 1K				
R1 2K R2 1K R3 1K				

실험 6

그림 3-11 회로에 대하여 PSpice 시뮬레이션을 실행하여 각 저항에 흐르는 전류 I_1~I_4를 구하시오.

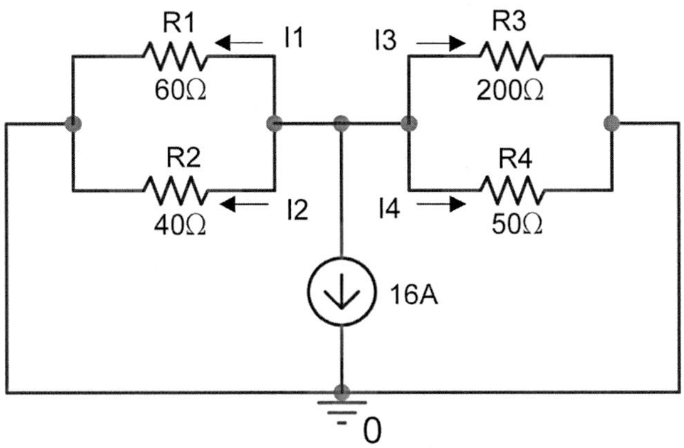

그림 3-11 실험 6 회로

표 3-6 PSpice 실행 결과

I1	I2	I3	I4

실험 7

그림 3-12 회로에서 $V_1 = 10(V)$, $V_2 = 5(V)$, $R_1 = 330\Omega$, $R_2 = 470\Omega$, $R_3 = 1K\Omega$ 일 때 메시 전류 I_1과 I_2를 멀티미터로 측정하여 표 3-7에 기록하시오. 또한 저항 R3에 흐르는 전류가 $I_1 - I_2$ 값과 같아지는지 확인하시오. 전류를 측정할 때 전류의 방향에 주의하시오. 측정 결과를 PSpice 시뮬레이션을 실행하여 확인하시오.

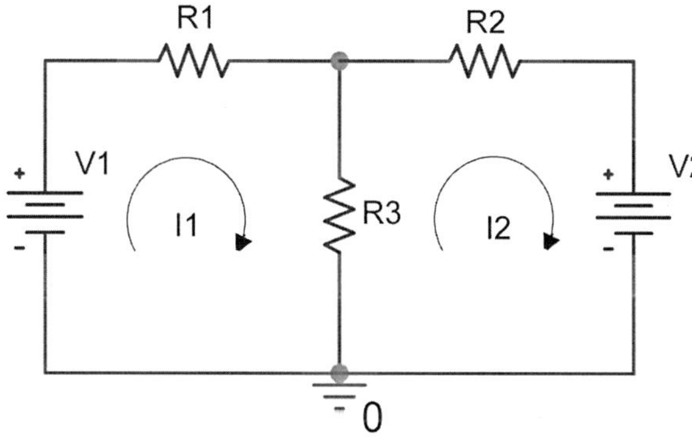

❙ 그림 3-12 ❙ 실험 7 회로

❙ 표 3-7 ❙ 메시 전류 측정값

	I1		I2		저항 R3 전류	
	측정값	PSpice	측정값	PSpice	측정값	PSpice
V1 = 10 V2 = 5 R1 = 330 R2 = 470 R3 = 1K						

실험 8

그림 3-13 회로는 종속전류원을 포함하고 있다. 종속전류원에서 공급되는 전류의 크기는 10KΩ 저항에 걸리는 전압 V_o의 값에 종속되어 있고 0.01V_o 값을 나타낸다. 회로에서 20KΩ 저항에 흐르는 전류 및 저항 양단의 전압, 그리고 20KΩ 저항에서 소모되는 전력을 PSpice 시뮬레이션을 수행하여 구하고 표 3-8에 기록하시오.

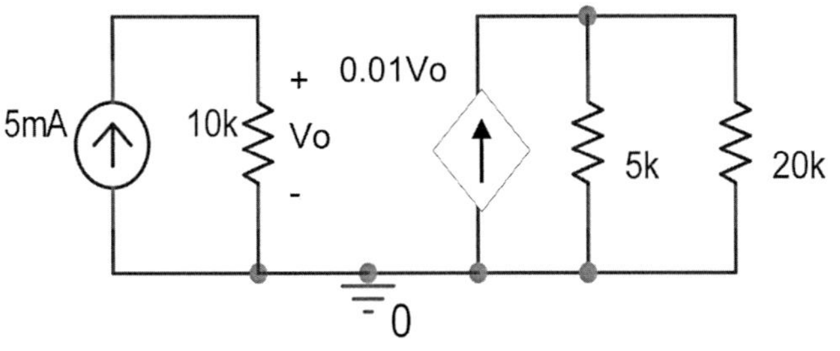

❙ 그림 3-13 ❙ 실험 8 회로

※ 종속전원은 전압제어전류원(VCCS)이므로 아래 화면과 같이 선택한다.

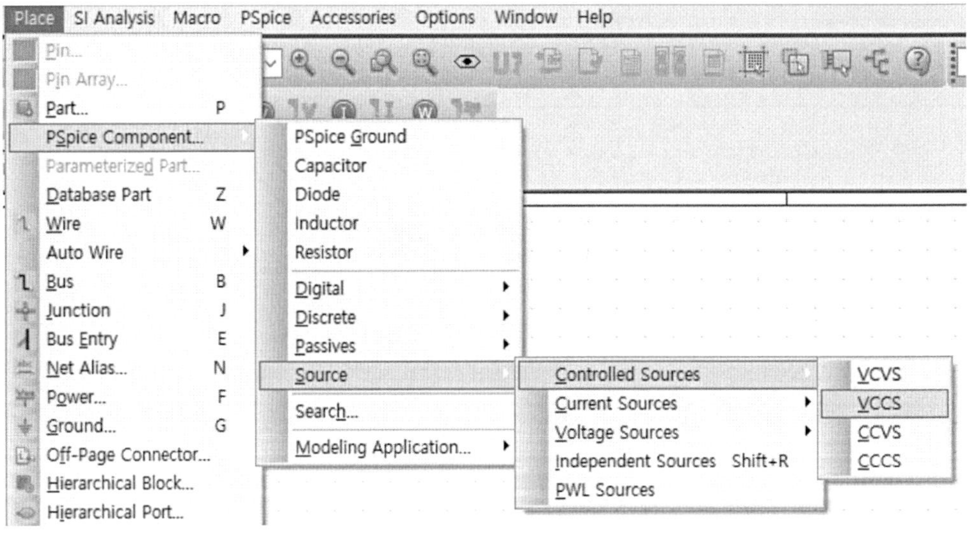

❙ 그림 3-14 ❙ PSpice에서 종속전류원의 선택

그림 3-13의 종속 전원을 포함하는 회로도를 OrCAD Capture를 이용하여 다시 그리면 그림 3-15와 같다.

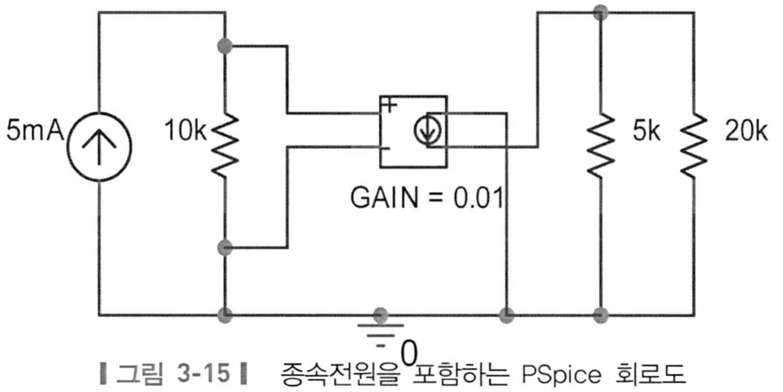

| 그림 3-15 | 종속전원을 포함하는 PSpice 회로도

| 표 3-8 | 20KΩ 저항의 전류, 전압 및 소모전력의 PSpice 실행결과

	전류	전압	소모전력
20KΩ 저항			

제 4 장

분배와 중첩

4.1 전압 분배

저항이 직렬로 연결된 회로에서 저항에 흐르는 전류는 연결된 모든 저항에 대하여 동일하다. 하지만 각 저항에 걸리는 전압은 저항의 크기에 따라 달라진다. 옴의 법칙에 의하여 저항에 걸리는 전압값은

$$V = IR$$

와 같으므로 전류 I가 일정하면 전압 V는 저항 R의 크기에 비례한다. 그림 4-1과 같이 두 개의 저항이 직렬로 연결된 회로에서 각 저항에 걸리는 저항을 구해보자.

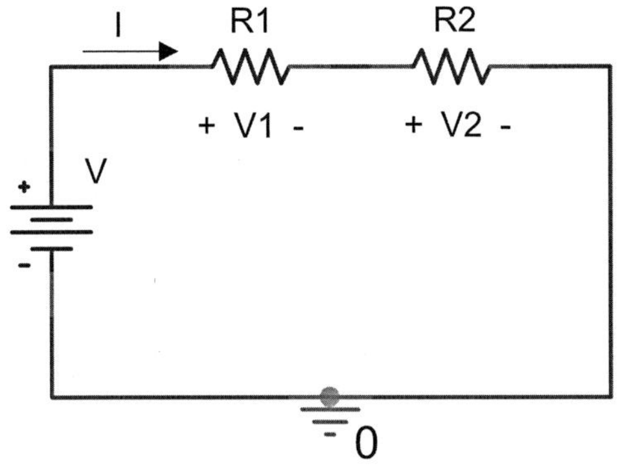

그림 4-1 전압 분배 회로

먼저 회로에 흐르는 전류 I는 옴의 법칙에 의해 다음 식과 같다.

$$I = \frac{V}{R} = \frac{V}{R_1 + R_2}$$

저항 R_1과 R_2에 걸리는 전압은

$$V1 = IR_1 = \frac{V}{R_1 + R_2} R_1 = \frac{R_1}{R_1 + R_2} V$$

$$V2 = IR_2 = \frac{V}{R_1 + R_2} R_2 = \frac{R_2}{R_1 + R_2} V$$

이다. 따라서 저항에 걸리는 전압은 전원 전압이 저항의 크기에 비례하여 결정됨을 알 수 있다. 즉, 저항값이 클수록 저항에 걸리는 전압이 크며 이는 저항에 의한 전압 강하가 크다는 말이며 이를 **전압 분배 법칙**이라 한다.

전압이 V이고 저항이 N개가 직렬로 연결된 회로에서 n번째 저항에 의한 전압 강하는 다음과 같은 식으로 나타낼 수 있다.

$$v_n = \frac{R_n}{R_1 + R_2 + \cdots + R_N} V \tag{4.1}$$

예제 4-1

그림 4-2와 같은 직렬저항 회로에서 각 저항에 걸리는 전압을 구하시오.

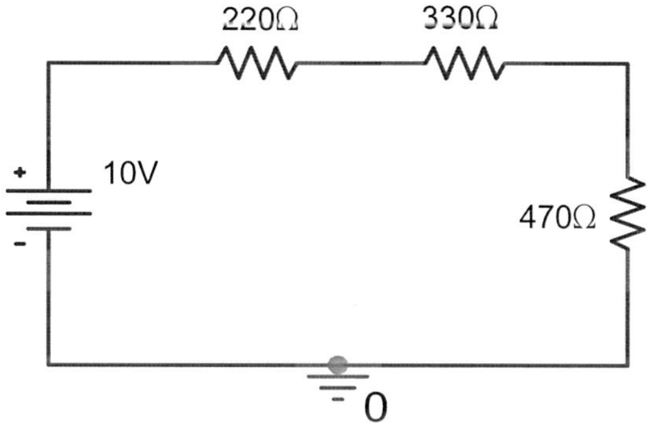

❙그림 4-2❙ 전압 분배 예제 회로

풀이

각 저항에 걸리는 전압을 v_1, v_2, v_3라 하고 저항이 직렬로 연결된 회로이기 때문에 전압 분배의 법칙을 이용하면 각각의 전압은 다음과 같다.

$$v_1 = \frac{220 \times 10}{220 + 330 + 470} \simeq 2.16(V)$$

$$v_2 = \frac{330 \times 10}{220 + 330 + 470} \simeq 3.24(V)$$

$$v_3 = \frac{470 \times 10}{220 + 330 + 470} \simeq 4.61(V)$$

4.2 전류 분배

저항이 병렬로 연결된 회로에서 각 저항에 걸리는 전압은 모두 같다. 하지만 전류는 각 저항에 나누어져 흐르게 되는데 이때 전류의 크기는 저항의 크기에 따라 달라진다. 옴의 법칙에 의해 전류는 다음 식으로 나타낼 수 있다.

$$I = \frac{V}{R}$$

따라서 전압이 일정하다면 전류의 크기는 저항의 크기에 반비례한다. 그림 4-3과 같은 병렬 저항 회로에서 각 저항에 흐르는 전류 I_1과 I_2를 구해보자.

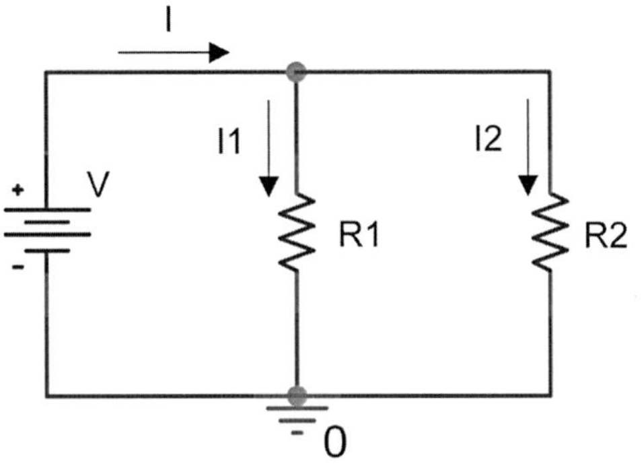

| 그림 4-3 | 전류 분배 회로

병렬 회로이므로 각 저항에 걸리는 전압은 V로 동일하다. 그러므로 각 저항에 흐르는 전류는 옴의 법칙에 의해 다음과 같다.

$$I_1 = \frac{V}{R_1},\ I_2 = \frac{V}{R_2} \tag{4.2}$$

병렬 회로에서 전체 저항값 R_t는 다음의 식으로 구할 수 있다.

$$\frac{1}{R_t} = \frac{1}{R_1} + \frac{1}{R_2}$$

$$R_t = \frac{R_1 R_2}{R_1 + R_2}$$

따라서 전압 V를 전체 전류 I와 전체 저항 R_t로 나타내면

$$V= \frac{R_1 R_2}{R_1+R_2} I$$

와 같으므로 이 값을 식 (4.2) 에 대입하면 각 저항에 흐르는 전류를 구할 수 있다.

$$I_1 = \frac{R_2}{R_1+R_2} I$$

$$I_2 = \frac{R_1}{R_1+R_2} I$$

위의 식으로부터 병렬 저항 회로에서 각 저항에 흐르는 전류는 저항에 반비례하여 분배됨을 알 수 있고 이를 **전류 분배 법칙**이라 한다.

저항 N개가 병렬 연결된 회로에서는 전류 분배 법칙이 전압 분배 법칙에서와같이 간단하게 적용되지 않는다. 왜냐하면 병렬 회로에서는 전체 저항값이 각 저항을 단순히 더한 값이 아니고 역수의 합이기 때문에 계산이 더 복잡해진다. (식 4.2)를 이용하여 저항 n에 흐르는 전류를 나타내면

$$I_n = \frac{V}{R_n} = \frac{R_t}{R_n} I \tag{4.3}$$

이다. 이 식으로는 전류의 분배를 잘 나타내지 못하므로 저항의 역수인 컨덕턴스를 이용하기로 하자. 병렬 회로에서 전체 저항은

$$\frac{1}{R_t} = \frac{1}{R_1} + \frac{1}{R_2} + \cdots + \frac{1}{R_N}$$

이고 컨덕턴스 G는 저항의 역수이므로 전체 저항을 컨덕턴스로 나타내면

$$R_1 = \frac{1}{G_1},\ R_2 = \frac{1}{G_2},\ R_N = \frac{1}{G_N}$$

$$G_t = G_1 + G_2 + \cdots + G_N$$

과 같이 나타낼 수 있으므로 식 4.3을 컨덕턴스로 표현하면

$$I_n = \frac{R_t}{R_n} I = \frac{\frac{1}{G_t}}{\frac{1}{G_n}} I = \frac{G_n}{G_t} I = \frac{G_n}{G_1 + G_2 + \cdots G_N} I \tag{4.4}$$

와 같다. 따라서 위의 식은 병렬 저항 회로에서의 전류값은 저항에 반비례하여 즉, 컨덕턴스에 비례하여 분배됨을 알 수 있다.

예제 4-2

그림 4-4와 같은 병렬 저항 회로에서 각 저항에 흐르는 전류를 구하시오.

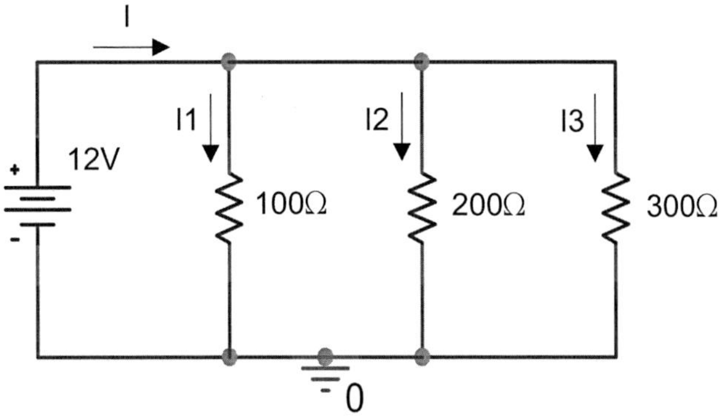

| 그림 4-4 | 전류 분배 예제 회로

풀이

컨덕턴스를 이용하여 전체 전류를 나타내면

$$I = \frac{V}{R_t} = VG_t = 12G_t$$

따라서 식 (4.4)를 이용하여 각 저항에 흐르는 전류를 구하면

$$I_1 = \frac{G_1}{G_t} I = \frac{G_1}{G_t} 12G_t = 12G_1 = \frac{12}{100}(A)$$
$$I_2 = 12G_2 = \frac{12}{200}(A)$$
$$I_3 = 12G_3 = \frac{12}{300}(A)$$

와 같으므로 전류는 저항의 역수에 비례함을 알 수 있다.

4.3 선형성과 중첩의 원리

선형성이란 수학적인 개념으로 다음과 같은 식을 만족한다.

$$F(ax1 + bx2) = aF(x1) + bF(x2) \tag{4.5}$$

위의 식 (4.5) 는 다음과 같은 두 가지의 의미를 포함한다.

1. 입력이 k배가 되면 출력도 k배가 된다. $x1$과 $x2$를 입력이라 할 때 $x1$이 a배가 되면 이에 대한 출력 $F(x1)$도 a배가 된다. 입력 $x2$에 대해서도 마찬가지 식이 적용된다.

$$F(ax1) = aF(x1)$$

$$F(bx2) = bF(x2)$$

2. 입력 $x1$과 $x2$의 합인 $x1 + x2$에 대한 출력은 각각의 입력에 대한 출력의 합과 같다.

$$F(x1 + x2) = F(x1) + F(x2)$$

이상과 같은 선형성은 선형 회로에도 적용될 수 있는데 여기서 선형 회로란 선형 소자들로 이루어진 회로를 말하며 저항 회로가 선형 회로의 한 종류이다. 선형 소자란 원인과 결과 사이에 선형 관계를 나타내는 소자를 말한다. 예를 들어 저항의 선형성이란 저항의 전압과 전류 사이의 관계에서 전압이 k배 증가하면 전류도 k배 증가하는 관계를 나타낸다.

$$kV = kIR$$

또 한 회로에서 전류 I_1에 의한 전압이 $v1$이고 전류 I_2에 의한 전압이 $v2$이면 다음과 같이 나타낼 수 있다.

$$v1 = I_1R$$

$$v2 = I_2R$$

만일 전류 $(I_1 + I_2)$가 입력이라 하면 이에 대한 전압 v는

$$v = (I_1 + I_2)R = I_1R + I_2R = v1 + v2$$

와 같으므로 이는 전류 I_1에 의한 전압 $v1$과 전류 I_2에 의한 전압 $v2$를 각각 더한 값과 같아진다. 이는 전원이 여러 개인 중첩 회로에서 똑같이 적용될 수 있다.

2개 이상의 전원이 존재하는 선형 회로에서 어떤 소자의 전압이나 전류는 전원을 하나씩 동작시킬 때의 전압 또는 전류의 합과 같고 이를 중첩의 원리라고 한다. 하나의 전원을 동작시킬 때는 다른 전원은 제거시킨다. 전원을 제거시킨다는 의미는 전원이 전압 전원인 경우 전압 값을 0(V)로 만들어야 하므로 단락회로를 만들고 전류 전원인 경우 전류 값이 0(A)가 되어야 하므로 개방회로를 만든다는 것이다.

예제 4-3

그림 4-5의 회로에서 전압원 V가 5V와 10V일 때의 전류 I의 값을 각각 구하시오.

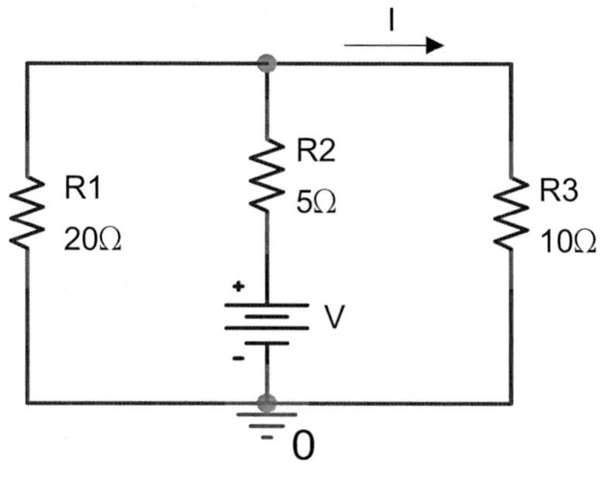

| 그림 4-5 | 선형성 확인을 위한 회로

풀이

그림 4-5 회로에는 두 개의 메시가 존재하므로 메시 전류를 i_1과 i_2라 하자. 먼저 V = 5 일 때 KVL을 이용하여 메시 전류 i_1과 i_2에 대해 메시 방정식을 세우면

$$20i_1 + 5(i_1 - i_2) + 5 = 0$$

$$-5 + 5(i_2 - i_1) + 10i_2 = 0$$

와 같다. 각각을 i_1과 i_2에 대하여 정리하면 다음과 같다.

$$25i_1 - 5i_2 = -5$$

$$-5i_1 + 15i_2 = 5$$

위의 방정식을 풀면

$$i_1 = -\frac{1}{7}(A),\ i_2 = \frac{2}{7}(A)$$

이다. 전류 I는 메시 전류 i_2와 같으므로 2/7 (A)이다. V = 10일 때 같은 방법으로 메시 전류 i_1과 i_2를 구하면 다음과 같다.

$$25i_1 - 5i_2 = -10$$

$$-5i_1 + 15i_2 = 10$$

이므로

$$i_1 = -\frac{2}{7}(A),\ i_2 = \frac{4}{7}(A)$$

이다. 따라서 전압값이 5V에서 10V로 두 배가 되면 전류값도 2/7(A)에서 4/7(A)로 두 배가 되어 선형성이 성립함을 알 수 있다.

그림 4-6과 같이 전압원이 두 개 존재하는 회로에서 각 저항에 걸리는 전압과 각 저항에 흐르는 전류를 구하는 경우를 생각해 보자.

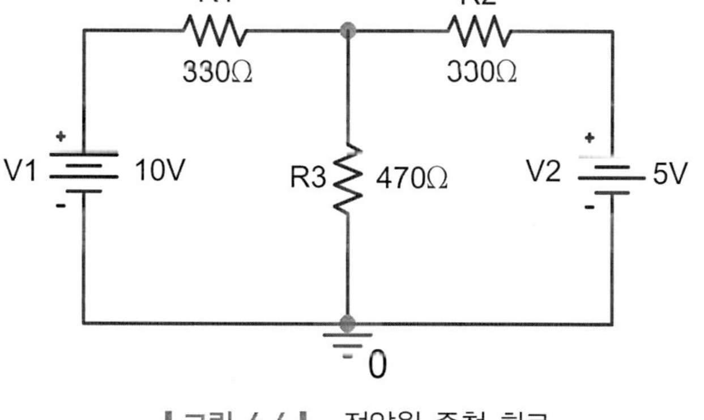

▌그림 4-6▐ 전압원 중첩 회로

먼저 두 개의 전압원 중에서 V_1을 선택하고 V_2는 제거한 후 각 저항의 전압과 전류를 계산한다. 전압원 V_2를 제거한 후 단락회로를 만들고 각 저항에 흐르는 전류의 방향을 그림 4-7과 같이 정한다.

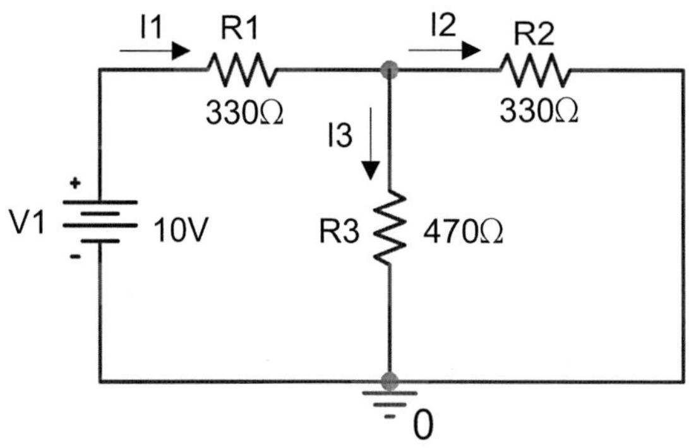

| 그림 4-7 | 전압원 V1에 의한 회로

먼저 전체 저항을 구하기 위해 R2//R3 병렬연결 저항을 구하면

$$R2//R3 = \frac{330 \times 470}{330 + 470} \simeq 194(\Omega)$$

R_1 저항과는 직렬 연결되어 있으므로 총 저항 R_t는 다음과 같다.

$$R_t = R1 + R2//R3 = 330 + 194 = 524(\Omega)$$

저항 R_1에 흐르는 전류 I_1은 V/R_t와 같으므로 다음과 같다.

$$I_1 = \frac{V}{R_t} = \frac{10}{524} \approx 19.1(\mathrm{mA})$$

전류 I_1은 전류 I_2와 I_3로 나누어지므로 다음과 같은 식으로 구할 수 있다.

$$I_2 = I_1 \frac{470}{330 + 470} \approx 11.2(\mathrm{mA})$$

$$I_3 = I_1 \frac{330}{330 + 470} \approx 7.9(\mathrm{mA})$$

따라서 구한 전류값으로부터 각 저항에 걸리는 전압은 옴의 법칙을 사용하여 쉽게 구할 수 있다.

$$V_{R1} = I_1 R1 = 19.1 \times 330 \approx 6.3(V)$$

$$V_{R2} = I_2 R2 = 11.2 \times 330 \approx 3.7(V)$$

$$V_{R3} = I_3 R3 = \ \ 7.9 \times 470 \approx 3.7(V)$$

V_1에 의한 전압, 전류 값을 구한 후 V_1은 제거하고 V_2에 의한 전압, 전류값을 구하기 위한 회로는 그림 4-8과 같다. 전체 저항 R_t는 524Ω이므로 저항 R_2에 흐르는 전류는 다음과 같다.

$$I_2' = \frac{5}{524} \approx 9.5(\mathrm{mA})$$

전류 I_2' 값을 이용하여 I_1'과 I_3'을 구하면 다음과 같다.

$$I_1' = I_2' \frac{470}{330+470} \approx 5.6(\mathrm{mA})$$

$$I_3' = I_2' \frac{330}{330+470} \approx 3.9(\mathrm{mA})$$

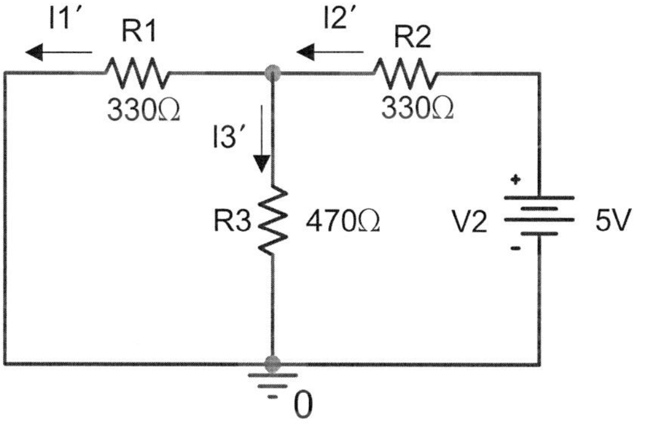

Ⅰ그림 4-8Ⅰ 전압원 V₂에 의한 회로

위에서 구한 전류값으로 각 저항에 걸리는 전압값을 구하면 다음과 같다.

$$V_{R1}' = I_1' R1 = 5.6 \times 330 \approx 1.8(V)$$

$$V_{R2}' = I_2' R2 = 9.5 \times 330 \approx 3.1(V)$$

$$V_{R3}' = I_3' R3 = 3.9 \times 470 \approx 1.8(V)$$

이제 V_1에 의한 전압, 전류값과 V_2에 의한 전압, 전류값을 합하면 V_1과 V_2에 의한 값을 구할 수 있다. 이때 전압 또는 전류의 부호에 주의하여야 한다. 만일 전류가 흐르는 방향이 서로 다르다면 전류의 부호를 다르게 해야하며 전압도 마찬가지이다.

$$I_{t1} = I_1 + (-I_1') = 19.1 - 5.6 = 13.5(\mathrm{mA})$$

$$I_{t2} = I_2 + (-I_2') = 11.2 - 9.5 = 1.7(\mathrm{mA})$$

$$I_{t3} = I_3 + I_3' = 7.9 + 3.9 = 11.8(\mathrm{mA})$$

$$V_{tR1} = V_{R1} + (-V_{R1}') = 6.3 - 1.8 = 4.5(V)$$

$$V_{tR2} = V_{R2} + (-V_{R2}') = 3.7 - 3.1 = 0.6(V)$$

$$V_{tR3} = V_{R3} + V_{R3}' = 3.7 + 1.8 = 5.5(V)$$

4.4 전원 변환

전원 변환은 회로를 간략화시키는 방법이다. 그림 4-9와 같이 전압원 V_s와 직렬로 연결된 저항 R을 갖는 회로는 저항 R과 병렬로 연결된 전류원 I_s로 또는 그 반대로 변환할 수 있다.

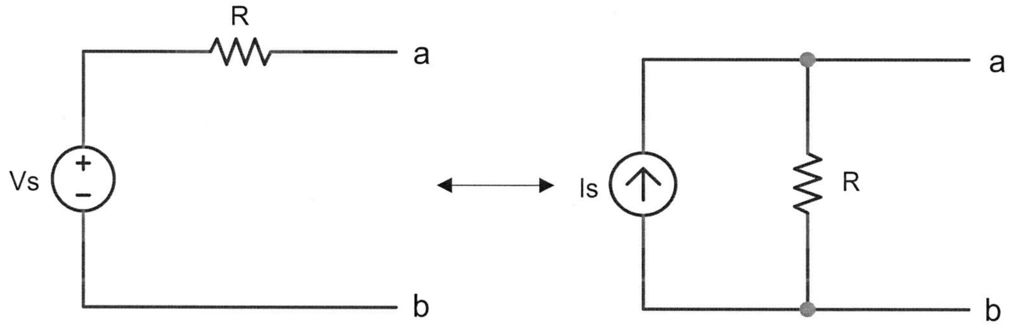

그림 4-9 전원 변환

그림 4-9의 두 회로에서 전원을 제거하고 a-b 단에서 보는 저항은 R로 동일하다. 만일 ab 단을 단락을 시키면 a에서 b로 흐르는 단락 회로의 전류는 왼쪽 회로에서는 $\frac{V_s}{R}$가 되고 오른쪽 회로에서는 I_s가 되므로 두 회로가 등가회로가 되기 위해서는 다음 식이 성립해야 한다.

$$\frac{V_s}{R} = I_s, \quad V_s = I_s R$$

예제 4-4

그림 4-10의 회로에서 전원 변환을 이용하여 전류 I를 구하시오.

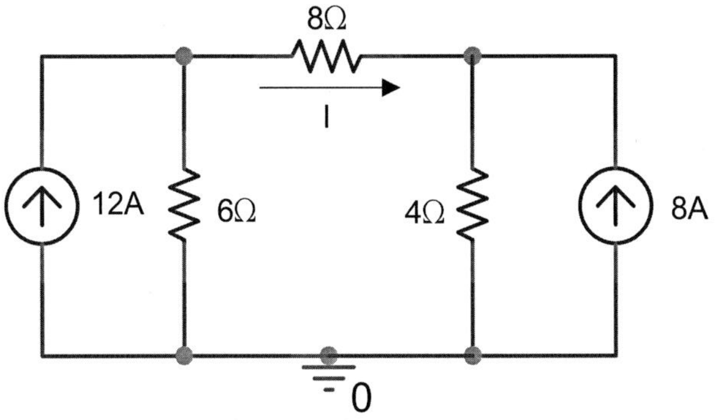

| 그림 4-10 | 전원 변환 회로

풀이

그림 4-10의 회로에서 전원 변환을 이용하여 전류원과 병렬저항을 갖는 회로를 전압원과 직렬저항을 갖는 회로로 변환을 하면 그림 4-11과 같다.

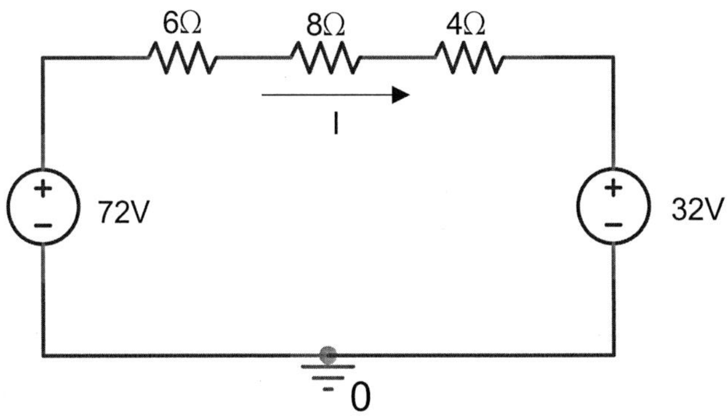

| 그림 4-11 | 전압원으로 변환된 회로

그림 4-11의 회로는 전압원 2개와 저항 3개가 직렬로 연결된 형태이므로 회로에 흐르는 전류는 다음과 같이 구할 수 있다.

$$I = \frac{72-32}{6+8+4} = \frac{40}{18} \simeq 2.2(A)$$

4.5 실험 실습

4.5.1 실험 목표

직렬 저항 회로에서 전압이 분배되는 원리와 병렬 저항 회로에서 전류가 분배되는 원리를 실험을 통하여 직접 확인한다. 또한 전원이 2개 이상 존재하는 회로에서의 전압과 전류의 값은 전원이 한 개일 때의 값을 각각 더하여 구할 수 있는 중첩의 원리를 실험을 통하여 확인한다.

4.5.2 실험 부품

저항	220Ω 330Ω 470Ω	1개 2개 1개

4.5.3 실험 내용

실험 1

그림 4-12와 같은 회로에서 각 저항에 걸리는 전압을 측정하여 표 4-1에 기록하시오. 각 저항에 걸리는 전압이 저항의 크기에 따라 분배되는지 확인하고 저항에 걸리는 모든 전압의 합이 전원 전압 10V와 같아지는지 확인하시오.

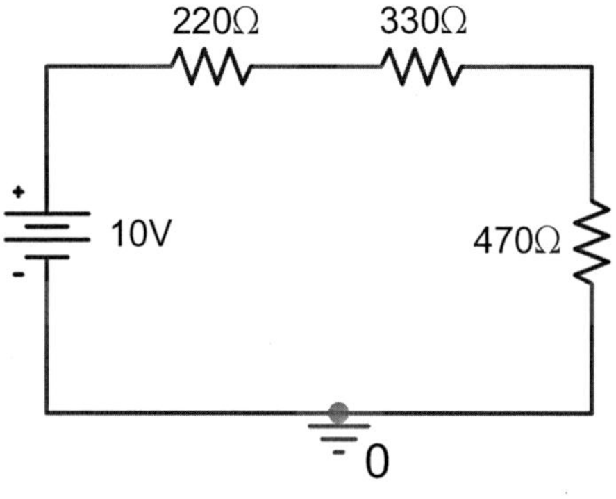

| 그림 4-12 | 실험 1 회로

| 표 4-1 | 각 저항에 걸리는 전압

220Ω 저항 전압 (V1)	330Ω 저항 전압 (V2)	470Ω 저항 전압 (V3)	총 저항전압 (V1+V2+V3)

실험 2

[실험 1]의 그림 4-12 회로를 PSpice를 이용하여 시뮬레이션하여 그 결과를 표 4-2에 그리고 [실험 1]의 결과와 비교하시오. 각 저항에 걸리는 전압을 측정하기 위해 그림 4-13과 같이 Voltage Differential Marker 를 이용하고 PSpice의 Simulation Profile에서 Analysis Type은 Time Domain(Transient)을 선택하시오. 각 저항에 걸리는 전압은 시뮬레이션 결과 창에서 확인하시오.

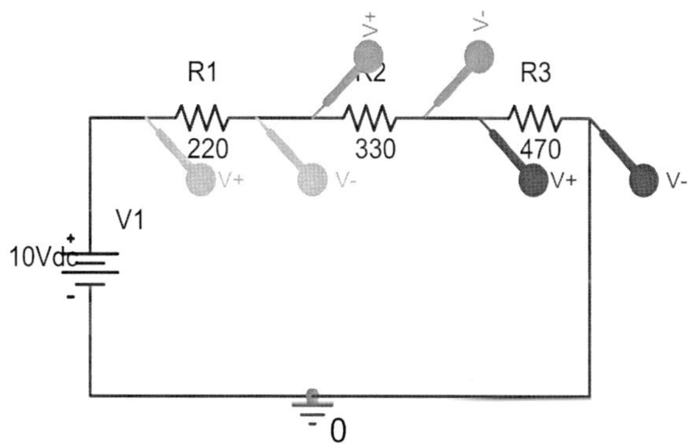

| 그림 4-13 | 실험 2 시뮬레이션 회로

| 표 4-2 | 저항 전압 시뮬레이션 결과

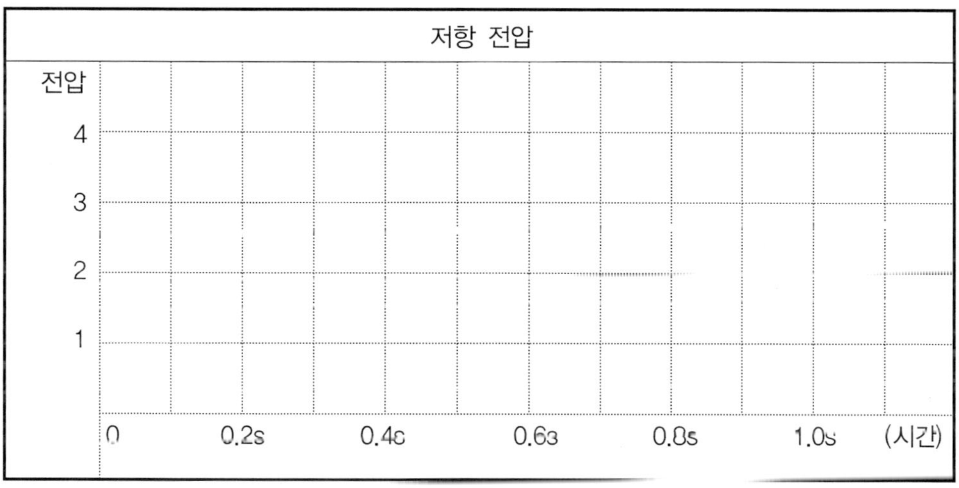

실험 3

그림 4-14와 같은 회로에서 멀티미터를 이용하여 각 저항에 흐르는 전류를 측정하여 표 4-3에 기록하시오.

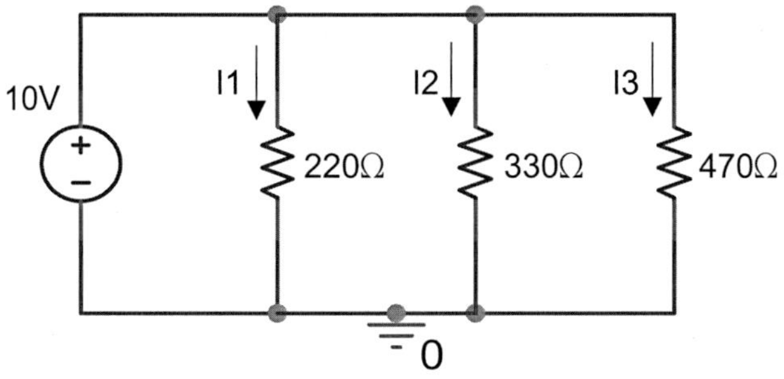

| 그림 4-14 | 실험 3 회로

| 표 4-3 | 각 저항에 흐르는 전류

220Ω 저항 전류 (I1)	330Ω 저항 전류 (I2)	470Ω 저항 전류 (I3)	총 저항전류 (I1+I2+I3)

실험 4

[실험 3]의 그림 4-14 회로를 PSpice를 이용하여 시뮬레이션하여 [실험 3]의 결과와 비교하시오. 각 저항에 흐르는 전류를 측정하기 위해 Current Marker  를 이용하고 회로의 총 전류도 측정하시오. PSpice의 Simulation Profile에서 Analysis Type은 Time Domain(Transient)를 선택하시오. 시뮬레이션 결과 창에서 I_1, I_2, I_3, 그리고 총 전류($I_1 + I_2 + I_3$)를 확인하고 표 4-4에 그리시오.

| 표 4-4 | 전류분배회로 시뮬레이션 결과 값

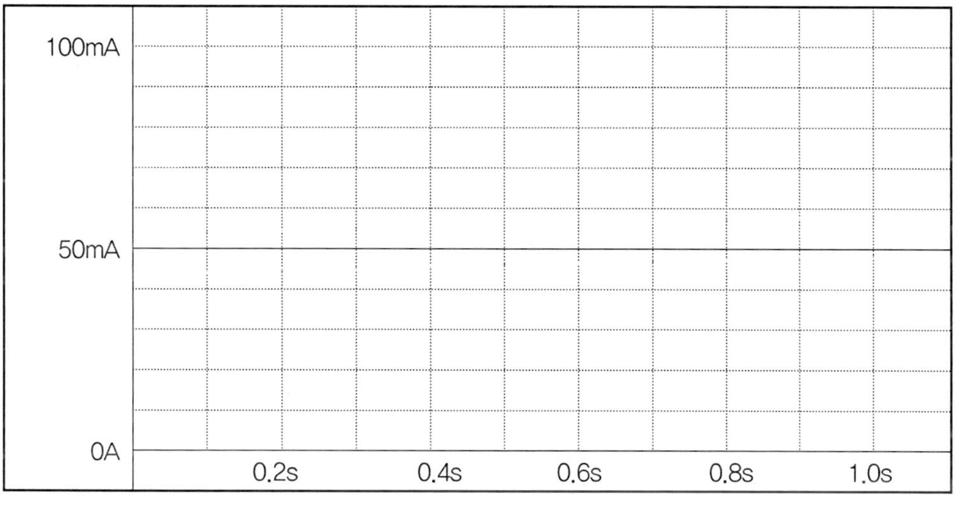

실험 5

먼저 그림 4-15와 같은 회로를 구성하고 멀티미터를 이용하여 각 저항에 흐르는 전류와 각 저항에 걸리는 전압을 측정하고 표 4-5-1에 기록하시오. 다음에 그림 4-16의 회로를 구성하고 전압원 V_1에 의한 전압과 전류값을 측정하여 표 4-5-2에 기록하시오. 마지막으로 그림 4-17의 회로를 구성하고 전압원 V_2에 의한 전압과 전류 값을 측정하여 표 4-5-3에 기록하시오. 표 4-5-1의 결과가 표 4-5-2와 표 4-5-3의 결과의 합과 같은지 비교하여 중첩의 원리가 실험적으로 맞는지 확인하시오. 전류의 경우 전류가 흐르는 방향에 주의하여야 함.

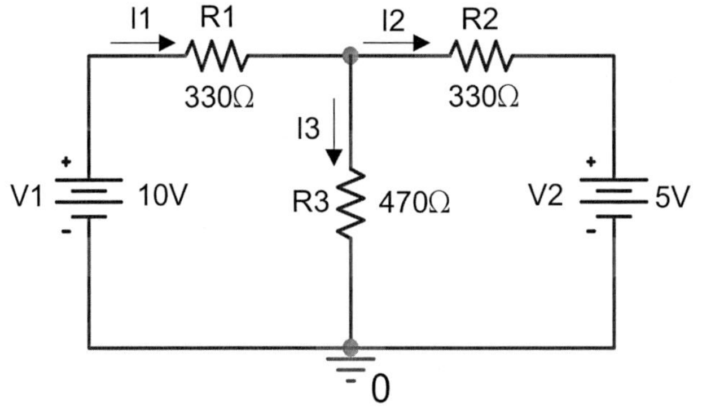

| 그림 4-15 | 실험 5 – 중첩 회로

| 표 4-5-1 | 전압원 V_1과 V_2에 의한 측정값

V_{R1}	V_{R2}	V_{R3}	I1	I2	I3

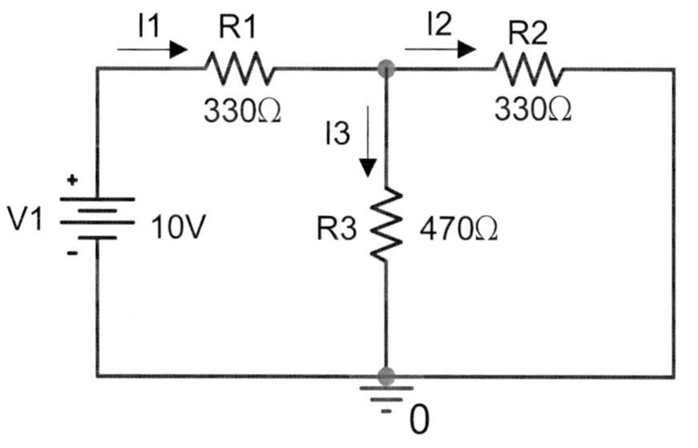

▌그림 4-16▌ 실험 5 – V1 전원 회로

▌표 4-5-2▌ 전압원 V_1에 의한 측정값

V_{R1}	V_{R2}	V_{R3}	I1	I2	I3

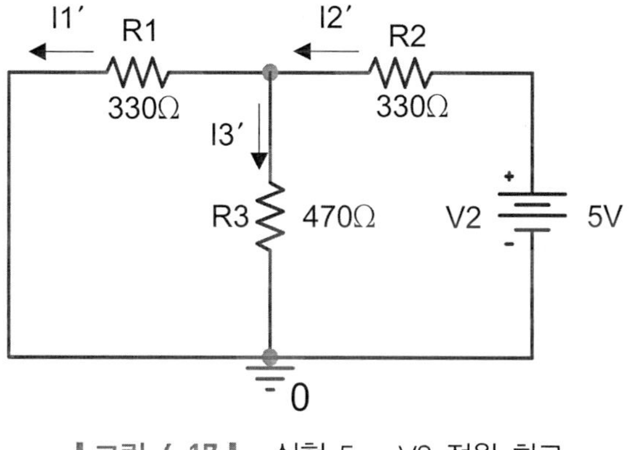

▌그림 4-17▌ 실험 5 – V2 전원 회로

▌표 4-5-3▌ 전압원 V2에 의한 측정값

V_{R1}	V_{R2}	V_{R3}	I1'	I2'	I3'

실험 6

[실험 5]에 대해 PSpice 시뮬레이션을 수행하고 그 결과를 표 4-6-1, 표 4-6-2, 표 4-6-3에 기록하고 [실험 5]의 측정치와 비교하시오.

표 4-6-1 전압원 V_1과 V_2에 의한 시뮬레이션 값

V_{R1}	V_{R2}	V_{R3}	I1	I2	I3

표 4-6-2 전압원 V_1에 의한 시뮬레이션 값

V_{R1}	V_{R2}	V_{R3}	I1	I2	I3

표 4-6-3 전압원 V2에 의한 시뮬레이션 값

V_{R1}	V_{R2}	V_{R3}	I1'	I2'	I3'

실험 7

그림 4-18 회로에서 1K 저항에 걸리는 전압을 계산하여 구하고 그 결과를 PSpice 시뮬레이션으로 검증하시오.

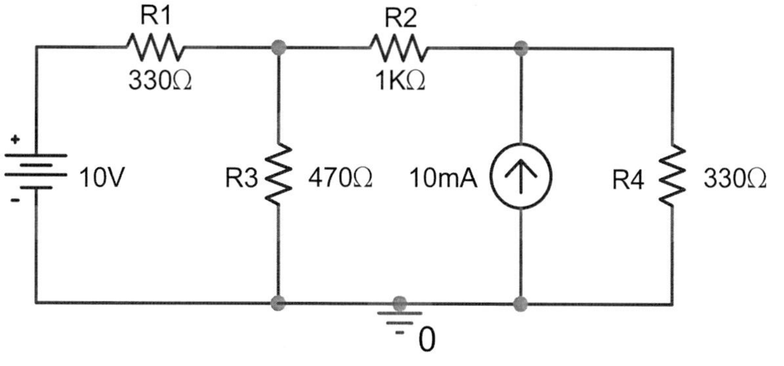

| 그림 4-18 | 전류원이 있는 중첩 회로

1KΩ 저항 양단의 전압 (계산값) = ____________________(V)

1KΩ 저항 양단의 전압 (시뮬레이션값) = ______________(V)

실험 8

그림 4-19와 그림 4-20은 전원 변환이 된 동일한 회로이므로 8Ω 저항에 흐르는 전류 I가 같아야 한다. 전류 I가 동일함을 PSpice 시뮬레이션을 통하여 확인하고 그 결과 값을 표 4-7에 기록하시오.

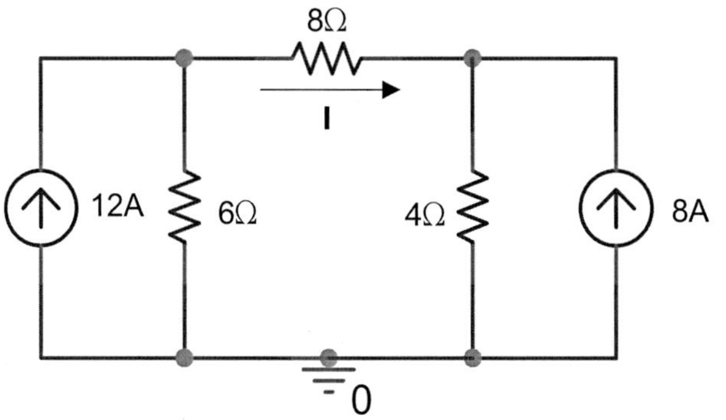

그림 4-19 전류원을 가진 회로

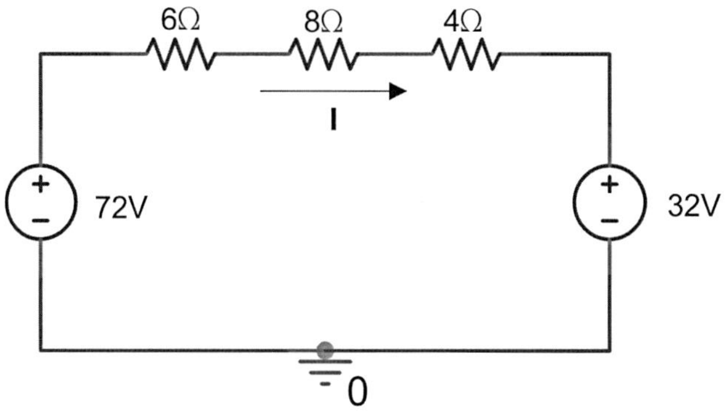

그림 4-20 전압원으로 변환된 회로

표 4-7 전원 변환된 회로의 시뮬레이션 결과

전류원을 가진 회로에서 전류 I의 값	전압원으로 변환된 회로에서 전류 I의 값
(A)	(A)

제 5 장

테브난과 노턴의 정리

5.1 테브난의 정리(Thevenin's theorem)

테브난의 정리는 노턴의 정리와 함께 복잡한 선형 회로를 단순화하여 회로를 해석하는 데 매우 유용한 방법으로 다음과 같이 정의된다.

두 단자를 갖는 선형 회로에 부하가 연결될 때 선형 회로는 전압원 V_{th}와 저항 R_{th}가 직렬로 연결된 등가회로로 대체될 수 있다. 이때 V_{th}는 두 단자의 개방 회로 전압이고 R_{th}는 독립 전원을 제거했을 때의 입력 또는 등가 저항이다.

테브난 등가회로에서 등가 전압 V_{th}는 그림 5-1 (a)의 개방전압 V_{oc}와 같고 등가 저항 R_{th}는 그림 5-1(b)의 입력 저항 R_{in}과 같다.

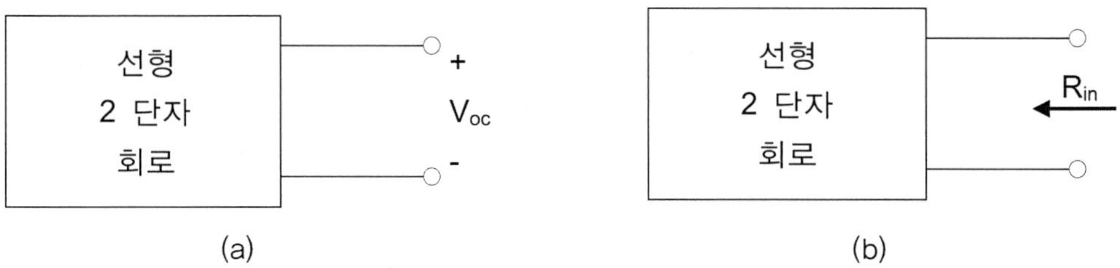

❙ 그림 5-1 ❙ 테브난 등가전압과 등가저항

따라서 테브난 전압과 저항으로 대체된 등가회로가 출력단에 부하와 연결된 형태는 그림 5-2와 같다.

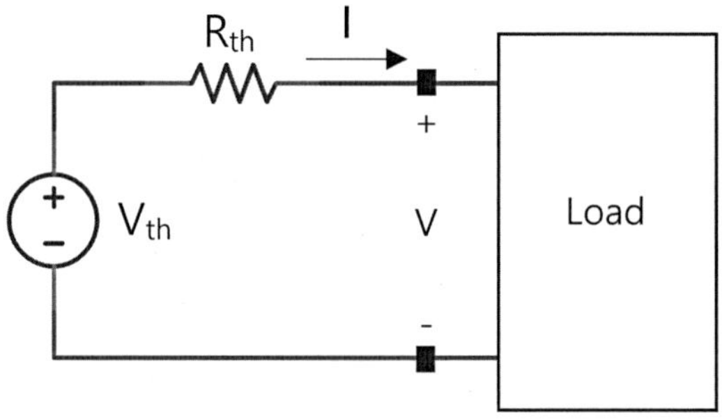

❙ 그림 5-2 ❙ 테브난 등가회로

테브난 등가회로를 구하기 위해서는 테브난 전압 V_{th}와 테브난 저항 R_{th}를 구해야 한다. 두 단자를 갖는 선형 회로에서 테브난 전압은 부하를 떼어낸 상태에서의 개방 회로 전압이 된다. 이는 그림 5-1의 (a)의 회로에서 보여주는 바와 같다. 테브난 저항은 그림 5-1의 (b)와 같이 부하를 떼어낸 단자에서 본 입력 저항과 같은 데 저항을 구하기 위해서는 전원을 모두 제거한 상태에서 저항 값을 구해야 한다. 만일 전압원이 있으면 단락 회로로 대체하고 전류원이 있으면 개방 회로로 대체해야 한다.

예제 5-1

그림 5-3과 같은 회로에서 단자 a-b에 대하여 테브난 등가회로를 구하시오. 회로에서 전압원은 $V=10$, 저항은 $R_1=100\Omega$, $R_2=100\Omega$, $R_3=200\Omega$의 값을 적용하여 테브난 전압과 테브난 저항값을 구하시오.

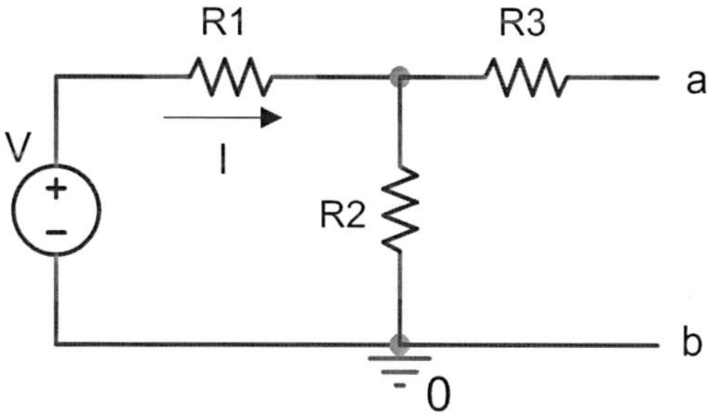

그림 5-3 테브난 변환 예제회로

풀이

먼저 테브난 등가저항 R_{th}를 구하기 위해 전압원 V는 단락 회로로 대체한다. 단자 a-b에서 본 테브난 등가저항은 다음 식과 같다.

$$R_{th} = R3 + R1//R2 = R3 + \frac{R1 \times R2}{R1 + R2} = 200 + \frac{100 \times 100}{100 + 100} = 250$$

테브난 등가 전압은 단자 a-b의 개방전압 V_{ab}와 같다. 저항 R_3에는 전류가 흐르지 않기 때문에 개방전압 V_{ab}는 저항 R_2에 걸리는 전압과 같다. 전압원 V와 저항 R_1과 R_2를 포함하는 메시에 방정식을 세우면 다음과 같다.

$$-V+IR1+IR2=0$$

전압값과 저항값을 대입하여 전류 I를 구하면 다음과 같다.

$$-10+I(100+100)=0$$

$$I=\frac{10}{200}=0.05(A)$$

테브난 전압은 저항 R_2 양단에 걸리는 전압과 같으므로 다음과 같다.

$$V_{th}=I\times R2=0.05\times 100=5(V)$$

테브난 저항과 전압을 구했으므로 테브난 등가회로는 그림 5-4와 같다.

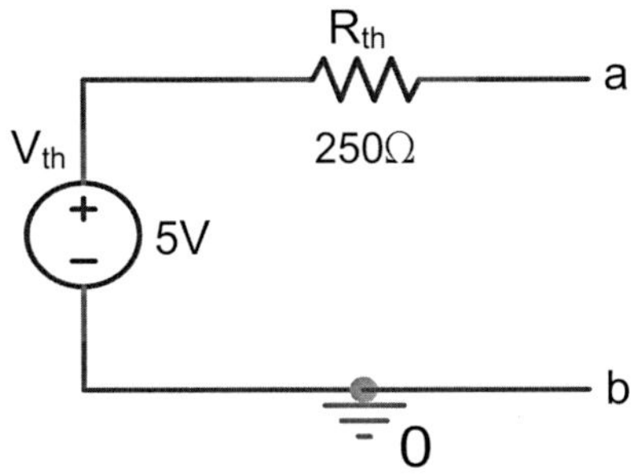

| 그림 5-4 | 테브난 등가회로

종속 전원이 있는 경우 테브난 등가 저항을 구하기 위해 독립 전원과 마찬가지로 전원을 제거할 수 없다. 이 경우 저항만의 회로가 되지 않기 때문에 테브난 저항을 쉽게 구할 수 없다. 종속 전원을 포함한 회로의 테브난 저항을 구하기 위해서는 두 가지 방법을 생각할 수 있다. 첫 번째로 개방 단자에 새로운 전압원을 연결한다. 계산을 쉽게 하기 위해 전압원의 값은 1V로 한다. 전압원을 연결하였기 때문에 메시 해석법을 이용하여 개방 단자로 흐르는 전류를 구할 수 있을 것이다. 개방 단자로 흐르는 전류를 I_o라 하면 테브난 저항은 다음 식으로부터 구할 수 있다.

$$R_{th}=\frac{V_o}{I_o}=\frac{1(V)}{I_o}$$

두 번째 방법은 개방 단자에 전류원을 연결하는 것이다. 마찬가지로 계산을 쉽게 하기 위해 전류원의 값은 1A로 한다. 전류원이 연결되었기 때문에 노드해석법을 적용하면 개방 노드의 전압 V_o를 구할 수 있을 것이다.

$$R_{th} = \frac{V_o}{I_o} = \frac{V_o}{1(A)}$$

예제 5-2

그림 5-5와 같이 종속전원을 포함한 회로에 대해 a-b 단자에서의 테브난 등가회로를 구하시오.

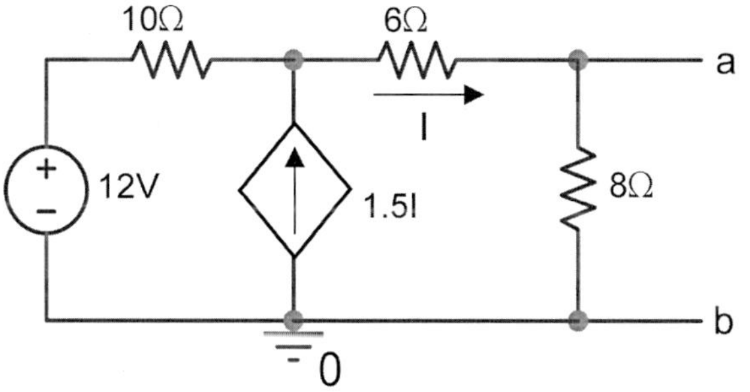

| 그림 5-5 | 종속전원을 포함한 회로

풀이

테브난 저항을 구하기 위해 그림 5-6과 같이 12V 전압원은 제거하고 단자 a-b에 1A 전류원을 연결한다. 그리고 노드 V_1과 V_0에 대하여 KCL을 적용하여 방정식을 세운다.

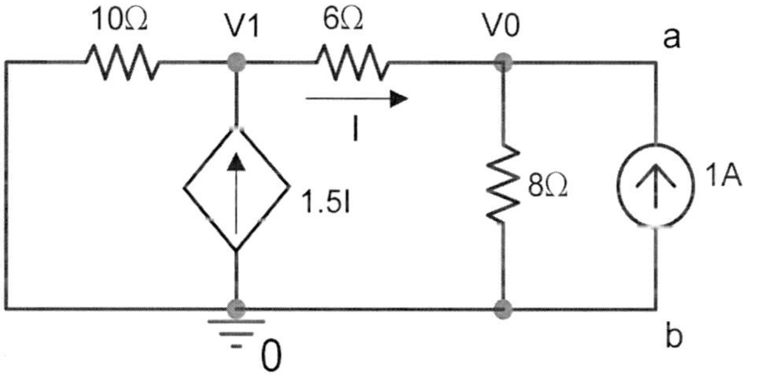

| 그림 5-6 | 테브난 저항을 구하기 위한 회로

V_1 노드와 V_0 노드에서 각각 KCL을 적용하면 다음 식과 같다. 노드를 기준으로 전류의 부호는 나가는 전류는 '+', 들어오는 전류는 '−'로 한다.

$$\frac{V1}{10} - 1.5I + I = 0$$

$$\frac{V0 - V1}{6} + \frac{V0}{8} - 1 = 0$$

또한 6Ω 저항에 흐르는 전류 I는 다음과 같다.

$$I = \frac{V1 - V0}{6}$$

위의 세 식을 풀면 $V_0 = 0.889(\mathrm{V})$ 가 되고 전류는 1(A)이므로 테브난 저항은

$$R_{th} = 0.889(\Omega)$$

이다. 테브난 전압 V_{ab}를 구하기 위해 그림 5-5 회로에서 종속 전원이 연결된 노드에 KCL을 적용하면

$$\frac{V1 - 12}{10} - 1.5I + \frac{V1}{14} = 0$$

와 같고 전류 I는 6Ω 저항과 8Ω 저항이 직렬로 연결된 회로에 흐르는 전류이고 전압은 V_1이므로

$$I = \frac{V1}{14}$$

와 같다. 위의 두 식을 풀면 $V_1 = 18.67(\mathrm{V})$가 되므로 테브난 전압은 다음 식과 같다.

$$V_{th} = 8I = 8\frac{V1}{14} = \frac{8 \times 18.67}{14} \simeq 10.67(V)$$

5.2 노턴의 정리(Norton's theorem)

테브난의 정리와 유사하게 복잡한 회로를 등가 전류원 및 등가 저항으로 나타내어 회로 해석을 단순화하는데 사용될 수 있는 것이 노턴의 정리이며 그 정의는 다음과 같다.

두 단자를 갖는 선형 회로에 부하가 연결될 때 선형 회로는 전류원 I_N과 저항 R_N이 병렬로 연결된 등가회로로 대체될 수 있다. 이때 I_N은 두 단자의 단락회로 전류이고 R_N은 독립 전원을 제거했을 때의 입력 저항 또는 등가 저항이다.

그림 5-7(a)는 노턴 등가회로를 나타내며 그림 5-7(b)는 노턴 전류를 나타낸다. 노턴 저항은 테브난 저항을 구할 때와 같은 방법으로 구할 수 있으며 그 값은 같다고 할 수 있다.

$$R_N = R_{th}$$

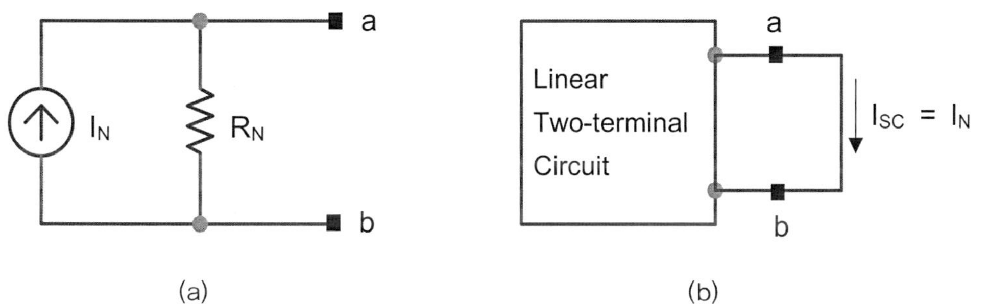

┃그림 5-7┃ 노턴 등가 회로와 노턴 전류

노턴 전류 I_N은 두 단자를 단락 회로로 만들고 여기에 흐르는 전류를 구하면 된다. 노턴 전류는 단락 회로의 전류와 같고 노턴 저항은 테브난 저항과 같으므로 결국 노턴 전류는 다음 식과 같이 테브난 전압과 저항으로도 나타낼 수 있다.

$$I_N = \frac{V_{th}}{R_{th}}$$

예제 5-3

그림 5-8 회로의 노턴 등가회로를 구하시오.

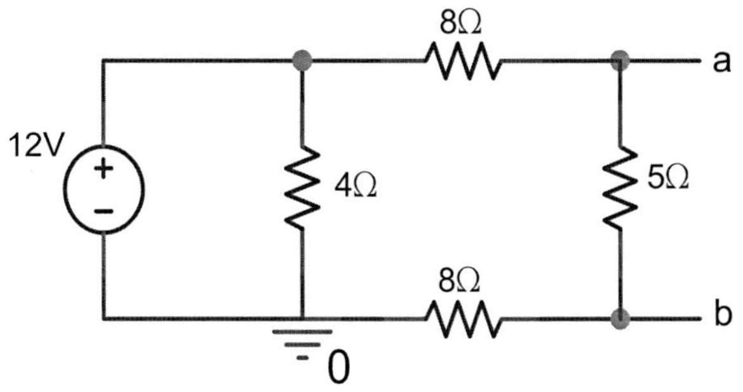

▎그림 5-8 ▎ 노턴 변환 예제 회로

풀이

노턴 등가회로를 구하기 위해 노턴 전류 I_N과 노턴 저항 R_N를 구해야 한다. 노턴 저항은 테브난 저항을 구할 때와 마찬가지로 전압원을 제거하고 구해야 하므로 전압원을 단락 회로로 만든다. 전압원을 단락회로로 대체하면 전압원과 병렬로 연결된 4Ω 저항은 없는 것과 마찬가지가 되므로 노턴 저항은 다음 식과 같다.

$$R_N = 5//(8+8) = \frac{5\times 16}{5+16} = \frac{80}{21} \simeq 3.81(\Omega)$$

노턴 전류를 구하기 위해 단자 a-b를 단락시키면 5Ω 저항에는 전류가 흐르지 않으므로 그림 5-9와 같은 회로가 된다.

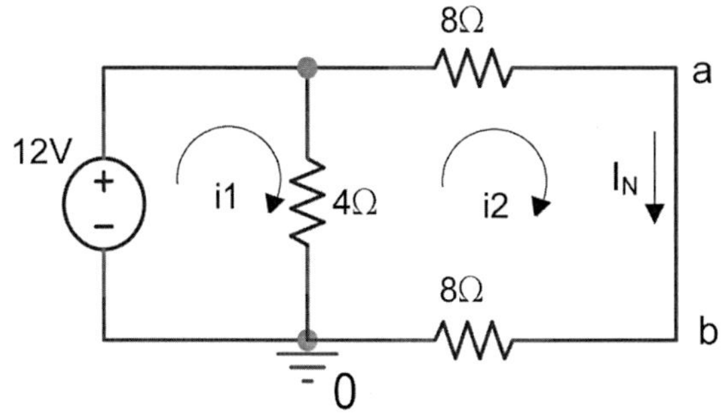

▎그림 5-9 ▎ 노턴 전류를 구하기 위한 회로

전류 i_1과 i_2에 대해 메시 방정식을 세우면 다음 식과 같다.

$$-12+4(i_1-i_2)=0$$

$$4(i_2-i_1)+8i_2+8i_2=0$$

위의 두 식을 정리하면

$$4i_1-4i_2=12$$

$$-4i_1+20i_2=0$$

와 같고 전류 $i_2=I_N$이므로 노턴 전류 I_N은 다음과 같다.

$$i_2=\frac{3}{4}=0.75(A)$$

따라서 노턴 등가회로는 그림 5-10과 같다.

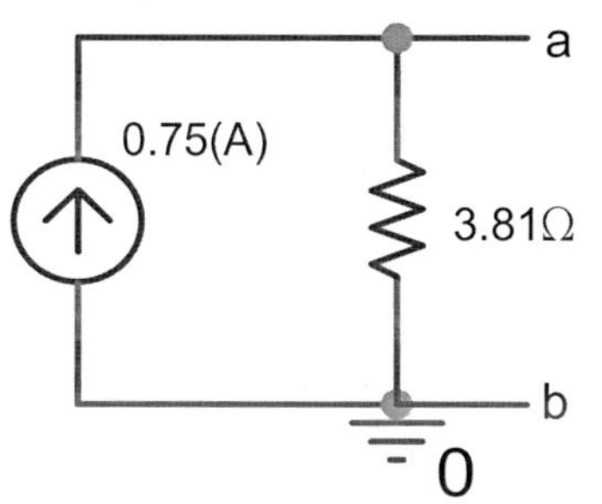

▌그림 5-10▐ 노턴 등가회로

5.3 최대 전력 전송

회로에서 최대 전력 전송이란 회로에서 발생한 전력이 부하 회로에 전달될 때 최대 전력이 전달되는 조건을 말한다. 전력이란 단위시간 동안에 전기장치에 공급되는 전기 에너지이다. 단위는 와트(W)를 사용한다. 1 와트란 1V의 전압이 걸린 부하에 1A의 전류가 흐를 때 소비되는 전력의 크기이다. 전력을 P로 나타낼 때 전압과 전류와의 관계는 다음 식과 같다.

$$P = VI = I^2 R = \frac{V^2}{R}$$

그림 5-11과 같은 회로에 전원 저항 R_S와 부하 저항 R_L이 직렬로 연결되어 있을 때 부하저항 R_L에 최대 전력이 전송되기 위해서는 조건을 구해보자.

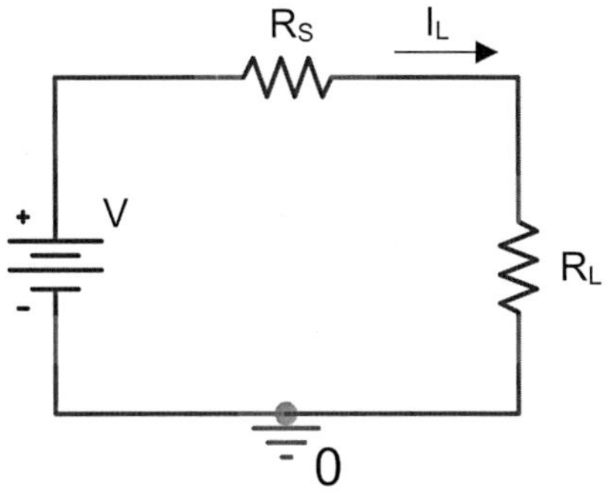

▌그림 5-11▐ 최대전력전송 회로

회로에서 부하저항 R_L에 전송되는 전력은

$$P = I_L^2 R_L = \left(\frac{V}{R_S + R_L}\right)^2 R_L \tag{5.1}$$

이다. 전압 V와 저항 R_s는 고정된 값이고 R_L을 변화시키면서 최대 전력이 전송되는 조건을 찾기 위해 식 (5.1)을 R_L에 대하여 미분하고 그 결과 값이 0이 되는 R_L 값을 구하면 다음과 같다.

$$\frac{dP}{dR_L} = V^2 \left[\frac{(R_S + R_L)^2 - 2R_L(R_S + R_L)}{(R_S + R_L)^4} \right]$$

$$= V^2 \left[\frac{(R_S + R_L - 2R_L)}{(R_S + R_L)^3} \right] = 0$$

위의 식이 0이 되기 위해서는 분자의 값이 0이 되어야 하므로

$$R_S + R_L - 2R_L = R_S - R_L = 0$$

이다. 따라서

$$R_S = R_L$$

이 되어야 한다. 위의 결과를 식 (5.1) 에 대입하면 부하로 전달되는 최대 전력은

$$P = \frac{V^2}{4R_S}(W) \tag{5.2}$$

가 된다.

예제 5-4

그림 5-12의 회로에서 부하저항 R_L에 최대 전력이 전달되도록 R_L의 값을 구하시오.

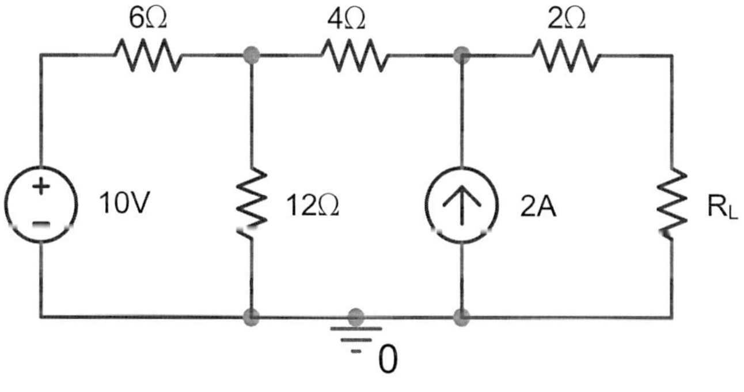

┃그림 5-12┃ 최대전력전송 예제 회로

풀이

테브난 정리를 이용하여 회로를 간소화시키면 테브난 전압 V_{th}와 테브난 저항 R_{th}가 부하저항 R_L에 직렬로 연결된 상태로 만들 수 있으므로 R_L의 값을 쉽게 구할 수 있다. 먼저 테브난 저항을 구하기 위해서 부하저항 쪽에서 바라본 저항을 구한다. 이를 위해 전압원은 단락 회로로 대체하고 전류원은 개방 회로로 대체한다. 따라서 테브난 저항을 구하기 위한 회로는 그림 5-13과 같다. 그림에서 테브난 저항은 다음 식과 같이 구할 수 있다.

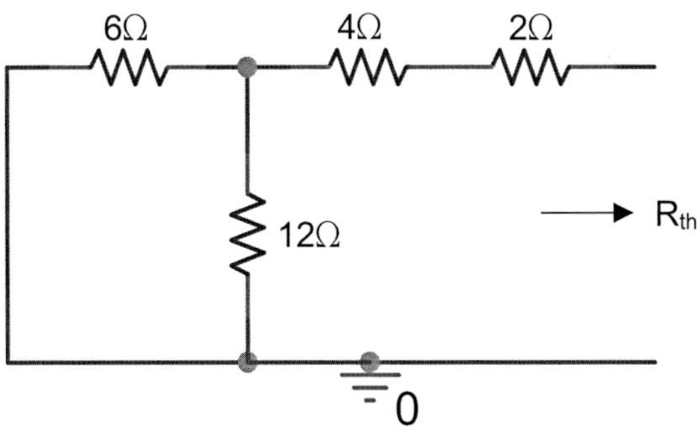

| 그림 5-13 | 테브난 저항을 구하기 위한 회로

$$R_{th} = 2 + 4 + 6//12 = 6 + \frac{6 \times 12}{6+12} = 6 + \frac{72}{18} = 10(\Omega)$$

다음으로 테브난 전압은 그림 5-14와 같은 회로에서 메시 해석법을 이용하여 구할 수 있다.

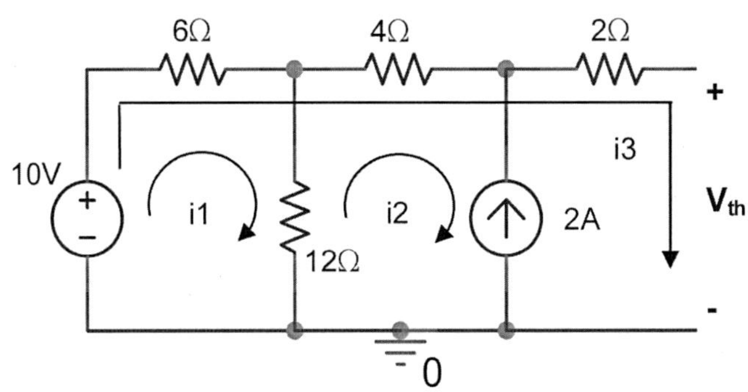

| 그림 5-14 | 테브난 전압을 구하기 위한 회로

메시 전류 i_1에 대해서 메시 해석법을 적용하면 아래와 같은 방정식이 가능하다.

$$-10+6i_1+12(i_1-i_2)=0$$

전류 i_2는 2A 전류원과 반대 방향의 전류이므로

$$i_2=-2(A)$$

이다. 따라서 i_1은 −7/9(A)를 얻는다. 가상의 루프 전류 i_3에 대해서 KVL을 적용하면

$$-10+6i_3+4i_3+2i_3+V_{th}=0$$

와 같고 6Ω 저항에 흐르는 전류는 i_1과 같고 4Ω 저항에 흐르는 전류는 i_2와 같다. 그리고 저항 2Ω에 흐르는 전류는 0이므로 이를 정리하면 다음과 같다.

$$-10+6i_1+4i_2+0+V_{th}=0$$

$$-10+6(-\frac{7}{9})+4(-2)+V_{th}=0$$

$$V_{th}\simeq 22.67(V)$$

따라서 최대 전력 전송은 $R_L=R_{th}=10$일 때 이고 최대 전력은 식 (5.2) 에 의해

$$p=\frac{V_{th}^2}{4R_L}=\frac{(22.67)^2}{4\times 10}\simeq 12.85(W)$$

를 얻을 수 있다.

5.4 실험 실습

5.4.1 실험 목적

이론을 통하여 배운 테브난과 노턴의 등가회로 변환을 이용하여 등가회로를 구한 뒤 등가회로의 전압 및 전류의 값이 원 회로와 같음을 실험을 통하여 확인한다. 또한 테브난 등가회로가 최대전력전송을 위한 회로에 쉽게 적용될 수 있음을 이해하고 가변저항을 사용하여 최대전력전송이 이루어지는 조건을 실험을 통하여 확인한다.

5.4.2 실험 부품

저항	100Ω 200Ω 330Ω 470Ω 1KΩ	4개 1개 1개 1개 2개
가변저항	1KΩ	1개

5.4.3 실험 내용

실험 1

그림 5-15와 같은 회로를 구성하고 단자 a-b의 전압 V_{th}를 측정하여 표 5-1에 기록하시오. 또한 테브난 등가 전압과 등가 저항 값을 계산하여 구하고 표 5-1에 기록하시오. 측정한 테브난 전압값과 계산한 테브난 전압값이 같은지 비교하시오. 올바른 테브난 전압값을 구했다면 표 5-2에 테브난 등가회로를 그리시오.

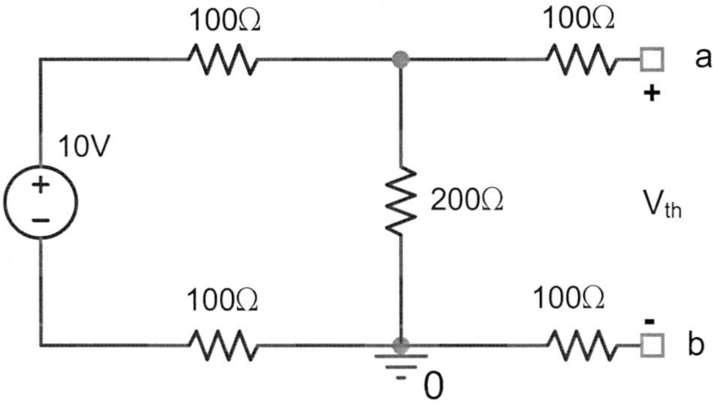

| 그림 5-15 | 실험 1 회로

| 표 5-1 | 테브난 전압/저항값

V_{th} (측정값)	V_{th} (계산값)	R_{th} (계산값)

| 표 5-2 | 테브난 등가회로

실험 2

[실험 1] 그림 5-15 회로의 단자 a-b에 330Ω 부하저항을 연결한 후 부하저항에 걸리는 전압 V_L과 부하저항에 흐르는 전류 I_L을 측정하여 표 5-3에 기록하시오.

표 5-3 실험 1 회로의 부하전압 및 전류

V_L (측정값)	I_L (측정값)

실험 3

[실험 1]에서 구한 테브난 등가회로를 직접 구성하고 [실험 2]에서와 마찬가지로 330Ω의 부하저항을 연결한 후 부하전압 V_L과 부하저항에 흐르는 전류 I_L을 측정하여 표 5-4에 기록하시오. 표 5-3의 결과와 표 5-4의 결과를 비교하여 테브난 등가회로 변환이 올바른지 확인하시오.

표 5-4 테브난 등가회로의 부하전압 및 전류

V_L (측정값)	I_L (측정값)

실험 4

330Ω의 부하저항을 연결한 [실험 1]의 그림 5-15 회로와 그 회로의 테브난 등가회로에 대하여 PSpice 시뮬레이션을 각각 수행하고 그 결과값을 표 5-5에 기록한 후 표 5-3과 표 5-4의 실험 결과와 비교하시오.

| 표 5-5 | PSpice 수행 결과 (부하저항 = 330Ω)

그림 5-15 회로		테브난 등가회로	
부하전압 V_L	부하전류 I_L	부하전압 V_L	부하전류 I_L

실험 5

테브난 등가 전압과 등가 저항을 PSpice 시뮬레이션을 이용하여 구해보기로 하자. 그림 5-15 회로의 테브난 등가 전압과 등가 저항을 구하기 위한 PSpice 시뮬레이션 회로에서 단자 a-b에 직류 전류원(IDC)을 연결하시오. Edit Simulation Profile에서 Analysis type은 DC Sweep으로 선택하고 Sweep variable은 Current source로 하고 Name은 I_1으로 하시오. Sweep type에서 Linear를 선택하고 Start vaule는 0, End value는 10mA, Increment는 1mA로 하시오. 그림 5-16과 같이 직류전류원(IDC) 양단에 Voltage Differential Marker를 추가하고 시뮬레이션을 수행한다. 결과 그래프에서 전류가 0일 때의 전압값과 그래프의 기울기 즉, 전압과 전류의 비율을 구하여 표 5-6에 기록하시오. 전류가 0일 때의 전압값이 테브난 전압 V_{th}이며 그래프의 기울기가 테브난 저항 R_{th}가 된다.

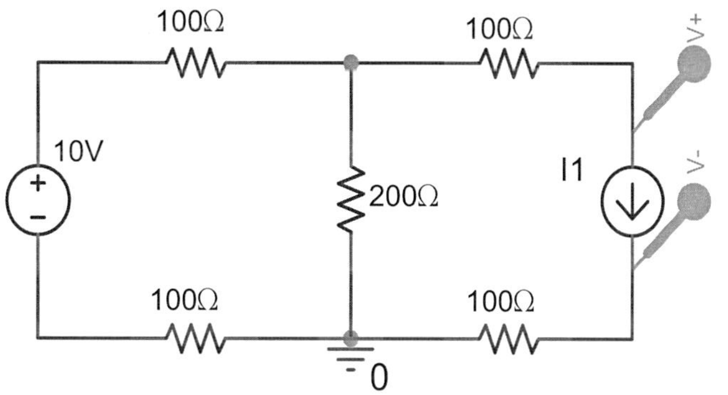

| 그림 5-16 | 테브난 등가회로를 위한 PSpice 회로

| 표 5-6 | PSpice를 이용하여 테브난 전압과 저항 구하기

전류가 0일 때의 전압값 V_{th}	그래프의 기울기(전압/전류) R_{th}

실험 6

그림 5-17 회로를 구성하고 단자 a-b를 단락 회로로 만든 후 단락 전류 I_{sc}를 측정하여 표 5-7에 기록하시오. 노턴의 등가회로를 만들기 위한 노턴 등가전류 I_N과 등가저항 R_N값을 계산하여 표 5-7에 기록하시오.

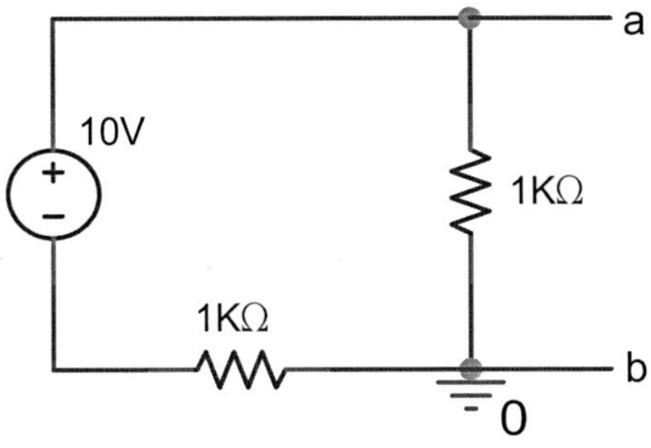

▌그림 5-17▐ 실험 6 회로

▌표 5-7▐ 노턴 등가회로 변환을 위한 결과값

단락전류 I_{sc}(측정치)	노턴전류 I_N (계산값)	노턴저항 R_N (계산값)

▌표 5-8▐ 노턴 등가회로

실험 7

그림 5-17 회로의 단자 a-b에 470Ω 부하저항을 연결한 후 부하저항의 전압과 부하저항에 흐르는 전류를 측정하여 표 5-9에 기록하시오. [실험 6]에서 구한 노턴 등가회로의 단자 a-b에 470Ω 부하저항을 연결한 회로에 대해 PSpice 시뮬레이션을 수행한 후 부항저항의 전압과 부하저항에 흐르는 전류를 측정하여 표 5-9에 기록하시오. 두 회로의 실험 결과를 비교하시오.

표 5-9 470Ω 부하저항을 연결한 후 실험 결과

그림 5-17 회로		노턴등가회로	
부하전압	부하전류	부하전압	부하전류

실험 8

부하에 가변저항을 사용하여 부하의 저항값을 변화시키면서 최대전력전송을 실험하고자 한다. 가변저항은 그림 5-18과 같은 모양으로 3개의 연결 단자가 있으며 튀어나온 손잡이를 좌우로 돌리면 저항값이 변한다. 3개의 연결 단자 중에서 양쪽 끝의 단자는 고정 저항값을 나타내며 가운데 단자를 공통으로 위의 두 단자와 아래의 두 단자는 가변저항 값을 나타낸다.

| 그림 5-18 | 가변저항

그림 5-18의 가변저항에 대한 등가회로는 그림 5-19와 같다. 3개의 연결 단자를 a, b, c라 하면 단자 a와 단자 c에 전압원을 연결하고 가변 손잡이를 돌리면서 단자 a-b의 저항값 R_{ab}와 단자 b-c의 저항값 R_{bc}를 조절한다. 만일 고정 저항값이 10KΩ인 가변저항의 경우 $R_{ab}+R_{bc}=10\text{K}\Omega$이 된다. 가변저항을 부하저항으로 사용한다면 단자 b-c의 저항값을 사용하고 이때 부하전압은 V_{bc}가 된다.

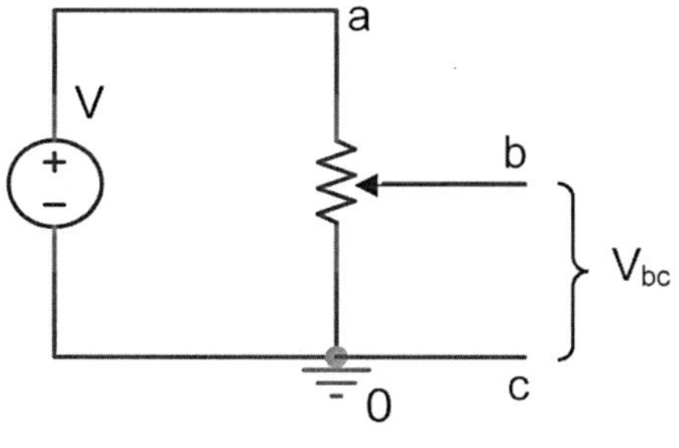

| 그림 5-19 | 가변저항의 등가회로

1KΩ 가변저항을 사용하여 그림 5-20과 같은 회로를 구성하시오. 가변저항은 단자 b-c를 부하저항으로 사용하시오. 가변저항의 값을 변화시켜 가면서 부하저항의 전류와 전압을 측정하여 표 5-10에 기록하고 그때의 전력을 계산하시오.

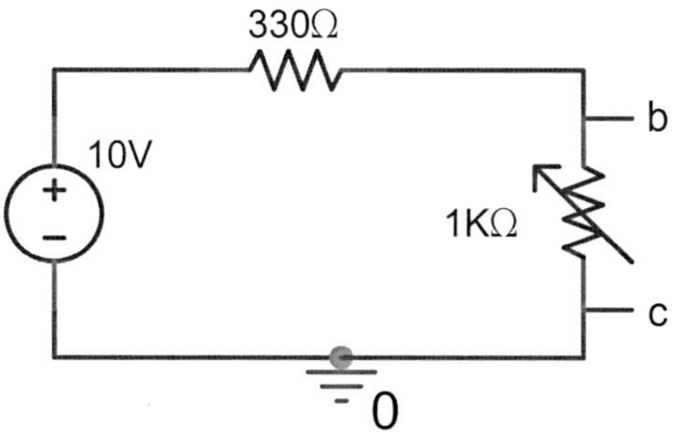

| 그림 5-20 | 실험 8 회로

| 표 5-10 | 부하저항으로의 최대전력전송

가변저항	100	300	500	700	1K
부하전류(측정값)					
부하전압(측정값)					
전력 (계산값)					

실험 9

그림 5-21 회로에 대하여 PSpice 시뮬레이션을 실행하고 부하저항에서 소모되는 전력을 확인한 후 전력 그래프를 표 5-11에 그리시오.

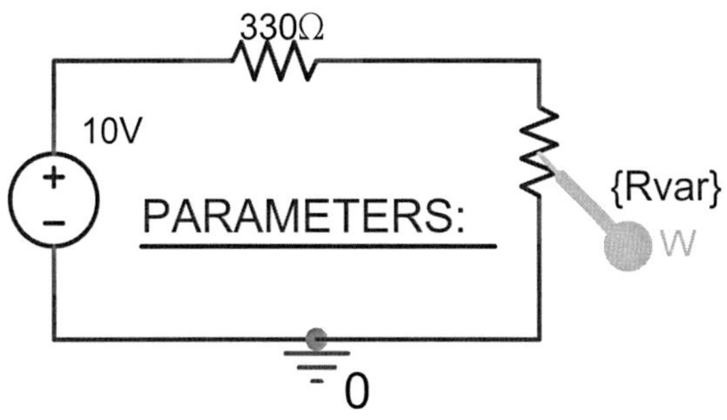

그림 5-21 최대전력전송 시뮬레이션 회로

PSpice 설정

1. 부하저항 value : {Rvar}
2. PARAM 소자 선택 : <u>PARAMETERS</u> : 회로에 포함시킴
3. <u>PARAMETERS</u> : 더블클릭 → New Property.. 탭 클릭 → Add New Property → Name : Rvar, Value : 10
4. 시뮬레이션 프로파일 설정 → 그림 5-22 참조
5. Power Dissipation Marker를 부하저항에 연결함
6. 시뮬레이션 실행

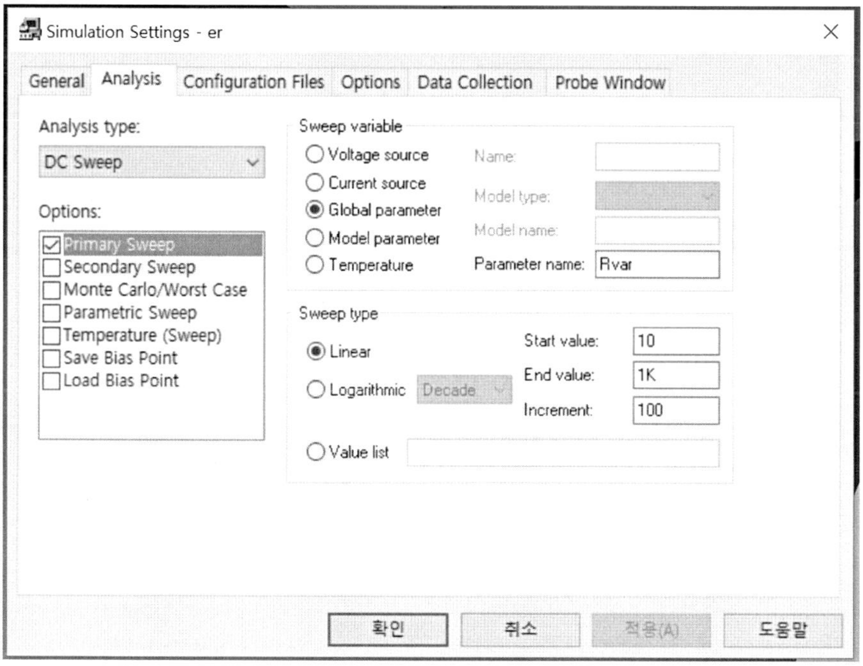

❙ 그림 5-22 ❙ 시뮬레이션 프로파일 설정

❙ 표 5-11 ❙ 부하저항에서 소모되는 전력 그래프

<table>
<tr><td colspan="2">V1 : 10V, 저항1 : 330Ω, 부하저항 : 10~1KΩ</td></tr>
<tr><td>전력
(mW)</td><td></td></tr>
<tr><td></td><td>100 500 저항</td></tr>
</table>

제 6 장

교류 신호와 특성

6.1 교류 신호

직류 신호가 항상 일정한 값을 유지한다면 교류 신호는 주기적으로 극성이 바뀌는 특성을 갖는다. 따라서 교류 신호는 주파수를 갖는다. 주파수는 1초 동안 발생하는 파형의 사이클 수이며 단위는 Hertz(Hz)이다. 한 사이클 또는 주기는 파형이 한번 반복하는데 걸리는 시간이다. 따라서 주파수는 아래와 같이 표현할 수 있다.

$$\text{주파수 } f = \frac{1}{t},\ t = \text{한 사이클 반복 시간 또는 주기}$$

만일 $t = 50$ ms이면 주파수는

$$f = \frac{1}{50 \times 10^{-3}} = 20(\text{Hz})$$

이다. 그림 6-1은 사인파 형태의 교류 신호를 나타낸다. 신호의 주기는 라디안 값으로 2 π이다.

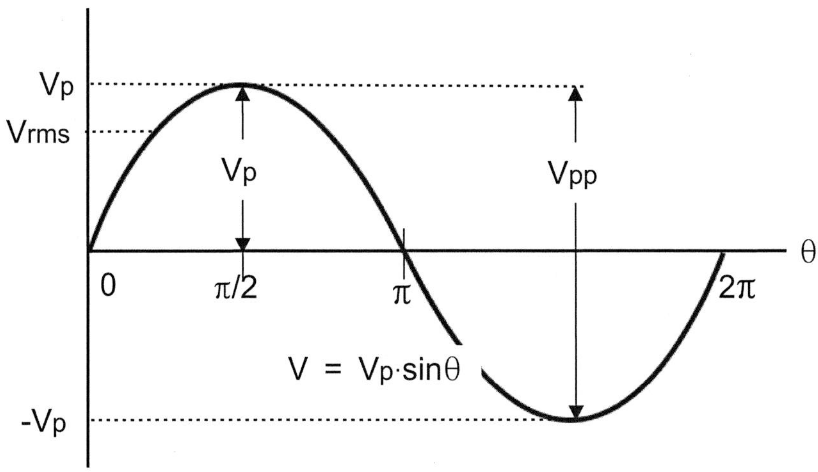

▌그림 6-1▐ 정현파 신호의 파형

신호의 전압 V_p는 양의 최고값으로 피크(peak) 값 또는 파형의 진폭이라 한다. 파형의 양의 최고값에서 음의 최고값 까지를 피크-피크(peak-to-peak) 값이라 하고 그림 6-1에서

V_{pp} 값이다. V_{rms}는 실효값(RMS : Root Mean Square)으로 다음 식으로 나타낸다.

$$V_{rms} = \frac{V_p}{\sqrt{2}} \simeq 0.707 \times V_p$$

교류 회로에서의 실효값(RMS value)은 직류 회로에서 같은 전력(power)을 생산할 수 있는 값으로 피크값의 약 70%에 해당한다. 평균값(average)은 일정 주기 동안 교류 신호가 가지는 값의 평균으로 다음과 같은 식으로 나타내며 일정 주기 동안 파형을 적분하여 구할 수 있다. 교류 신호의 평균값은 피크값의 약 63.7%에 해당한다.

$$V_{avg} = \frac{1}{\pi/2} \int_0^{\frac{\pi}{2}} V_p \sin\theta \, d\theta \simeq 0.637 \times V_p$$

회로에 교류를 공급하는 가장 일반적인 방법은 신호 발생기 또는 파형 발생기를 이용하는 것이다. 실험에서 자주 쓰이는 교류 신호의 형태는 정현파나 구형파, 또는 삼각파 등이며 신호의 특성은 거의 동일하다고 보면 된다.

교류 신호에 대해서도 옴의 법칙이 적용된다. 하지만 직류 회로에서와 같이 옴의 법칙을 적용하기 위해서는 순수 저항만을 갖는 교류회로가 되어야 한다. 만일 회로에 커패시터나 인덕터를 포함한다면 회로의 총 저항 성분을 임피던스라고 부르며 다음과 같은 식으로 나타낸다.

$$I = \frac{V}{Z}$$

위의 식에서 Z는 임피던스(Impedance)이며 전압 V와 전류 I는 실효값 즉, RMS (Root Mean Square) 값으로 계산한다. 순수한 저항만의 회로에서는 $Z = R$이므로 직류 회로에서와 마찬가지로 옴의 법칙은 다음 식과 같다.

$$I = \frac{V}{R} \ (Z = R)$$

교류 회로에서 임피던스는 전압과 전류 신호의 위상(Phase angle)에 영향을 받는다. 임피던스 Z는 전압과 전류의 비율(V/I)이지만 전압의 피크값과 전류의 피크값이 동시에 일어나지 않기 때문에 회로에서 발생하는 전력을 계산하기 위해서는 평균 전력값을 이용해야 한다.

그림 6-2의 (a)는 교류회로 (b)는 직류회로이다. 두 회로의 저항 R에서 동일한 전력을 소비하기 위해서는 교류회로에서의 전압과 전류의 실효값에 해당하는 전압과 전류가 직류에서 제공되어야 한다.

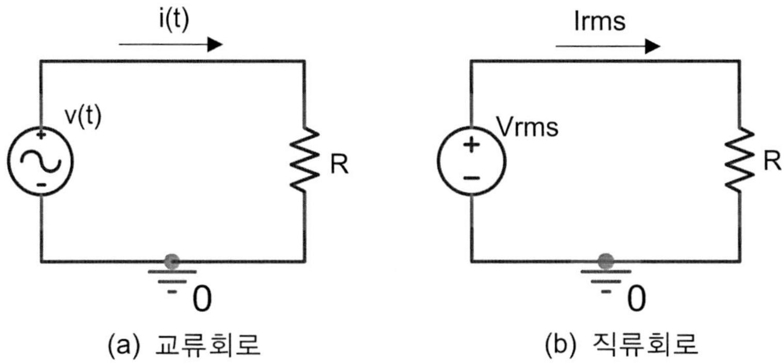

▌그림 6-2▐ 저항에서 동일한 전력을 소비하는 회로

교류회로의 저항 R에서 소비하는 평균 전력은 다음 식과 같다.

$$P = \frac{1}{T}\int_0^T i^2 R\,dt = \frac{R}{T}\int_0^T i^2\,dt \tag{6.1}$$

직류회로에서 저항 R에 소비하는 평균 전력은

$$P = I_{rms}^2 R \tag{6.2}$$

이다. 교류회로와 직류회로에서 소비하는 전력은 같으므로

$$\frac{R}{T}\int_0^T i^2\,dt = I_{rms}^2 R$$

와 같은 등식이 성립한다. 이 식으로부터 실효 전류값 I_{rms}를 구하면

$$I_{rms} = \sqrt{\frac{1}{T}\int_0^T i^2\,dt} \tag{6.3}$$

와 같다.

예제 6-1

그림 6-3과 같은 전류 파형에 대하여 전류의 실효값을 구하시오. 또한 전류가 10Ω의 저항에 흐른다고 가정할 때 저항에서 소비되는 전력을 구하시오.

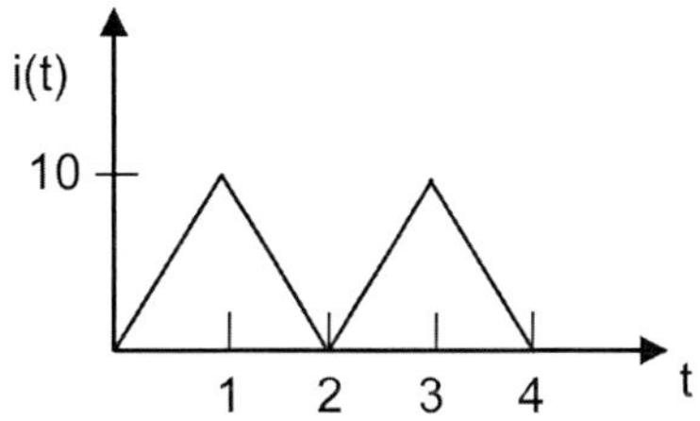

▌그림 6-3▐ 예제 6-1 전류 파형

풀이

식 (6.3)을 이용하여 전류의 실효값을 구할 수 있다.

$$I_{rms}=\sqrt{\frac{1}{T}\int_0^T i^2\,dt}=\sqrt{\frac{1}{2}\left[\int_0^1 (10t)^2\,dt+\int_1^2 (-10t+20)^2 dt\right]}$$

$$=\sqrt{\frac{1}{2}\left[\int_0^1 100t^2\,dt+\int_1^2 (100t^2-400t+400)dt\right]}$$

$$=\sqrt{\frac{1}{2}\left[\frac{100}{3}+\frac{700}{3}-\frac{400}{2}\times 3+400\right]}$$

$$\simeq 5.77\,(A)$$

10Ω 저항에서 소비되는 전력은

$$P=I_{rms}^2 R=(5.77)^2\times 10=332.9\,(W)$$

예제 6-2

그림 6-4와 같이 10 V_{pp}의 교류 신호가 인가되는 회로에서 저항에서 소모되는 평균 전력을 구하시오.

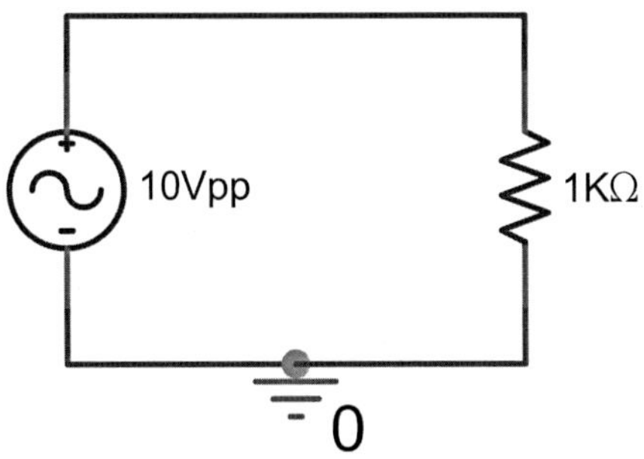

| 그림 6-4 | 예제 6-2 회로

풀이

교류 전압이 10 V_{pp}이므로 피크 전압은 5 V_p이고 실효전압 V_{rms}는 다음과 같다.

$$V_{rms} = \frac{V_p}{\sqrt{2}} = \frac{5}{\sqrt{2}}(V)$$

따라서 평균 전력은 다음과 같이 구할 수 있다.

$$P_{avg} = \frac{V_{rms}^2}{R} = \frac{\left(\frac{5}{\sqrt{2}}\right)^2}{1000} = 12.5(\mathrm{mW})$$

6.2 리액턴스와 임피던스

순수 저항(resistance)에 비하여 커패시터나 인덕터에 의한 저항 성분을 리액턴스(reactance)라고 한다. 리액턴스 값은 신호의 주파수 값에 영향을 받으므로 교류회로에서 중요한 의미가 있다. 또한 전압과 전류의 위상 차이를 발생하게 한다. 순수한 리액턴스만의 회로에서 전류와 전압은 90°의 위상차를 보인다. 교류 회로에서 순수 저항과 리액턴스를 합한 값을 임피던스(impedance)라고 하며 단위는 모두 옴(Ω)을 사용한다. 이들의 관계를 수식으로 나타내면 다음 식과 같다.

$$Z = \sqrt{R^2 + (X_L - X_C)^2}$$

여기서 X_L은 인덕터에 의한 유도성 리액턴스이고 X_C는 커패시터에 의한 용량성 리액턴스이다. X_L과 X_C는 다음 식에 의하여 구할 수 있다.

$$X_L = 2\pi f L(\Omega)$$

$$X_C = \frac{1}{2\pi f C}(\Omega)$$

100Ω 저항, 100mH 인덕터, 10uF 커패시터에 대하여 리액턴스와 임피던스의 값을 정리하면 다음과 같다.

- **100Ω 저항**

  $R = 100\Omega,\ X = 0\Omega,\ Z = 100\Omega\angle 0°$

- **100mH 인덕터, 주파수 159.15 Hz**

  $R = 0\Omega,\ X = 2\pi f_L = 100\Omega,\ Z = 100\Omega\angle 90°$

- **10uF 커패시터, 주파수 159.15 Hz**

  $R = 0\Omega,\ X = 1/2\pi f_C = 100\Omega,\ Z = 100\Omega\angle$-90°

인덕터와 커패시터가 있는 회로에서 소비되는 평균 전력은

$$P = \frac{1}{2} V_p I_p \cos\theta = \frac{V_p}{\sqrt{2}} \frac{I_p}{\sqrt{2}} \cos\theta = V_{rms} I_{rms} \cos\theta \tag{6.4}$$

와 같다. 교류 회로의 전력에 대해서는 12장에서 상세히 다루기 때문에 여기서는 결과식만 이용하기로 한다. 위의 식에서 V_p와 I_p는 전압과 전류의 피크값이며 $\cos\theta$는 역률(power factor)이라 한다. 여기서 θ는 전압과 전류의 위상차이다. 저항만의 회로에서서는 전압과 전류의 위상차가 0이므로 $\cos 0 = 1$이다. 따라서 식 (6.4)는 다음과 같이 쓸 수 있다.

$$P = V_{rms} I_{rms} = \frac{V_{rms}^2}{R} = I_{rms}^2 R$$

위의 식은 식 (6.2) 와 같음을 알 수 있다.

교류 회로에서 저항과 리액턴스의 합을 임피던스라고 하지만 저항과 리액턴스와의 단순한 대수적인 합이 아니다. 저항과 리액턴스는 90° 위상차가 생기므로 이를 기하학적인 방법으로 표현한 것을 페이저 도(Phasor Diagram)라 하고 그림 6-5와 같다.

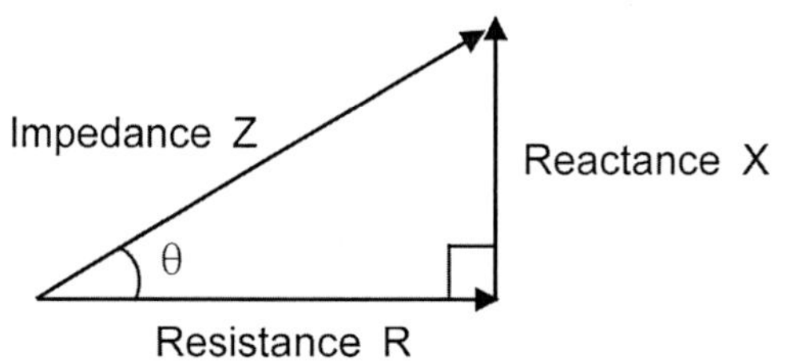

| 그림 6-5 | 임피던스의 페이저 도

그림 6-5로부터 다음 식이 성립함을 알 수 있다.

$$R = Z\cos\theta$$

$$X = Z\sin\theta$$

$$Z^2 = R^2 + X^2$$

예제 6-3

그림 6-6과 같이 저항과 인덕터로 구성된 회로에서 회로의 임피던스, 회로에 흐르는 전류, 역률, 그리고 평균 전력을 구하시오.

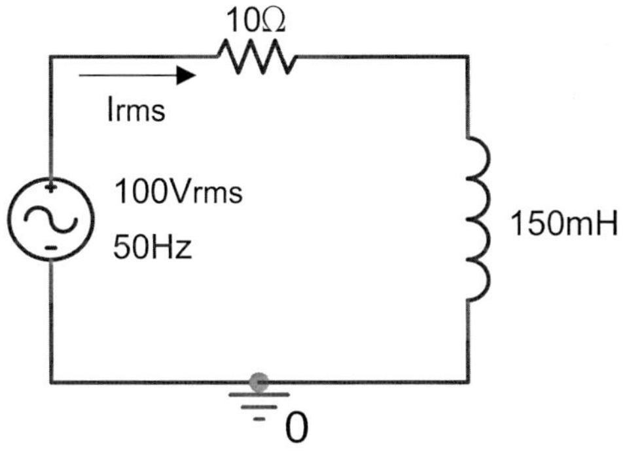

| 그림 6-6 | 예제 6-3 회로

풀이

먼저 회로의 임피던스는 다음과 같이 구할 수 있다.

$$R = 10(\Omega)$$

$$X_L = 2\pi f L = 2 \times 3.14 \times 50 \times 0.15 = 47.1(\Omega)$$

$$Z = \sqrt{R^2 + X_L^2} = \sqrt{10^2 + (47.1)^2} \simeq 48.15(\Omega)$$

회로에 흐르는 실효 전류 I_{rms}는

$$I_{rms} = \frac{V_{rms}}{Z} = \frac{100}{48.15} \simeq 2.08(A)$$

이다. 역률 $\cos\theta$는 그림 6-5를 참조하여 구할 수 있다.

$$\cos\theta = \frac{R}{Z} = \frac{10}{48.15} = 0.208$$

마지막으로 평균 전력은 다음 식으로 구할 수 있다.

$$P_{avg} = V_{rms} I_{rms} \cos\theta = 100 \times 2.08 \times 0.208 = 43.264(W)$$

6.3 오실로스코프와 함수발생기

직류 전원을 갖는 직류 회로에서는 전압 및 전류를 측정할 때 멀티미터 만으로도 충분히 가능하였다. 하지만 교류회로에서 교류 신호를 측정하기 위해서는 파형의 모양을 직접 확인할 필요가 있다. 파형의 진폭, 주기, 그리고 위상 등이 교류 신호의 중요한 특성이기 때문이다. 따라서 교류 신호의 측정을 위해서는 오실로스코프를 사용해야 한다. 또한 정현파나 구형파와 같은 교류 신호를 공급하기 위해서는 함수발생기가 필요하다. 함수발생기는 신호발생기 또는 파형발생기라고도 한다. 그림 6-7과 같은 회로에서 저항 양단의 전압을 오실로스코프로 측정한다고 가정하자.

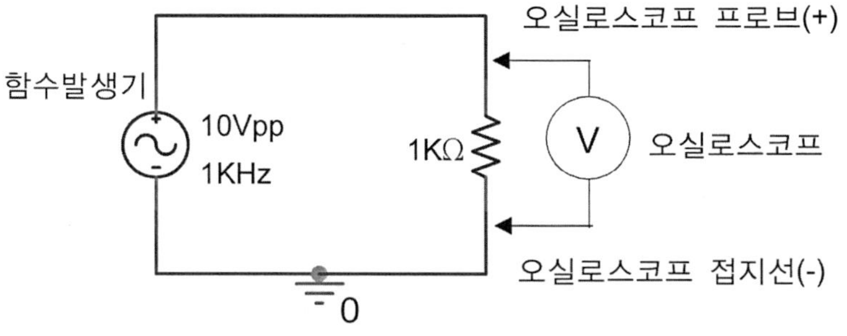

❙그림 6-7❙ 오실로스코프의 교류 신호 측정

함수발생기로부터 주파수가 1 KHz인 신호가 발생되므로 주기는 1 ms이다. 오실로스코프의 프로브가 저항 양단에 정확히 연결되었다면 오실로스코프의 화면에서의 전압 파형은 다음 그림과 같을 것이다.

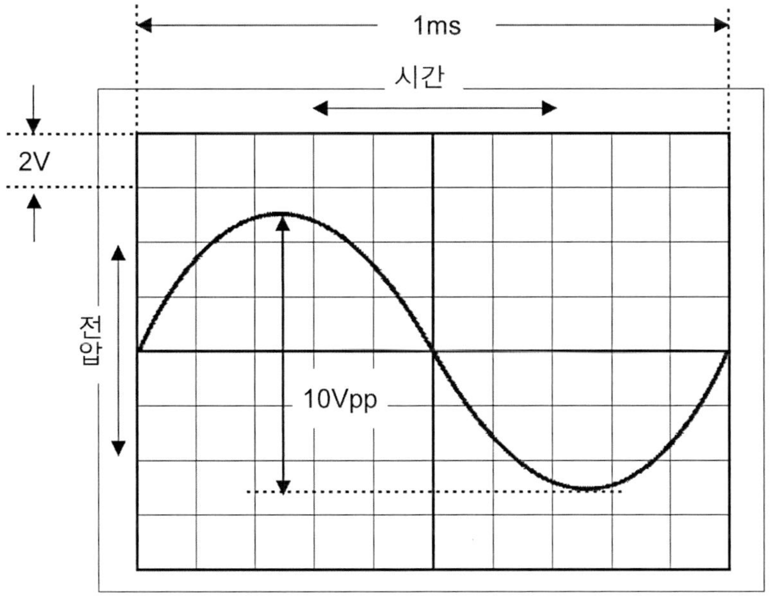

【그림 6-8】 오실로스코프 화면

그림 6-8은 10 V_{pp}, 1 KHz 파형이 오실로스코프 화면에 나타나는 형태를 보여준다. 편의상 신호의 한 주기만 나타내었다. 오실로스코프의 가로축은 시간을 나타내며 세로축은 전압의 크기를 나타낸다. 파형의 한 주기가 가로축의 10개의 눈금을 차지하므로 한 눈금은 0.1 ms를 나타낸다. 세로축의 전압은 파형의 양의 피크값이 5V이고 2칸 반의 눈금을 차지하므로 한 눈금이 2V를 나타낸다. 음의 피크 값은 −5V를 나타내므로 역시 2칸 반의 눈금을 차지한다. 물론 가로축과 세로축의 눈금 스케일은 모두 조정 가능하다.

오실로스코프

그림 6-9는 일반적인 오실로스코프의 전면 패널을 간략하게 보여준다.

최근 사용되는 오실로스코프는 대부분 디지털 오실로스코프로 측정한 전기 신호를 디지털로 변환하여 처리하므로 데이터를 저장하거나 화면을 정지시키거나 하는 기능적 측면에서 편리함을 제공한다. 그림 6-9는 오실로스코프의 개략적인 모습을 보여주며 크게 다음과 같은 부분으로 구성된다.

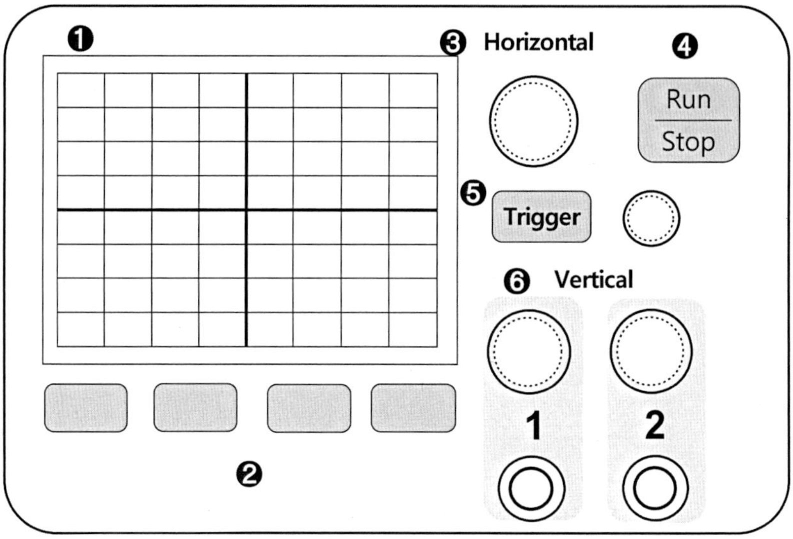

【그림 6-9】 오실로스코프 전면 패널

❶ 측정한 신호를 보여주는 화면으로 전압, 주파수, 주기 등을 알 수 있다. 수직 눈금은 전압값을 나타내고 수평 눈금은 시간을 나타내어 신호의 주기를 알 수 있다.

❷ 메뉴를 선택하는 버튼으로 다양한 설정을 선택할 수 있게 한다. 주로 화면에 보이는 내용과 관련되어 선택을 하게 된다.

❸ 화면의 가로축 즉, 시간 표시를 조절하는 다이얼로 일반적으로 Horizontal이라고 표시되어 있다. 하나의 눈금이 나타내는 시간을 조절하며 일반적으로 수 나노초부터 수 초까지의 스케일로 조절할 수 있다.

❹ 신호 측정의 실행을 시작하고 멈출 때 사용하는 버튼으로 Run 상태에서는 화면에 현재 측정되는 신호를 지속적으로 보여주며 Stop 상태가 되면 현재 측정된 신호를 정지화면으로 보여준다.

❺ 트리거의 실행과 조절을 위한 버튼과 다이얼을 보여준다. 트리거(trigger)란 사용자가 원하는 조건에 측정 신호가 도달하면 그 순간을 포착하여 화면에 보여주는 기능이다. 자주 쓰이는 트리거 방식에는 레벨(Level) 트리거와 에지(Edge) 트리거가 있는데 레벨 트리거는 측정 신호가 미리 설정한 신호 레벨, 예를 들면 트리거 레벨이 2V로 설정되었다면 측정 신호가 2V의 전압 레벨에 도달하면 그 순간의 신호를 화면에 보여준다. 에지 트리거 방식은 신호가 변하는 순간을 포착한다. 에지 트리

거에는 상승 에지 트리거와 하강 에지 트리거가 있다. 상승 에지란 신호가 상승하는 순간, 예를 들면 0V에서 5V로 상승하는 순간을 말하고 하강 에지란 반대로 5V에서 0V로 하강하는 순간을 말한다. 에지 트리거 역시 트리거 전압을 미리 설정해야 하고 측정 신호가 미리 설정된 전압에 도달하는 순간을 포착하여 화면에 보여준다.

❻ Vertical로 표시된 부분은 화면이 세로축 즉, 수직 눈금의 전압값을 조절할 수 있는 다이얼을 보여주며 각 채널당 독립적으로 조절할 수 있게 한다. 예를 들어 그림 6-9와 같이 채널의 개수가 2개인 경우 채널 1로 측정된 신호는 한 눈금 당 5V의 전압값을 그리고 채널 2로 측정된 신호는 한 눈금 당 2V의 전압값을 나타내게 할 수 있다.

오실로스코프 프로브(Probe)

프로브는 오실로스코프의 채널 연결 단자와 측정하고자 하는 회로의 위치에 직접 연결하여 신호를 측정하는 일종의 탐침 역할을 한다. 일반적으로 프로브에는 x1과 x10을 선택하는 스위치가 있어 측정된 신호를 선택한 배율에 따라 오실로스코프의 화면에 출력한다. 만일 프로브에서 x10의 배율을 선택했다면 측정한 신호를 1/10 배율로 축소하여 오실로스코프로 전달한다. 이때 정확한 신호의 화면 출력을 위해 오실로스코프에서도 프로브의 배율을 10:1로 선택하여야 한다.

함수발생기(Function Generator)

함수발생기는 정현파, 구형파, 삼각파 등의 주기적인 신호를 발생시키는 데 사용되며 실험에서는 교류 전원으로 사용될 수 있다. 발생되는 신호의 주파수, 신호 전압의 피크-피크 값(V_{pp}) 또는 피크 값(V_p) 등을 선택할 수 있으며 구형파의 경우 듀티사이클(duty cycle)을 0~100% 범위 내에서 설정할 수도 있다. 여기서 듀티사이클이란 구형파의 한 주기에서 신호의 ON/OFF 비율이다. 예를 들어 1 KHz, 5 V_p의 구형파에서 70% 듀티사이클을 갖는 파형은 1 ms 주기 동안 0.7 ms 동안은 5V를 유지하고 나머지 0.3 ms 동안은 0V인 신호를 말한다.

6.4 실험 실습

6.4.1 실험목표

교류회로에서 저항, 리액턴스, 임피던스의 개념을 익히고 직류회로와의 차이점을 이해한다. 또한 교류회로에서 전력 값을 구하기 위해 임피던스가 어떻게 계산되는지 수학식을 통하여 익힌다. 대표적인 교류신호 형태인 정현파의 주파수, 주기, 피크값, 실효값 등과 같은 특성을 배우고 오실로스코프와 신호발생기의 사용법을 익혀 실험을 통하여 직접 확인한다.

6.4.2 실험부품

저항	100Ω 200Ω	1개 1개
가변저항	10uF	1개
인덕터	100mH	1개

6.4.3 실험 내용

실험 1

그림 6-10과 같은 회로를 구성하고 전원에 함수발생기를 연결하여 10 V_{pp} 전압과 1 KHz 주파수를 갖는 구형파와 정현파를 발생시켜 100Ω 저항 양단의 전압을 오실로스코프로 측정하고 그 파형을 표 6-1에 그리시오.

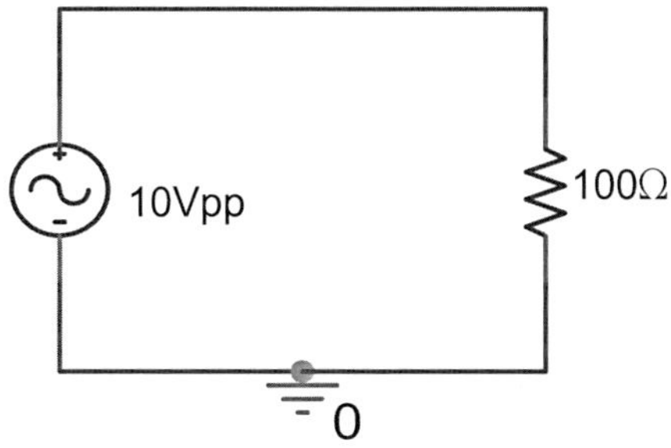

그림 6-10 실험 1 회로

표 6-1 교류신호의 측정

구형파 전압 파형	정현파 전압 파형
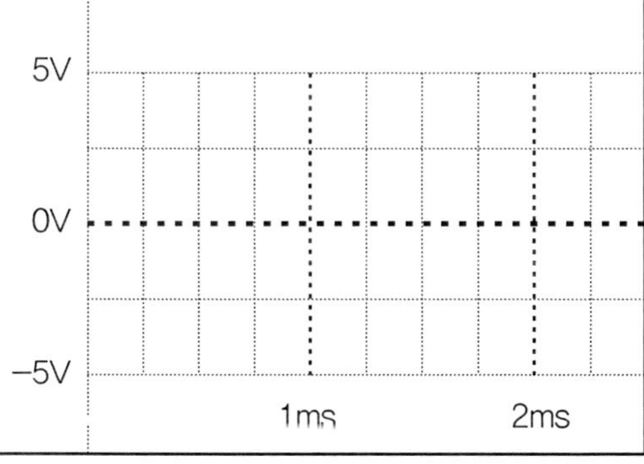	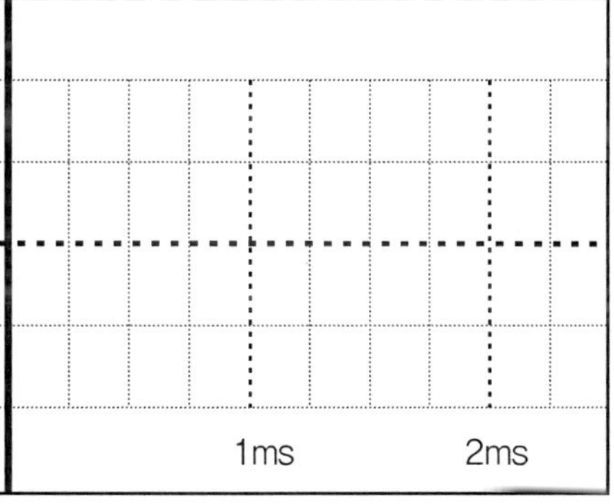

실험 2

[실험 1]의 그림 6-10 회로에서 저항 양단의 실효 전압값을 멀티미터를 이용하여 측정하고 표 6-2에 기록하시오.

표 6-2 교류신호의 실효값(RMS) 측정

구형파 전압		정현파 전압	
계산값	측정값	계산값	측정값

실험 3

[실험 1]의 그림 6-10 회로에서 정현파 교류 전압에 대하여 100Ω 저항에서 소모되는 평균 전력을 다음 식을 이용하여 계산하고 멀티미터를 이용하여 실효 전압과 실효 전류값을 측정하여 구한 후 표 6-3에 기록하시오.

$$V_{rms} = \frac{V_p}{\sqrt{2}}, \quad V_p = peak\,value$$

$$I_{rms} = \frac{V_{rms}}{R}\,(\mathrm{A})$$

$$P_{avg} = V_{rms} \times I_{rms}\,(\mathrm{W})$$

| 표 6-3 | 교류신호의 평균 전력 측정

계산값			측정값		
V_{rms}	I_{rms}	P_{avg}	V_{rms}	I_{rms}	$V_{rms} \times I_{rms}$

실험 4

[실험 1]의 그림 6-10 회로를 PSpice를 이용하여 시뮬레이션하고 저항에서 소모되는 전력의 파형과 평균 전력의 파형을 표 6-4에 그리시오. 교류 전원은 VSIN으로 하고 파라미터는 VOFF=0, VAMPL=5, FREQ=1K로 설정하시오. 평균 전력의 파형을 보기 위해서는 시뮬레이션 결과 화면의 상단 메뉴에서 Trace -> Add Trace... 를 선택하면 아래와 같은 화면이 나타나고 오른쪽 리스트에서 AVG(), 왼쪽 리스트에서 W(R1)을 선택하고 OK 버튼을 누르면 평균 전력의 파형이 나타난다.

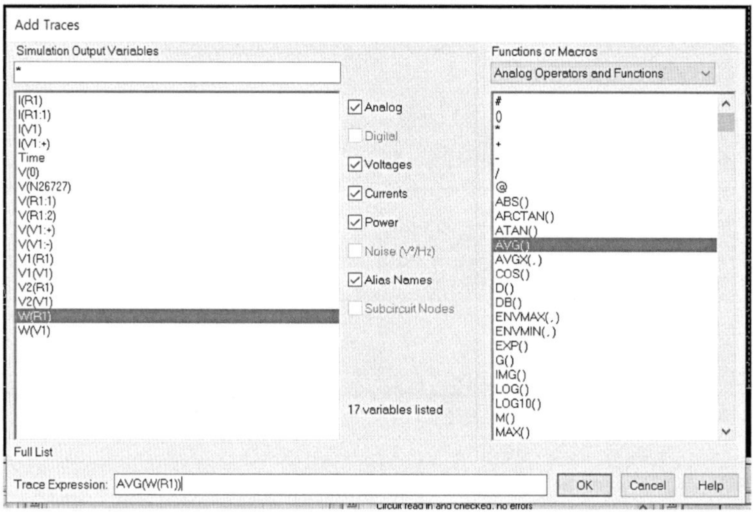

표 6-4 시뮬레이션 전력 파형과 평균 전력

PSpice simulation 전력 파형과 평균 전력
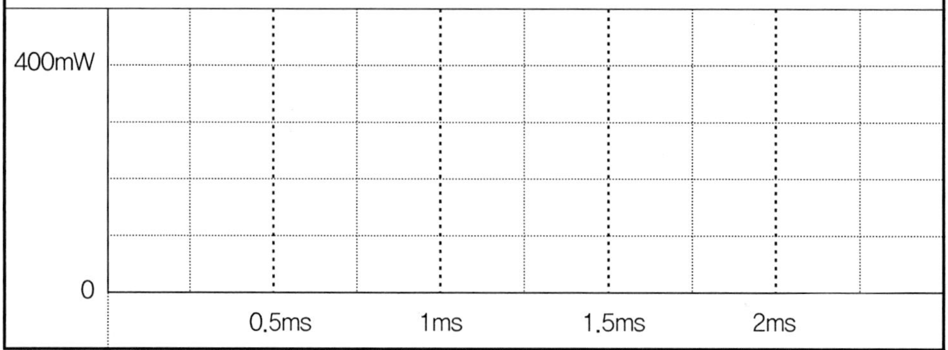

실험 5

그림 6-11과 같은 회로에 직류 전압원과 함수발생기를 사용하여 각각 직류 전압과 교류 전압을 회로에 인가하고 멀티미터를 이용하여 저항 양단에 걸리는 전압과 회로에 흐르는 전류를 측정하여 표 6-5, 표 6-6 그리고 표 6-7을 작성하시오. 교류 전원의 경우 함수발생기를 이용하여 피크전압 $5\,V_p(10\,V_{pp})$와 실효 전압 $5\,V_{rms}$이고 주파수가 60 Hz인 정현파를 각각 인가하여 측정하시오.

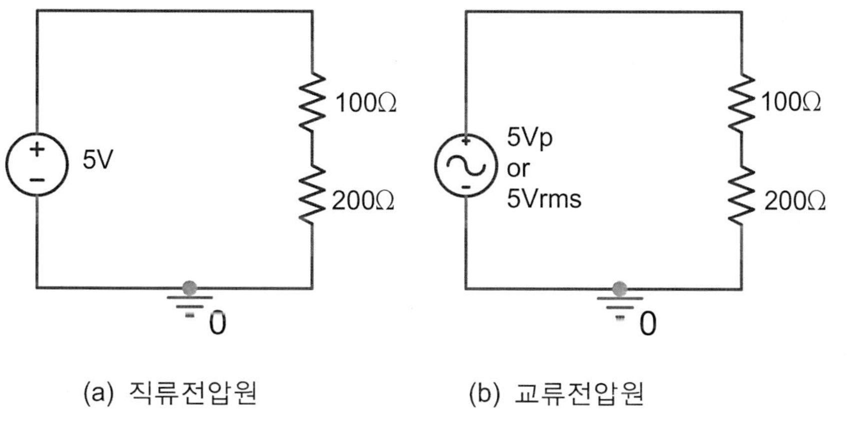

| 그림 6-11 | 실험 5 회로

| 표 6-5 | 직류전압원의 전압 및 전류 측정

저항값	측정 전압	측정전류
100Ω 양단		
200Ω 양단		
(100Ω+200Ω) 양단		

┃표 6-6┃ 교류전압원(5Vp, 60Hz)의 전압 및 전류 측정

저항값	측정 전압	측정전류
100Ω 양단		
200Ω 양단		
(100Ω+200Ω) 양단		

┃표 6-7┃ 교류전압원(5Vrms, 60Hz)의 전압 및 전류 측정

저항값	측정 전압	측정전류
100Ω 양단		
200Ω 양단		
(100Ω+200Ω) 양단		

실험 6

[실험 5]의 그림 6-11 회로에 대하여 측정 도구를 멀티미터에서 오실로스코프로 바꾸어 저항 양단의 전압을 측정하고 그 파형을 표 6-8, 표 6-9 그리고 표 6-10에 그리시오.

| 표 6-8 | 직류전압원(5V)의 저항전압 파형 (각 저항전압을 중첩하여 그리시오)

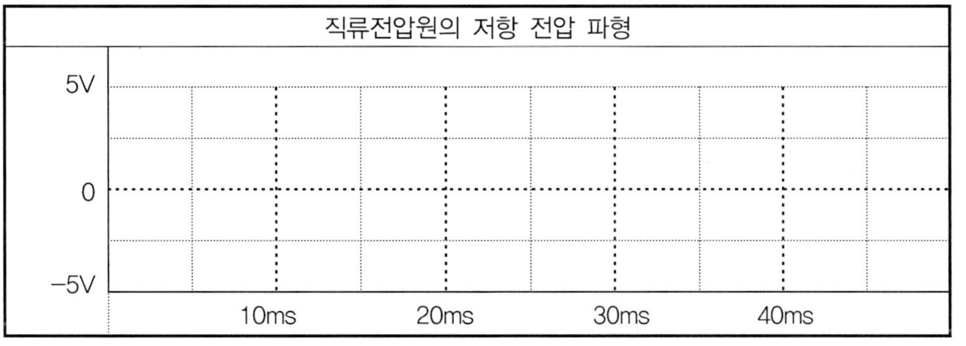

| 표 6-9 | 교류전압원(5Vp)의 저항전압 파형 (각 저항전압을 중첩하여 그리시오)

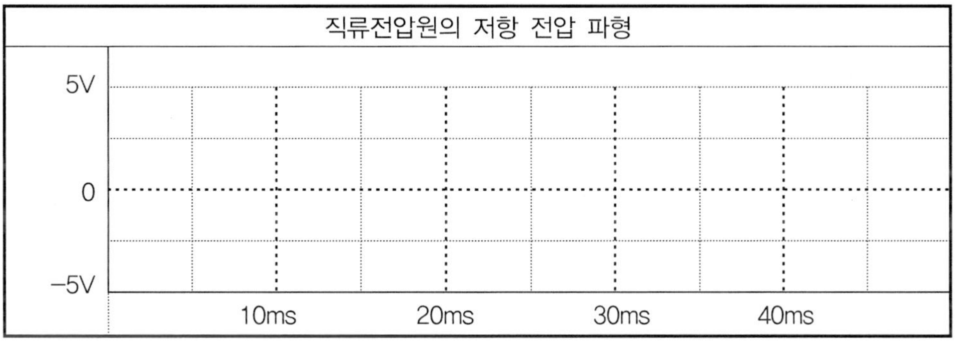

| 표 6-10 | 교류전압원(5Vrms)의 저항전압 파형 (각 저항전압을 중첩하여 그리시오)

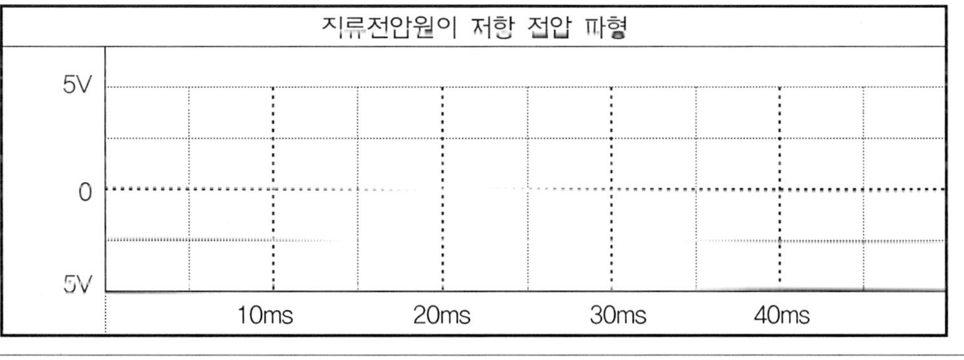

실험 7

그림 6-12와 같은 회로에서 교류 전원으로 5 V_p, 60 Hz의 정현파를 공급하고 저항 양단은 오실로스코프의 채널 1에 연결하고 커패시터 양단은 오실로스코프의 채널 2에 연결하여 각 전압을 측정하여 결과 파형을 표 6-11에 그리시오.

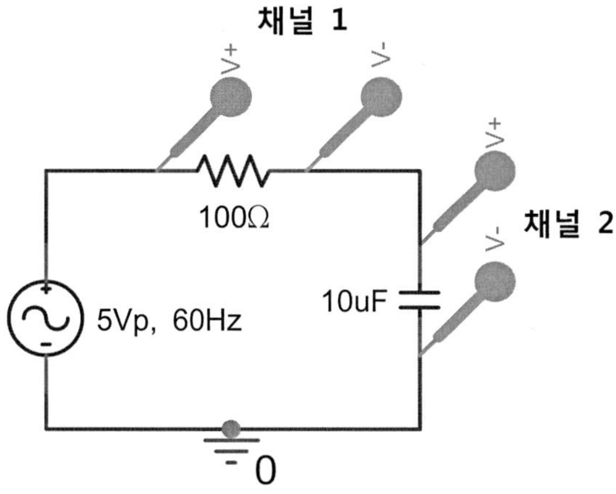

| 그림 6-12 | 실험 7 회로

| 표 6-11 | 저항 및 커패시터 전압 파형 (각 전압을 중첩하여 그리시오)

저항 및 커패시터의 전압 파형

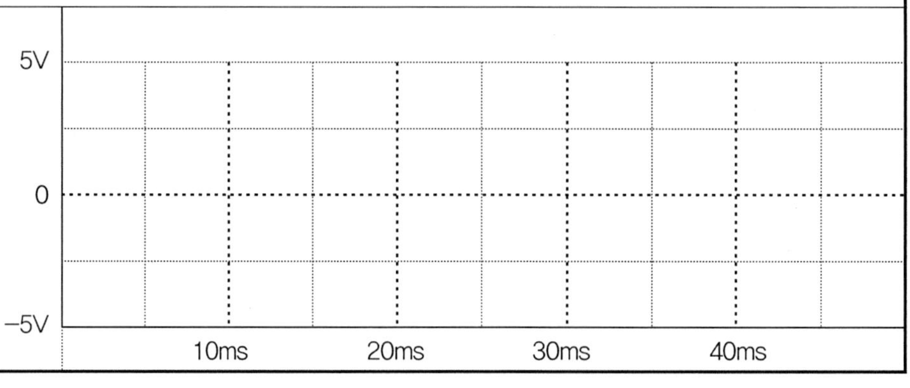

실험 8

[실험 7]의 그림 6-12 회로에서 저항과 커패시터 양단의 전압을 PSpice 시뮬레이션을 이용하여 구하고 표 6-12에 그리시오. 또 저항과 커패시터에 흐르는 전류를 PSpice 시뮬레이션을 이용하여 구하고 표 6-13에 그리시오.

표 6-12 저항 및 커패시터의 전압 파형 (시뮬레이션 결과)

저항 및 커패시터의 전압 파형

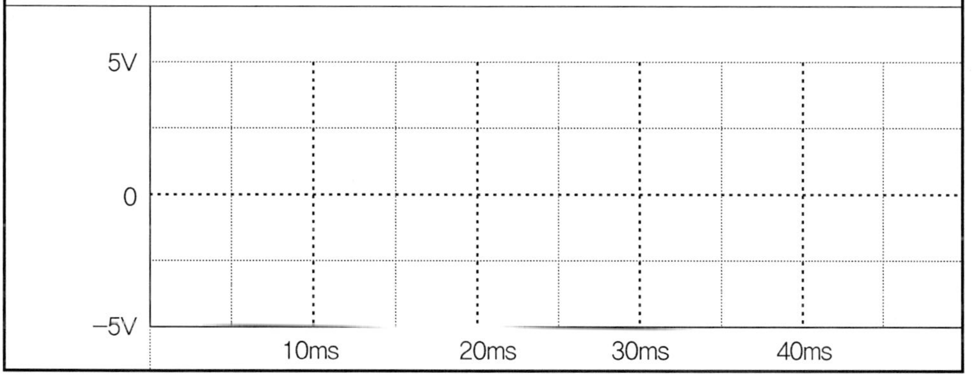

표 6-13 저항 및 커패시터의 전류 파형 (시뮬레이션 결과)

저항 및 커패시터의 전류 파형

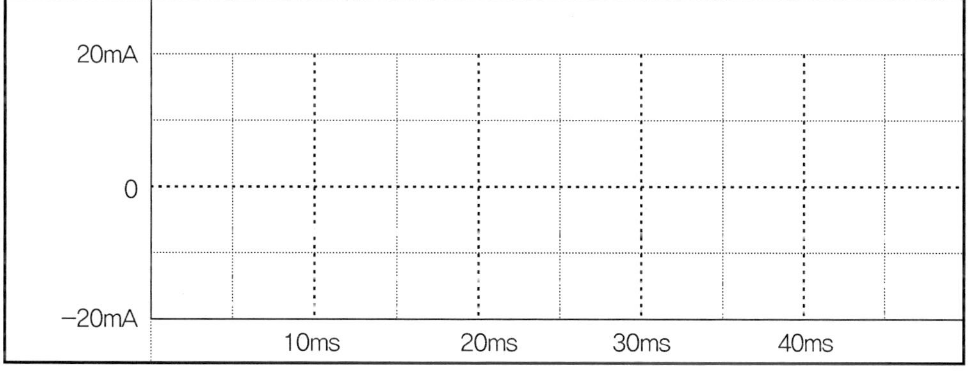

실험 9

그림 6-13과 같은 회로에서 저항 양단은 오실로스코프의 채널 1에 연결하고 인덕터 양단은 오실로스코프의 채널 2에 연결하고 각 전압을 측정하여 결과 파형을 표 6-14에 그리시오.

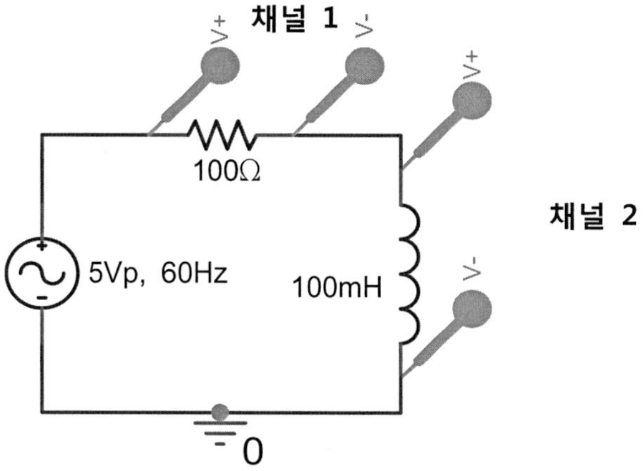

❙그림 6-13❙ 실험 9 회로

❙표 6-14❙ 저항 및 인덕터의 전압 파형 (각 전압을 중첩하여 그리시오)

저항 및 인덕터의 전압 파형
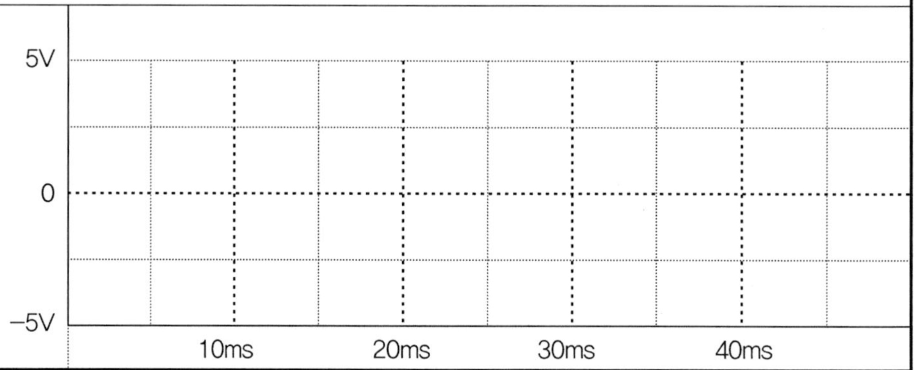

실험 10

[실험 9]의 그림 6-13 회로에서 저항과 인덕터 양단의 전압을 PSpice 시뮬레이션을 이용하여 구하고 표 6-15에 그리시오. 또 저항과 인덕터에 흐르는 전류를 PSpice 시뮬레이션을 이용하여 구하고 표 6-16에 그리시오.

❙ 표 6-15 ❙ 저항 및 인덕터 양단의 전압 파형 (시뮬레이션 결과)

인덕터의 전압/전류 파형

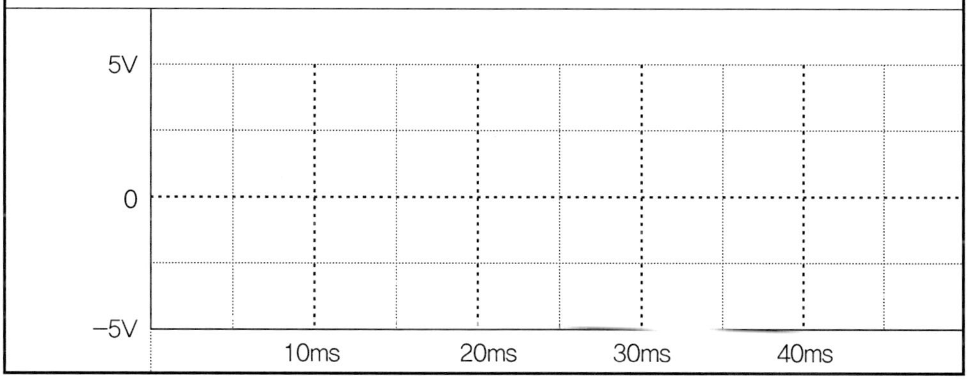

❙ 표 6-16 ❙ 저항 및 인덕터 양단의 전류 파형 (시뮬레이션 결과)

인덕터의 전압/전류 파형

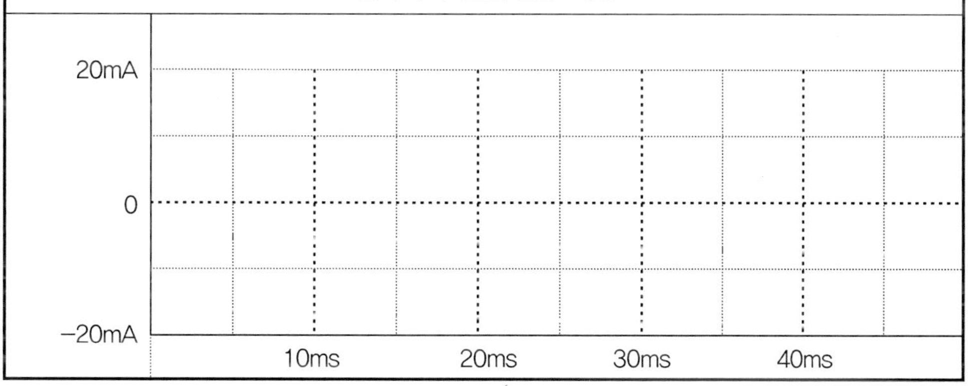

제 7 장

커패시터의 교류특성

7.1 커패시터

커패시터(Capacitor)는 절연체로 분리되어있는 두 개의 도체로 만들어져 있고 전하를 저장하는 기능을 갖는다. 절연체는 유전체라고도 하며 공기, 세라믹, 운모, 종이 등이 사용된다. 커패시터의 충전 용량을 커패시턴스(Capacitance) 라고 하며 단위는 F(Farad)를 사용한다. 일반적으로 교육용 실험 실습에서는 마이크로(10^{-6}) 단위나 피코(10^{-12}) 단위의 커패시터가 많이 사용된다.

커패시터의 회로 기호는 그림 7-1과 같다. 커패시터에 전류가 흐르면 커패시터가 충전되면서 전압 값을 갖게 되는데 전압의 부호는 수동 소자의 부호 관행에 따라 전류가 들어가는 방향을 (+)로 표시한다. 이와 같은 부호 관행은 저항과 인덕터에도 동일하게 적용된다. 수동 소자에 대해 전압의 극성과 전류의 방향에 관한 부호 관행은 옴의 법칙과 같은 수학적 계산을 포함한 회로 해석에 일관되게 적용되어야 하기 때문에 매우 중요하다.

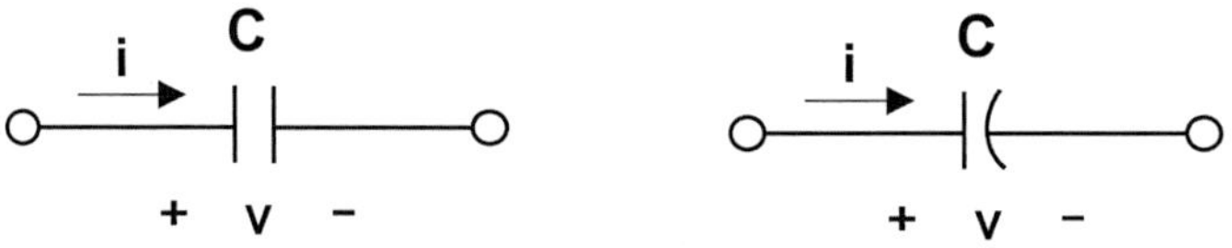

(a) 극성이 없는 커패시터 (b) 극성이 있는 커패시터

▌그림 7-1▐ 커패시터의 회로 기호

커패시터의 종류는 세라믹 커패시터, 전해 커패시터, 탄탈 커패시터, 마일러(폴리에스테르) 커패시터 등이 있다. 이 중에서 전해 커패시터는 매우 높은 커패시턴스를 제공하고 극성이 있는 것이 특징이다. 탄탈 커패시터 역시 극성이 있으며 커패시터의 리드 선이 긴 쪽이 (+)이다. 회로 기호는 그림 7-1의 (b)와 같이 나타낸다. 이와 반해 세라믹 커패시터나 마일러(폴리에스테르) 커패시터는 극성이 없다.

전류는 전하의 시간에 따른 변화량이므로 다음 식으로 나타낸다.

$$i = \frac{dq}{dt}$$

위의 식에서 q가 커패시터에 저장되는 전하의 양이고 이는 커패시터에 공급되는 전압과 커패시터 고유의 비례상수 커패시턴스에 비례하며 다음 식과 같다.

$$q = Cv$$

따라서 커패시터의 전류를 다시 정리하면

$$i = C\frac{dv}{dt}$$

이다. 이 식의 의미는 커패시터의 전류는 커패시터 전압의 시간 변화율에 비례한다는 것이다. 따라서 전압의 변화가 없는 직류의 경우 변화율이 0이므로 커패시터의 전류도 0이 되어 커패시터에 직류 전압이 공급되는 경우에는 전류가 흐르지 않는다는 것을 알 수 있다. 만일 커패시터 전압의 시간 변화율이 크다면 커패시터에 흐르는 전류의 양도 증가할 것이다. 따라서 교류 전압의 경우 커패시터는 전류를 잘 흘리며 주파수가 증가할수록 전류의 양도 증가한다.

커패시터의 정전용량 및 정격전압 읽기

커패시터의 몸체에는 정전용량 및 정격전압이 적혀있다. 정전용량의 경우 별도의 단위가 표시되어 있지 않다면 기본단위는 pF이다. 만일 세라믹 커패시터에 104라고 적혀있다면 용량은 다음과 같이 계산한다.

$$104 = 10 \times 10^4 (pF) = 0.1 (\mu F)$$

정격전압은 정전용량과 별도로 적혀있고 단위는 볼트이다. 마일러 커패시터에 474라고 적혀있다면 용량은 다음과 같이 계산한다.

$$474 = 47 \times 10^4 (pF) = 0.47 (\mu F)$$

정전용량 숫자 뒤에 F, J, K, M 등의 문자가 적혀있는 경우가 있는데 이것은 커패시터 용량의 오차범위를 나타낸다. 오차범위는 F는 ±1%, J는 ±5%, K는 ±10%, M은 ±20%이다.

7.2 커패시터의 교류특성

커패시터는 직류에 대해서는 전하를 저장할 수 있어 전압을 갖게 되는데 공급 전압과 같은 전압값을 갖게 되면 전위차가 없으므로 전류를 흘리지 않아 개방(open) 회로로 동작한다. 하지만 교류 전원에 대해서는 커패시터 전압과 전위차가 발생하여 전류가 흐르며 흐르는 전류의 크기는 교류 전원의 주파수에 따라 달라진다. 주파수가 증가할수록 통과되는 전류의 양도 증가하여 단락(short) 회로처럼 동작하게 된다.

교류 전원이 연결된 커패시터에 흐르는 전류는 다음 식과 같다.

$$i = C\frac{dv}{dt}$$

위의 식은 커패시터 전류는 커패시턴스와 커패시터 전압의 시간 변화율에 비례한다는 것을 의미한다. 전압의 급격한 변화는 매우 큰 전류값을 요구하므로 물리적으로는 불가능하다. 따라서 커패시터의 전압은 급격히 변하지 않는 특성을 갖는다. 이와 반대로 전압의 변화가 없다면 즉, 직류 전압과 같이 항상 일정한 전압값을 유지하면 $\frac{dv}{dt}$가 0이 되므로 전류값 또한 0이 된다. 전류가 0이란 의미는 개방회로로 동작한다는 의미이다.

용량성 리액턴스

교류회로에서 전류의 흐름을 방해하는 저항 성분을 리액턴스라고 하고 커패시터에 의한 저항 성분을 용량성 리액턴스라 한다. 교류회로에서 리액턴스는 주파수의 영향을 받으며 용량성 리액턴스 X_c는 다음과 같은 공식으로 나타내고 단위는 저항과 같은 옴(Ω)을 사용한다.

$$X_C = \frac{1}{2\pi f C},\ f = \text{주파수},\ C = \text{커패시턴스}$$

직류에 대해서는 주파수 f가 0이기 때문에 용량성 리액턴스 X_c는 무한대가 된다. 따라서 커패시터는 직류에 대해서는 회로가 끊어진 것과 같이 동작하여 전류를 흘리지 않는다. 하지만 교류에 대해서 커패시터는 전류를 통과시키는데 전류의 양은 주파수와 커패시터의 용량에 따라 달라진다. 교류 신호의 주파수가 증가하면 리액턴스가 감소하므로 만일 주파수가 무한대에 가까워진다면 리액턴스의 값은 0이 되어 커패시터는 도체와 같이 동작할 것이다. 리액턴스가 감소하면 커패시터 양단의 전압도 감소하게 된다.

예제 7-1

그림 7-2와 같은 RC 직렬 회로에서 교류 전원의 주파수가 1 KHz에서 10 KHz로 변화할 때 커패시터 전류의 변화 그래프를 PSpice 시뮬레이션을 이용하여 확인하시오.

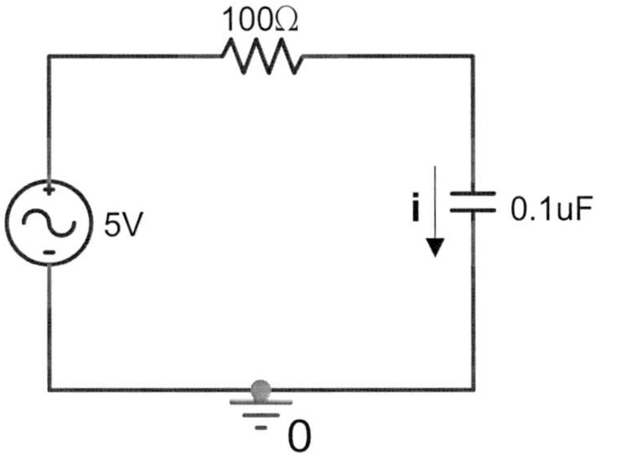

| 그림 7-2 | 예제 7-1 회로

풀이

커패시터에 흐르는 전류의 크기는 주파수에 따라 변화하고 주파수가 커질수록 흐르는 전류의 양도 증가함을 이미 배워 알고 있다. PSpice에서 주파수가 변화함에 따라 전압이나 전류의 변화를 볼 수 있는 시뮬레이션 방법은 전원으로 VAC 전원을 쓰는 것이다. OrCAD Capture 프로그램에서 그림 7-3과 같이 회로도를 그린다. VAC 전원의 교류 전압 V_{ac}는 5V로 하고 직류 전압은 고려하지 않으므로 V_{dc}는 0V로 한다. 커패시터에 흐르는 전류를 측정하므로 커패시터 상단에 전류 마커를 연결한다.

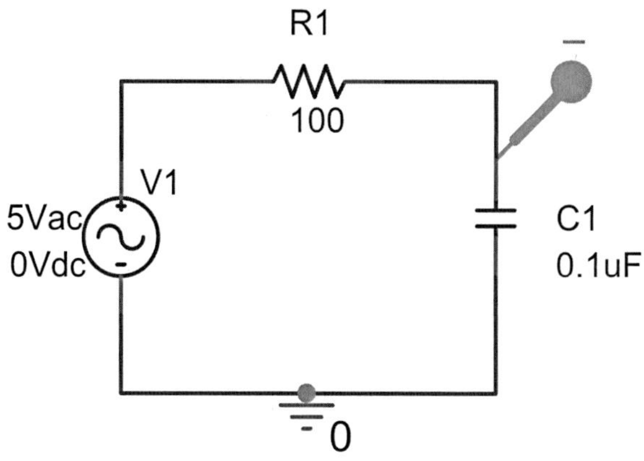

▌그림 7-3▐ PSpice 시뮬레이션 회로

Simulation Profile은 그림 7-4와 같이 설정한다. Analysis Type은 AC Sweep/Noise로 선택해야 하고 AC Sweep Type 설정에서 Start Frequency는 1K, End Frequency는 10K, Total Points는 10개 정도로 설정한다. 결과 그래프의 타입은 Linear 또는 로그 스케일로 볼 수 있다. Linear 타입은 주파수의 변화를 같은 간격을 일정하게 보여주어 본 예제의 경우 주파수 변화에 따른 전류의 변화를 보다 확실하게 보여줄 것이다.

Simulation Profile을 설정한 후 실행을 시키면 그림 7-5와 같은 결과 그래프를 볼 수 있다. 주파수 1 KHz에서 10 KHz 사이에서는 전류가 거의 선형적으로 변함을 볼 수 있다. 만일 주파수 범위를 100 KHz까지 넓히면 전류의 양이 거의 50 mA로 수렴하는 것을 볼 수 있을 것이다. 이것은 100 KHz와 같은 고주파 교류전류에 대해서는 회로의 저항 성분이 순수 저항에 의한 것만 남아있음을 말해준다. 왜냐하면 5V 전압에 대해 커패시터의 고려없이 100Ω 저항에 의한 전류는 50 mA이기 때문이다.

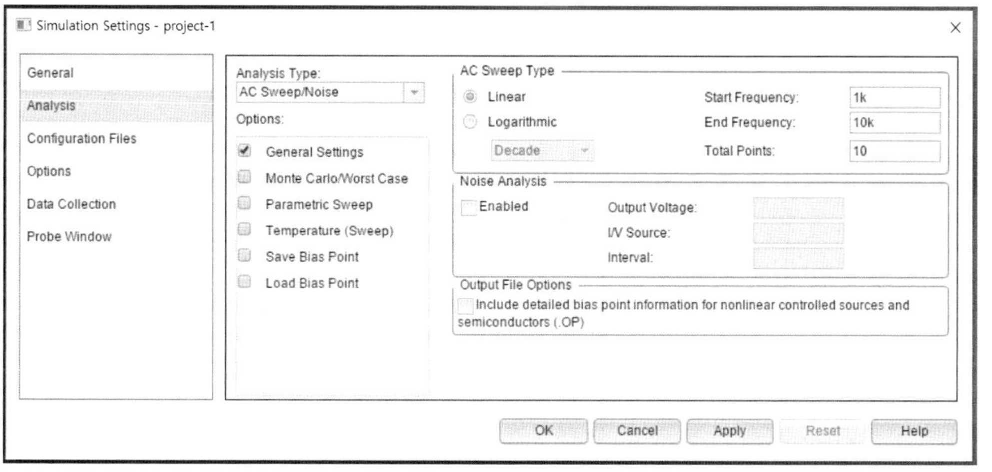

▌그림 7-4▐ Simulation Profile의 설정

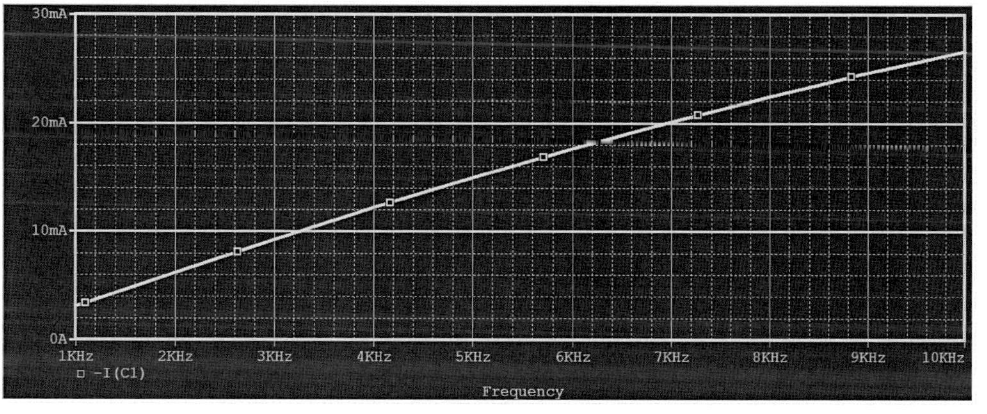

▌그림 7-5▐ 커패시터 전류의 시뮬레이션 결과 그래프

7.3 전압과 전류의 위상

주기적인 정현파와 같은 교류 신호는 3가지 기본적인 요소에 의해 표현되는데 진폭, 주파수, 그리고 위상이다. 신호의 위상은 시간에 대하여 어느 한 순간의 신호의 위치이며 일반적으로 Radian 또는 Degree 값으로 나타내며 신호의 한 주기를 2π 또는 360°로 표현한다. 그림 7-6은 사인파와 코사인파를 나타내며 두 파형은 $\pi/2$ 또는 90°의 위상차를 보인다.

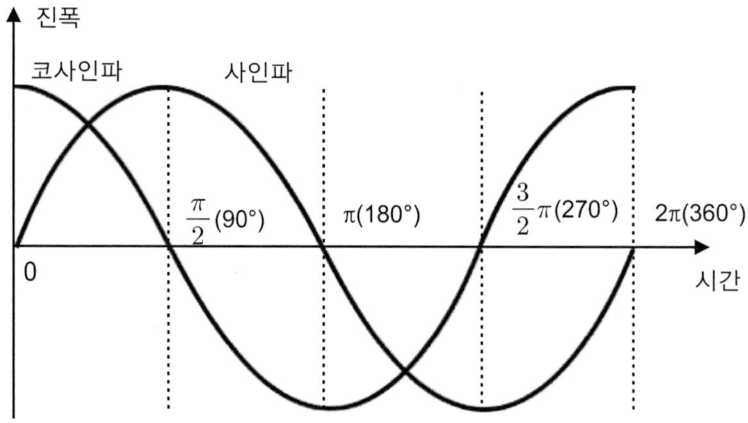

그림 7-6 정현파의 위상차

그림 7-6에서 사인파와 코사인파의 위상차는 90°이며 코사인파가 사인파보다 90° 앞선다고 말한다. 교류 신호에서는 전압 파형과 전류의 파형이 그림 7-6과 같은 모습을 보인다. 저항만의 회로에서는 전압 파형과 전류 파형의 위상차는 없으나 커패시터나 인덕터가 포함된 회로에서는 두 파형 간에 90°의 위상차를 보이며 그림 7-7과 같다. V_p와 I_p는 각각 전압과 전류의 피크 값이며 전류가 전압보다 위상이 90° 앞선다.

커패시터의 전류가 전압보다 위상이 90° 앞서는 이유를 살펴보자. 커패시터의 전류는 다음 식과 같다.

$$i = C\frac{dv}{dt}$$

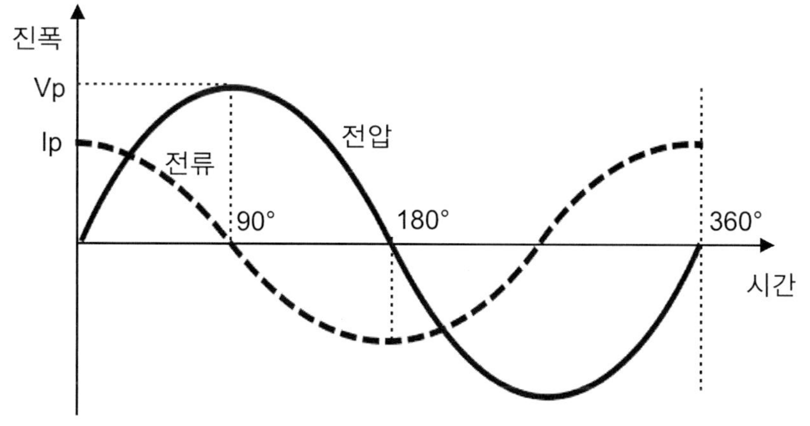

| 그림 7-7 | 커패시터의 전압 전류 위상차

전압을 시간에 대해 미분한 값이 전류가 된다. 만일 전압 파형이 사인파라면 전류 파형은 사인파의 미분 파형인 코사인파가 되어 그림 7-6과 같이 코사인파가 사인파보다 90° 앞서는 것을 알 수 있다. 반대로 전압 파형이 코사인파라면 전류 파형은 코사인파의 미분 파형인 음의 사인파가 되어 역시 전류 파형이 전압 파형보다 90° 앞서게 된다.

예제 7-2

PSpice 시뮬레이션을 이용하여 그림 7-8과 같은 커패시터 회로를 작성하고 커패시터의 전압과 전류의 위상차를 결과 그래프를 통하여 확인하시오.

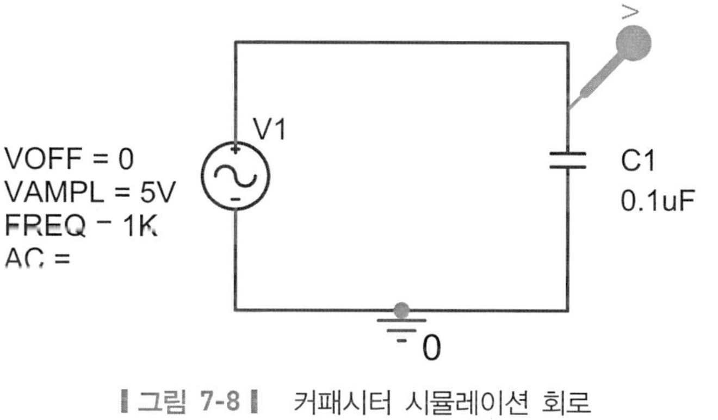

| 그림 7-8 | 커패시터 시뮬레이션 회로

풀이

교류 전압원은 VSIN을 선택하고 그림 7-8과 같이 전압원의 진폭과 주파수를 설정한다. 0.1uF 커패시터의 상단에 전압 마커를 연결한다. Simulation Profile에서 Analysis type은 Time Domain(Transient)을 선택하고 우측의 Run to time 입력 상자에는 2 ms를 입력한다. 시뮬레이션을 실행하면 전압 파형만이 출력되는 결과 그래프를 볼 것이다. 전압과 전류의 단위가 다르기 때문에 하나의 결과 화면에서는 두 개의 그래프를 보기 힘들다. 따라서 다음과 같이 전류를 위한 그래프 화면을 추가하여야 한다.

1) 시뮬레이션 결과 화면의 상단 메뉴에서 Plot → Add Plot to Window 를 선택한다. 결과 화면이 분할되면서 상단에 빈 그래프 화면이 나타날 것이다.

2) 결과 화면 상단 메뉴에서 Trace → Add Trace...를 선택한다.

3) Simulation Output Variables가 출력되는 대화창이 나타나면 여기서 I(C1) variable을 마우스로 클릭하여 하단 Trace Expression에 I(C1)이 추가된 것을 확인한 후 대화창을 닫는다.

4) 전류 파형이 추가된 그래프 화면이 그림 7-9와 같이 보이고 두 파형의 위상차가 90°인 것을 확인할 수 있다.

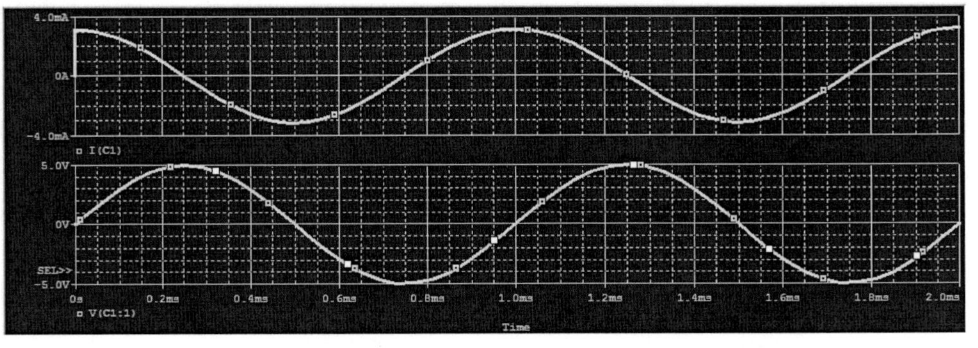

그림 7-9 커패시터 전압-전류 위상 시뮬레이션 결과

7.4 시정수

커패시터에 전류가 흐르면 전하가 충전되어 전압값을 가지게 된다. 커패시터의 충전은 공급되는 전압의 크기만큼 충전되고 완전히 충전되면 전류는 더 이상 흐르지 않는다. 반대로 커패시터에 저항과 같은 부하가 연결되면 커패시터가 전원의 공급원이 되어 방전을 하게 된다. 충전과 방전의 속도는 커패시터의 커패시턴스 크기에 좌우되며 RC 직렬 회로에서는 이를 시정수(time constant)라고 하여 τ(tau)로 표시하며 다음과 같은 식으로 나타낸다.

$$\tau = \text{RC(second)}$$

시정수는 커패시터가 저항을 통해 충전되는데 최종 충전 전압의 63.2%에 도달하는 데 걸리는 시간을 말하며 방전이 되는 경우는 충전 전압의 36.8%에 도달하는 데 걸리는 시간과 같다. 커패시터 전압의 충전과 방전 시간과 시정수와의 관계는 그림 7-10과 같다.

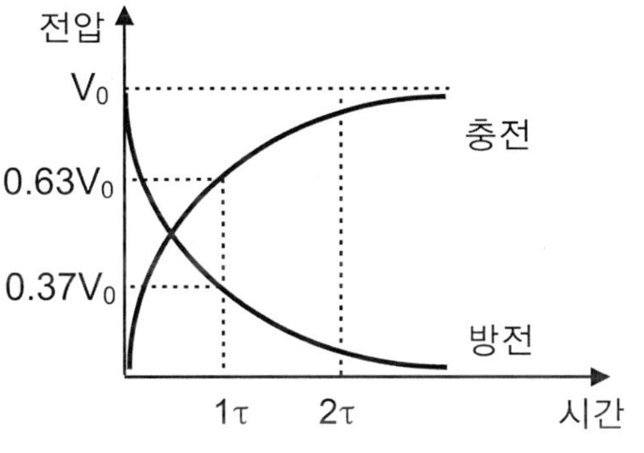

▌그림 7-10▐ 커패시터의 시정수

그림 7-10의 충전 전압 곡선을 시정수를 이용하여 시간의 함수로 나타내면

$$V(t) = V_0(1 - e^{-t/\tau})$$

와 같다. 만일 1τ 시간 동안 충전되는 전압을 구하기 위해 $t = \tau$를 식에 대입하여 $V(\tau)$를 구한다면

$$V(\tau) = V_0(1 - e^{-1}) = V_0(1 - 0.368) = 0.632\,V_0$$

로 최종 전압의 63.2%가 됨을 알 수 있다. 반대로 커패시터에서 방전되는 전압은

$$V(t) = V_0(e^{-t/\tau})$$

식으로 나타내며 1τ 시간 동안 방전되는 전압을 구하면

$$V(\tau) = V_0 e^{-1} = V_0(0.368) = 0.368\,V_0$$

로 충전 전압의 36.8%임을 알 수 있다.

예제 7-3

그림 7-11과 같은 RC 직렬 회로에서 커패시터의 시정수를 구하고 PSpice 시뮬레이션을 실행하여 커패시터의 충전 및 방전되는 전압 그래프를 구하여 계산에서 구한 시정수와 일치하는지 확인하시오. 회로의 전원은 주파수 100Hz의 구형파를 발생시키는 전압원으로 하시오.

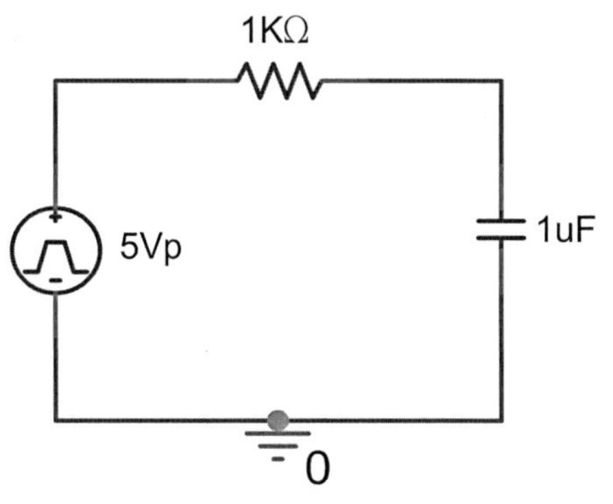

| 그림 7-11 | RC회로의 시정수

풀이

저항 R은 1 KΩ이고 커패시터 C는 1 uF이므로 시정수를 구하면

$$\tau = RC = 10^3 \times 10^{-6} = 10^{-3} = 1(\text{ms})$$

이다. PSpice 시뮬레이션에서 구형파 전원은 VPULSE로 하고 설정값은 다음과 같이 한다.

V1 = 0

V2 = 5V

TD = 0

TR = 0

TF = 0

PW = 5 ms

PER = 10 ms

따라서 구형파 전원은 주기 10 ms 즉, 주파수 100 Hz의 구형파 전압을 공급한다. 시뮬레이션은 20 ms 동안 실행하게 설정한 후 결과 그래프를 보면 그림 7-12와 같다. 커패시터의 충전 시 시정수는 1 ms이고 이때 도달전압은 5×0.632 = 3.16(V)이므로 그림 7-12의 1번 화살표가 가리키는 지점이 대략 3.16 V이고 이때의 시간의 1 눈금 즉, 1 ms 지점이므로 계산값과 거의 같음을 알 수 있다. 방전 시 1τ 시간 동안 도달 전압은 5×0.368 = 1.84V이므로 그림 7-12의 2번 화살표가 가리키는 지점의 전압이 대략 1.84 V이고 이때의 시간 역시 1 눈금 즉, 1 ms 정도 지난 시점을 가리키고 있다.

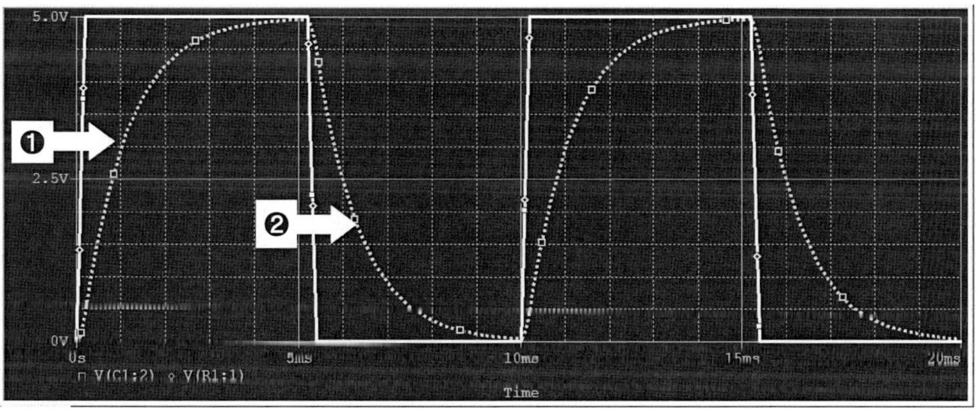

❙그림 7-12❙ 구형파 전원에 대한 커패시터 전압의 시뮬레이션 그래프

7.5 커패시터의 결합

회로에서 여러 개의 커패시터가 직렬 또는 병렬로 연결되었을 때 전체 커패시턴스를 구할 수 있어야 한다. n개의 커패시터가 직렬로 연결되었을 때 전체 커패시턴스 C_T는 다음 식과 같다.

$$\frac{1}{C_T} = \frac{1}{C_1} + \frac{1}{C_2} + \dots + \frac{1}{C_n}$$

위의 식은 마치 저항이 병렬로 연결되었을 때의 전체 저항을 구하는 식과 같다. 커패시터는 직렬로 연결하면 전체 커패시턴스는 감소한다.

n개의 커패시터가 병렬로 연결되었을 때 전체 커패시턴스 C_T는 다음과 같은 식으로 구할 수 있다.

$$C_T = C_1 + C_2 + \dots + C_n$$

위의 식은 저항이 직렬로 연결되었을 때의 전체 저항을 구하는 식과 같다. 커패시터는 병렬로 연결하면 전체 커패시턴스는 증가한다.

예제 7-4

그림 7-13과 같은 커패시터 직병렬 회로의 전체 커패시턴스를 구하시오.

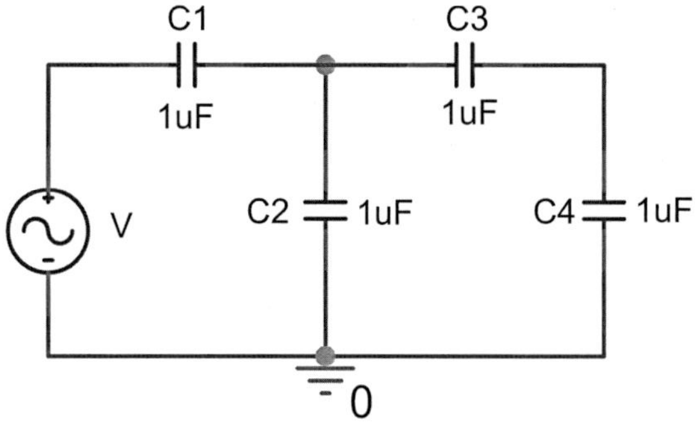

그림 7-13 커패시터 직병렬 회로

풀이

커패시터 C3와 C4가 직렬로 연결되어 있으므로 두 커패시터의 합 C_{T1}은

$$\frac{1}{C_{T1}} = \frac{1}{1} + \frac{1}{1} = 2$$

이므로 C_{T1} =0.5(uF)이다. C_{T1}과 C2는 병렬로 연결되어 있으므로 이 두 커패시터의 합 C_{T2}는

$$C_{T2} = C_{T1} + C2 = 0.5 + 1 = 1.5(uF)$$

이다. 마지막으로 C_{T2}와 C1이 직렬 연결되어 있으므로 전체 커패시턴스 C_T는

$$\frac{1}{C_T} = \frac{1}{C1} + \frac{1}{C_{T2}} = \frac{1}{1} + \frac{1}{1.5} = \frac{5}{3}(uF)$$

이므로 C_T는 $\frac{3}{5}$=0.6(uF)이다.

7.6 실험 실습

7.6.1 실험 목적

이론 학습을 통해 배운 커패시터의 교류 특성을 실험을 통하여 확인한다. 공급되는 전원의 주파수에 따른 커패시터 전압의 변화에 대해 실험하고 이를 PSpice 시뮬레이션을 통하여 확인한다. 또한 커패시터의 전압과 전류의 위상차를 이해하고 PSpice 시뮬레이션을 통하여 확인한다. 마지막으로 RC 직렬 회로에서 커패시터 전압의 방전 및 충전 시간을 시정수를 이용하여 계산하고 이를 실험을 통하여 직접 확인한다.

7.6.2 실험 부품

구분	규격	수량
저항	500Ω	1개
	1KΩ	1개
커패시터	1uF	1개
	0.1uF	4개
	0.01uF	1개

7.6.3 실험 내용

실험 1

그림 7-14와 같은 직류 전원 회로를 구성하고 커패시터 양단의 전압을 측정하여 표 7-1에 기록하시오. 커패시터는 1uF, 0.1uF, 0.01uF로 변경해가면서 측정 전압의 변화를 살펴보시오.

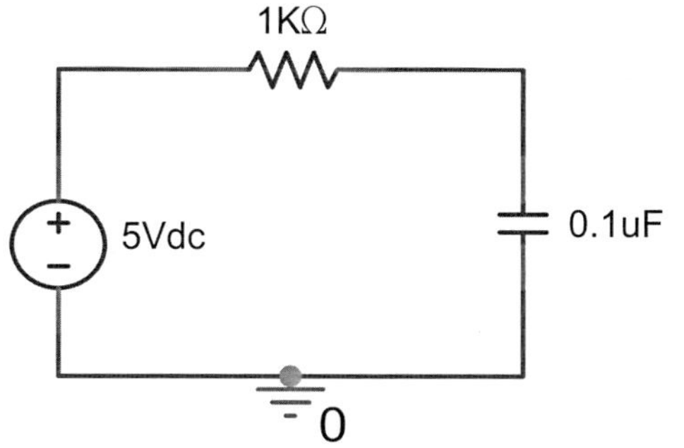

| 그림 7-14 | 실험 1 회로

| 표 7-1 | 직류 전원 (5Vdc)

커패시터	측정 전압
1uF	
0.1uF	
0.01uF	

실험 2

그림 7-15와 같은 교류 전원 회로를 구성하고 커패시터 양단의 전압을 측정하여 <표 7-2>에 기록하시오. 커패시터는 1uF, 0.1uF, 0.01uF로 변경해가면서 측정 전압의 변화를 살펴보시오. 전압 측정은 멀티미터와 오실로스코프를 이용하여 측정하시오.

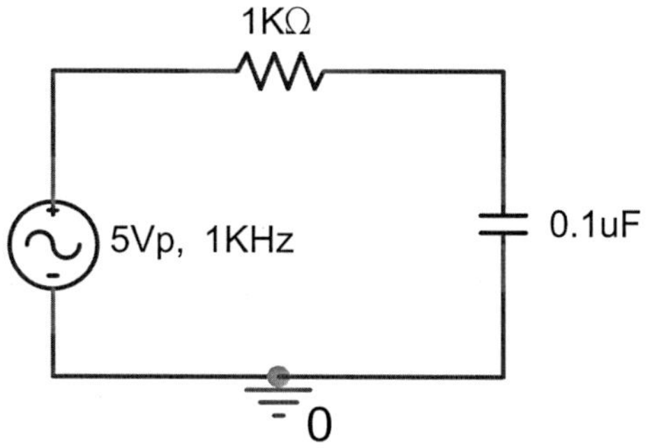

| 그림 7-15 | 실험 2 회로

| 표 7-2 | 교류 전원 (5Vp, 1KHz)

커패시터	측정 전압(멀티미터)	측정 전압(오실로스코프)
1uF		
0.1uF		
0.01uF		

※ 커패시터의 크기에 따라 전압값이 달라지는 이유를 설명하시오.

실험 3

[실험 2]의 그림 7-15 회로에 대하여 교류 전원의 주파수를 100 Hz~10 KHz로 변화할 때 커패시터 양단의 전압을 측정하여 표 7-3에 기록하시오.

표 7-3 주파수 변화에 따른 커패시터 전압

커패시터 / 주파수	1 uF	0.1 uF	0.01 uF
100 Hz			
500 Hz			
1 KHz			
5 KHz			
10 KHz			

실험 4

[실험 2]의 그림 7-15 회로에서 각각의 커패시터 전압의 변화를 PSpice 시뮬레이션을 이용하여 표 7-4에 그래프로 그리시오. PSpice 시뮬레이션의 설정은 아래 순서에 따른다.

1) 회로 부품 설정

- 교류 전압원 : VSIN, VOFF=0, VAMPL=5, FREQ=1K
- 저항 : R1, value = 1K
- 커패시터 : C1, value = {Cvar}
- 파라미터 : part name = PARAM
- 전압 마커를 커패시터 상단에 연결한다.
- 설정을 마친 회로는 그림 7-16과 같다.

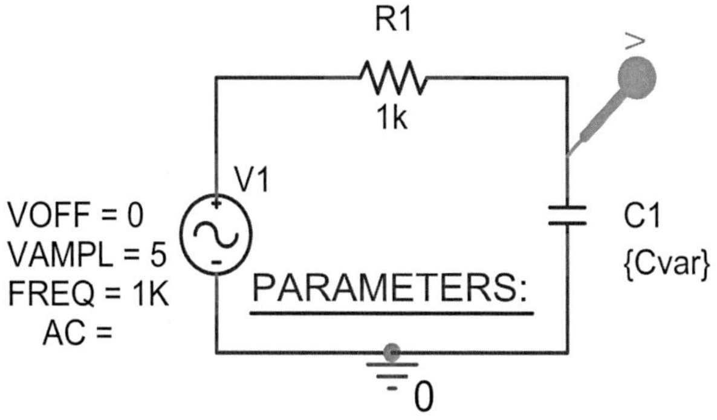

그림 7-16 시뮬레이션 회로

2) PARAMETERS: 설정

- 회로에서 PARAMETERS:를 더블 클릭하면 아래 그림과 같은 화면이 나타나고 커패시터를 파라미터를 설정한다.

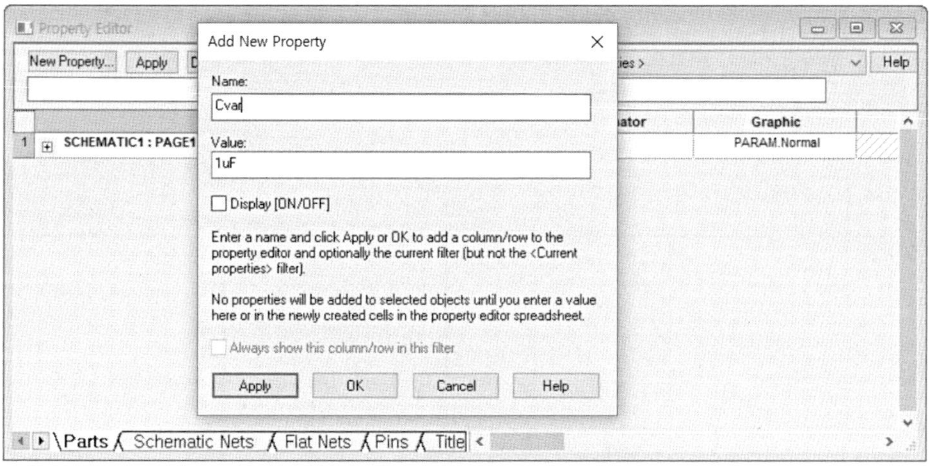

| 그림 7-17 | 파라미터 설정

3) Simulation Profile 설정

- Analysis Type은 Time Domain(Transient)을 선택한다.
- Options의 General Settings에서 Run To Time은 2ms를 입력한다.
- Options에서 Parametric Sweep을 클릭한다.
- 화면의 우측에서 Parameter name은 Cvar을 입력한다.
- Sweep Type의 Value List에는 1uF, 0.1uF, 0.01uF을 입력한다.
- 그림 7-18과 같이 입력을 했다면 설정을 마친다.

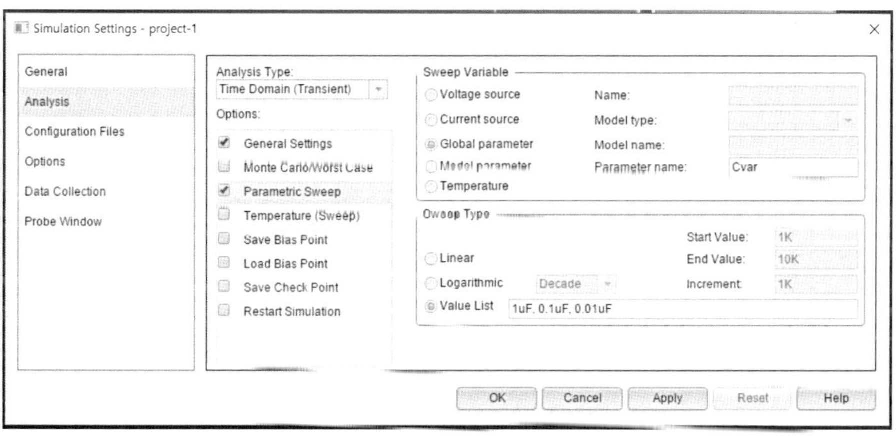

| 그림 7-18 | Simulation Profile 설정

4) 시뮬레이션을 실행하고 결과 화면에서 3개의 커패시터에 대한 그래프를 확인한 후 표 7-4에 기록한다.

❙ 표 7-4 ❙ 커패시터 전압 그래프 (1uF, 0.1uF, 0.01uF)

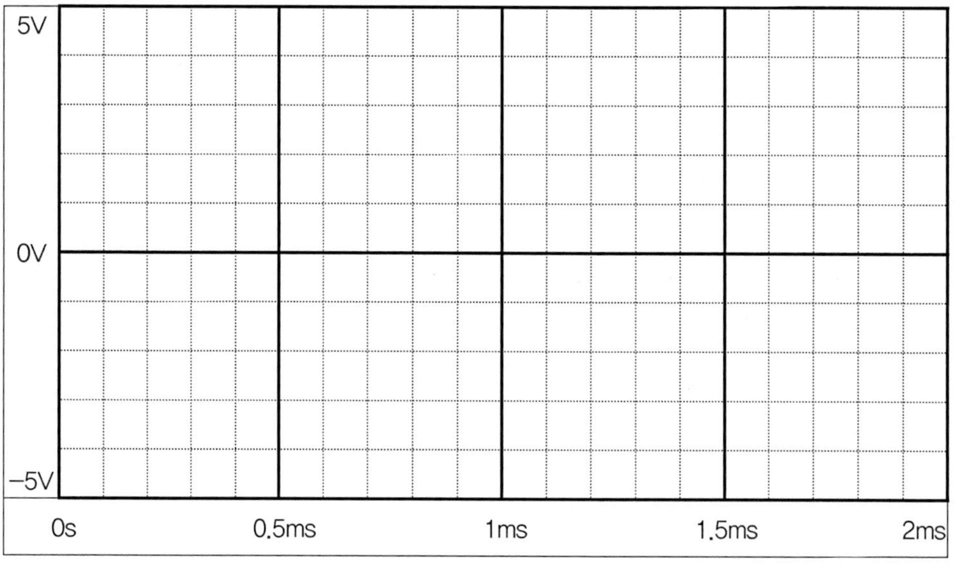

실험 5

[실험 4]에서 고정된 주파수에서 커패시터 값에 따른 전압의 변화를 관찰하였다. 본 실험에서는 주파수를 변화시켜 가면서 커패시터의 전압이 어떻게 변화하는지 알아보기로 한다. 주파수 변화의 범위는 100 Hz~10 KHz로 한다. 이를 위해 PSpice 시뮬레이션의 AC Sweep 기능을 사용한다. 결과 그래프는 표 7-5에 기록하시오. PSpice 시뮬레이션 설정은 아래 순서에 따른다.

1) 회로 부품 설정

- 교류 전압원 : VAC, 5Vac, 0Vdc
- 저항 : R1, value = 1K
- 커패시터 : C1, value = {Cvar}
- 파라미터 : part name = PARAM
- 전압 마커를 커패시터 상단에 연결한다.
- 설정을 마친 회로는 그림 7-19와 같다.

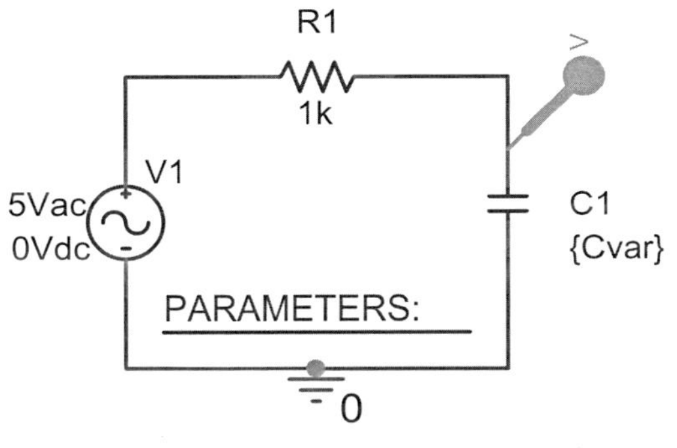

그림 7-19 AC Sweep 시뮬레이션 회로

2) PARAMETERS: 설정

- 실험 4의 PARAMETERS 설정과 동일

3) Simulation Profile 설정

- Analysis Type은 AC Sweep/Noise를 선택한다.
- Options의 General Settings에서 Start Frequency는 100, End Frequency는 10 K, Total Points는 10으로 설정한다. 설정 화면은 그림 7-20과 같다.

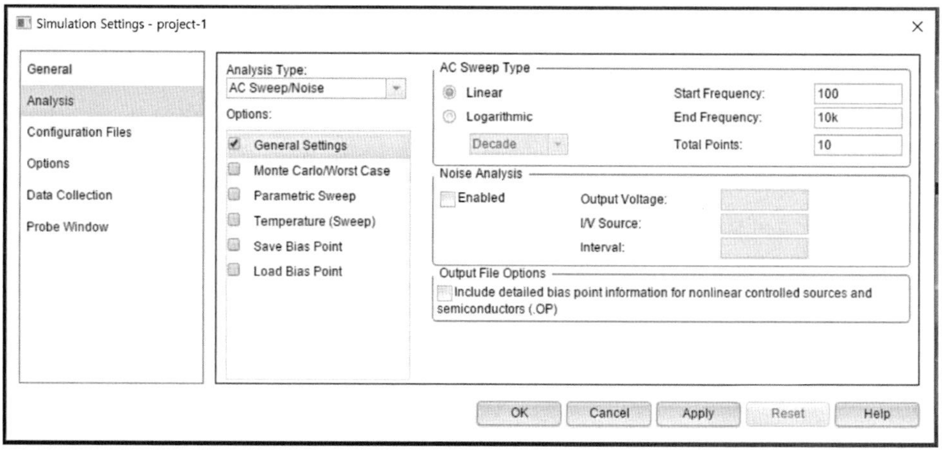

| 그림 7-20 | 시뮬레이션 Profile의 General Settings

- Options에서 Parametric Sweep을 클릭한다.
- 화면의 우측에서 Parameter name은 Cvar을 입력한다.
- Sweep Type의 Value List에는 1uF, 0.1uF, 0.01uF을 입력한다.

4) 시뮬레이션을 실행하고 결과 화면에서 3개의 커패시터에 대한 그래프를 확인한 후 표 7-5에 기록하고 주파수와 커패시턴스 값에 따라 전압이 어떻게 변하는지 관찰하시오.

| 표 7-5 | 커패시터 전압 그래프 (AC Sweep 시뮬레이션)

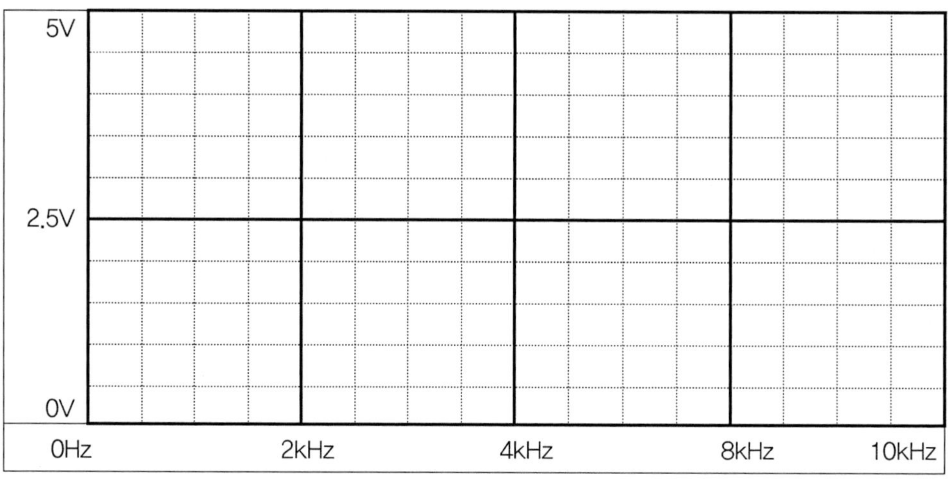

실험 6

그림 7-21과 같은 RC 직렬 회로에서 전압 전원으로 진폭 5 V_p, 주파수 1 KHz의 구형파가 인가될 때 RC 값에 따른 시정수를 오실로스코프로 측정하여 표 7-6에 기록하시오. RC 회로에서의 시정수는 커패시터 전압이 최종값의 63.2%에 도달할 때까지 걸리는 시간이다. 따라서 시정수는 5×0.632 = 3.16(V)에 도달할 때 까지의 시간이다.

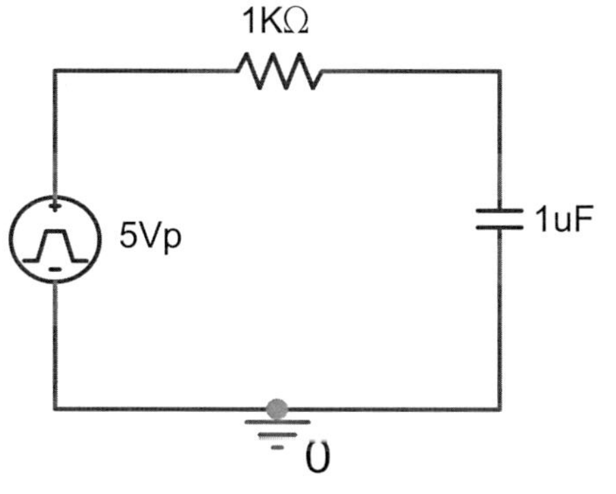

그림 7-21 실험 6 회로

표 7-6 진폭 5 Vp, 주파수 1 KHz일 때 시정수

	계산값 (RxC)	측정값
R = 500Ω, C = 0.01uF		
R = 500Ω, C = 0.1uF		
R = 500Ω, C = 1uF		
R = 1KΩ, C = 0.01uF		
R = 1KΩ, C = 0.1uF		
R = 1KΩ, C = 1uF		

실험 7

그림 7-15와 같은 회로에서 저항 전압과 커패시터 전압의 위상차를 오실로스코프로 측정하여 표 7-7에 그리시오. 파형의 위상은 한 주기가 360°이고 주기가 1ms이므로 오실로스코프의 가로축에서 1ms를 360°로 하여 측정하시오.

| 표 7-7 | 저항 전압과 커패시터 전압의 위상차

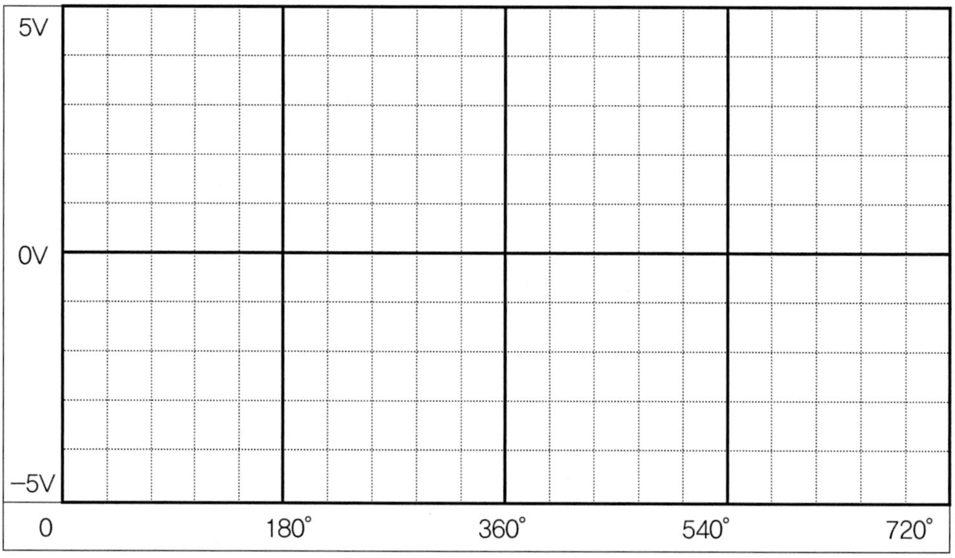

실험 8

그림 7-22와 같은 커패시터 직렬 회로에 대하여 표 7-8을 완성하시오. 저항 전압과 커패시터 전압의 측정은 오실로스코프를 사용하여 피크 전압을 측정하시오.

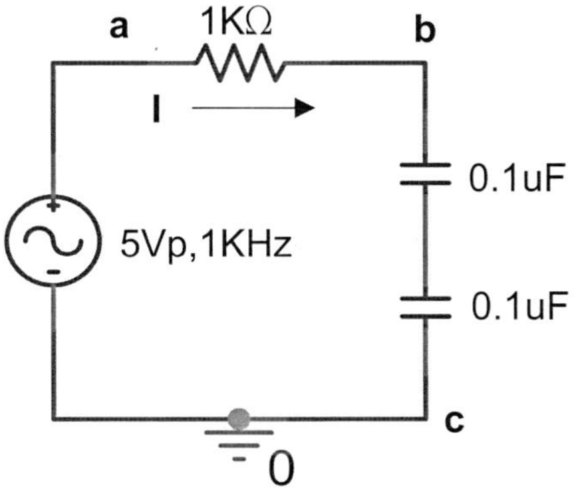

그림 7-22 커패시터 직렬 회로

표 7-8 커패시터 직렬 회로의 전압 분배

	계산값	측정값
리액턴스 Xc	1/2πfC =	
임피던스 Z	$\sqrt{R^2+X_C^2}$ =	
전류 I	V/Z =	
저항전압(Vab)	I x R =	
커패시터전압(Vbc)	I x Xc =	

실험 9

그림 7-23과 같은 커패시터 병렬 회로에 대하여 표 7-9를 완성하시오. 저항 전압과 커패시터 전압의 측정은 오실로스코프를 사용하여 피크 전압을 측정하시오.

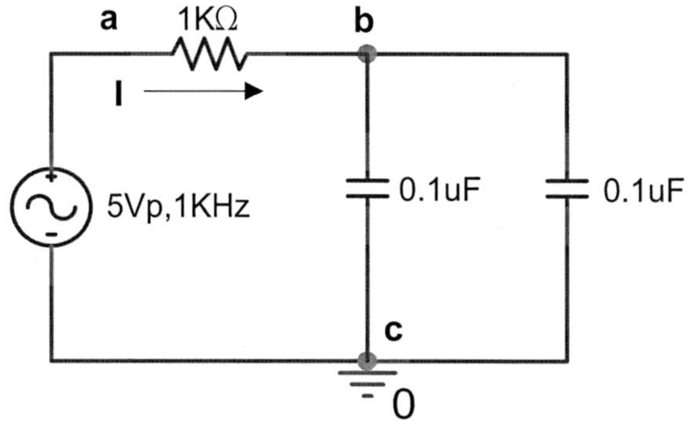

❙그림 7-23❙ 커패시터 병렬 회로

❙표 7-9❙ 커패시터 병렬 회로의 전압 분배

	계산값	측정값
리액턴스 Xc	1/2πfC =	
임피던스 Z	$\sqrt{R^2+X_C^2}$ =	
전류 I	V/Z =	
저항전압(Vab)	I x R =	
커패시터전압(Vbc)	I x Xc =	

실험 10

그림 7-24와 같은 커패시터 직병렬 회로에 대하여 표 7-10을 완성하시오. 직렬 커패시터 전압과 병렬 커패시터 전압의 측정은 오실로스코프를 사용하여 피크 전압을 측정하시오.

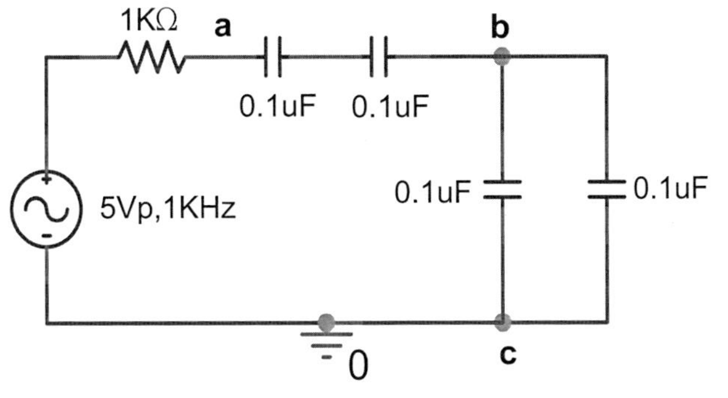

그림 7-24 커패시터 직병렬 회로

표 7-10 커패시터 직병렬 회로의 전압 분배

	계산값	측정값
직렬 커패시터의 커패시턴스	C1 =	
병렬 커패시터의 커패시턴스	C2 =	
총 커패시턴스	C =	
직렬 커패시터 리액턴스 Xc1	1/2πfC1 =	
병렬 커패시터 리액턴스 Xc2	1/2πfC2 =	
총 리액턴스 Xc	1/2πfC =	
임피던스 Z	$\sqrt{R^2+X_C^2}$ =	
전류 I	V/Z =	
직렬 커패시터전압(Vab)	I x Xc1 =	
병렬 커패시터전압(Vbc)	I x Xc2 =	

제 8 장

인덕터의 교류특성

8.1 인덕터

인덕터(Inductor)는 전선의 코일로 에너지 저장장치이다. 인덕터는 교류 전원에 대하여 전압을 유도 시킬 수 있다. 인덕터에 전류가 흐를 때 전류의 변화에 의해 전압이 유도된다. 이때 전류의 변화율과 유도되는 전압의 비를 인덕턴스(Inductance)라고 하며 단위는 헨리(Henry)를 사용한다. 1A/초의 비율로 전류 변화가 있을 때 1V의 전압을 유도할 수 있는 능력을 1 헨리라고 한다. 코일의 인덕턴스 L은 식 (8.1)과 같이 나타낸다.

$$L = \frac{N^2 \mu A}{l} \tag{8.1}$$

식 (8.1)에서 N은 코일의 권선 수이며 A는 단면적, μ는 코어의 투자율이며 l은 코어의 길이다. 따라서 코일의 권선 수를 증가시키거나, 코어의 투자율을 높이거나 단면적을 넓히거나, 코어의 길이를 줄이면 인덕턴스가 증가함을 알 수 있다.

전기 회로에서는 인덕터에 의해 유도된 전압은 식 (8.2)와 같이 나타낸다.

$$v = L\frac{di}{dt} \tag{8.2}$$

식 (8.2)의 의미는 전류의 변화율과 인덕턴스 L의 크기가 인덕터에 유도되는 전압의 크기를 결정한다는 것이다. 만일 직류 전류가 인덕터에 흐르면 식 (8.2)에서 전류의 변화율 $\frac{di}{dt} = 0$이 되고 이에 의해 전압이 0이 되므로 단락 회로와 같이 동작한다. 식 (8.2)에 의해서 전류의 불연속적인 변화 즉, 갑작스러운 변화는 무한대의 전압을 유도하는데 이는 물리적으로 불가능하다. 그러므로 인덕터의 전류는 갑자기 변할 수 없다. 따라서 인덕터의 중요한 특성 중에 하나는 교류 전원에 대한 인덕터의 전류 저항성이다.

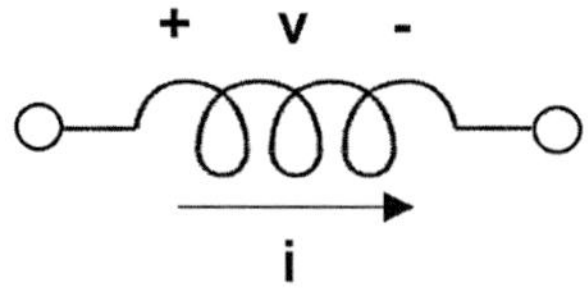

그림 8-1 인덕터의 회로 기호

그림 8-1은 인덕터의 회로 기호를 보여준다. 커패시터와 마찬가지로 전압의 극성은 전류가 들어가는 방향을 (+)로 정한다.

인덕터의 정격용량

인덕터의 용량은 숫자로 표기하거나 컬러 코드로 표시한다. 용량이 숫자로 표시되어있는 경우는 다음과 같다.

- 3자리 숫자인 경우

  예) 472 = 47 x 102 (μH) = 4.7 (mH)

- xRx 의 형태. R은 소수점이고 단위는 μH이다.

  예) 4R7 = 4.7 (μH)

- 오차범위

  숫자 뒤에 F, G, J, K, M과 같은 알파벳이 표시된 경우가 있는데 이것은 인덕터 용량의 오차범위를 나타내며 F는 1%, G는 2%, J는 5%, K는 10%, M은 20%를 나타낸다.

- 컬러 코드

  저항과 같은 모양의 컬러 코드로 인덕터의 용량이 표시되어 있는 경우도 있는데 인덕터의 모양은 그림 8-2와 같다.

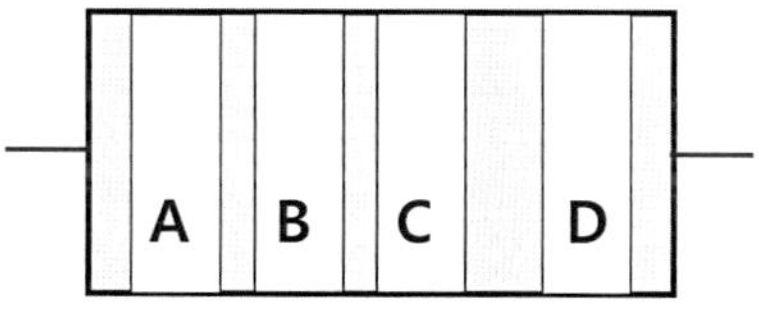

▌그림 8-2▐ 컬러 코드로 표시된 인덕터

그림 8-2의 인덕터에 표시되어 있는 A, B, C, D 각 컬러 밴드들의 값은 그림 8-3과 같다. A는 인덕터 용량 값의 첫 번째 숫자이며 B는 인덕터의 용량 값의 두 번째 숫자를 나타낸다. C는 A, B 값에 곱해지는 10의 승수 값을 나타내며 마지막 D는 용량의 오차범위이다.

Color	A	B	C (μH)	D
Black	0	0	10^0	±20%
Brown	1	1	10^1	
Red	2	2	10^2	
Orange	3	3	10^3	
Yellow	4	4	10^4	
Green	5	5		
Blue	6	6		
Violet	7	7		
Gray	8	8		
White	9	9		
Gold			10^{-1}	±5%
Silver			10^{-2}	±10%

▌그림 8-3▐ 인덕터의 컬러 코드 표

8.2 인덕터의 교류특성

인덕터는 커패시터와는 정반대의 특성을 가지고 있다. 예를 들어 직류 전압에 대하여 커패시터는 개방 회로처럼 동작하지만 인덕터는 단지 전선의 저항만이 존재하며 단락 회로처럼 동작한다. 멀티미터를 가지고 인덕터의 저항을 측정하면 0 옴(Ω)의 값을 나타낼 것이다.

인덕터는 자기장에 에너지를 저장하는데 저장된 에너지는 전류의 흐름을 일정하게 유지하려는 경향이 있어 공급 전압의 갑작스러운 변화에도 전류는 서서히 변하게 된다. 교류 신호가 인덕터에 인가되었을 때 주파수에 따라 인덕터의 반응은 달라진다. 인덕터는 인가 신호의 주파수가 증가할 때 전류의 흐름을 방해하거나 제한하는 성질이 있다. 따라서 인덕터는 고주파 신호를 제한하거나 걸러내는 데 사용된다.

유도성 리액턴스

교류 신호에 대하여 인덕터에 의한 저항 성분을 유도성 리액턴스라고 하고 X_L로 표시한다. 커패시터에 의한 용량성 리액턴스와 마찬가지로 유도성 리액턴스도 신호의 주파수에 영향을 받으며 다음과 같은 식으로 나타내고 단위는 옴을 사용한다.

$$X_L = 2\pi f L,\ f = \text{주파수},\ L = \text{인덕턴스} \tag{8.3}$$

식 (8.3)으로부터 직류 신호는 주파수 $f = 0$이기 때문에 리액턴스 값이 0이 되므로 인덕터는 단락 회로와 같이 동작함을 알 수 있다. 하지만 교류 신호에 대해서는 리액턴스가 주파수 f와 인덕턴스 L 값에 따라 변화한다. 인가되는 신호의 주파수가 높을수록 리액턴스 값이 커지므로 고주파 신호에 대하여 통과시키는 전류 값이 작아지지만 유도되는 전압은 커질 것이다.

예제 8-1

그림 8-4와 같은 RL 직렬 회로에서 교류 전원의 주파수가 100 Hz에서 10 KHz로 변화할 때 인덕터 전압과 전류의 변화 그래프를 PSpice 시뮬레이션을 이용하여 확인하시오.

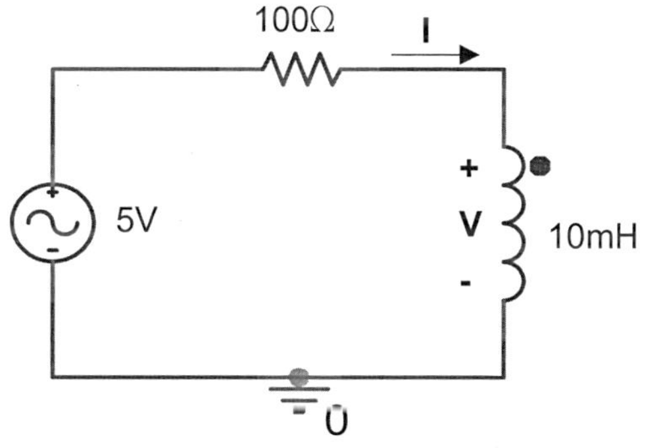

❙그림 8-4❙ 예제 8-1 회로

풀이

인덕터에 흐르는 전류의 크기는 주파수에 따라 변화하고 주파수가 증가할수록 인덕터의 리액턴스가 증가하여 흐르는 전류의 양은 감소한다. 하지만 인덕터 양단의 전압은 증가할 것이다. OrCAD Capture 프로그램에서 그림 8-5와 같이 회로도를 그린다. VAC 전원의 교류 전압 Vac는 5V로 하고 직류 전압은 고려하지 않으므로 Vdc는 0V로 한다. 커패시터에 흐르는 전압과 전류를 측정하므로 인덕터 상단에 전압 마커와 전류 마커를 연결한다.

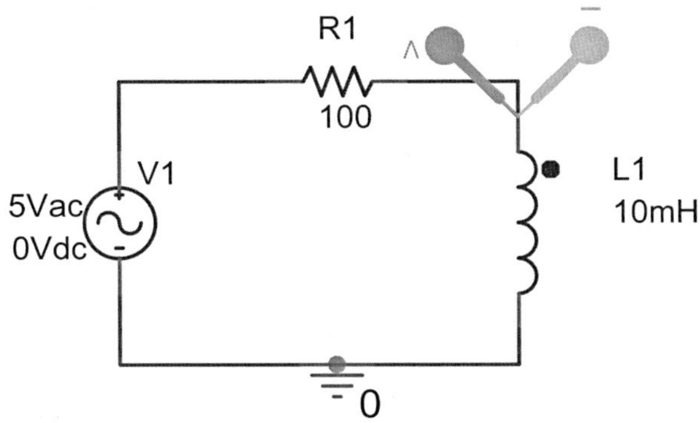

그림 8-5 PSpice 시뮬레이션 회로

Simulation Profile에서 Analysis Type은 AC Sweep/Noise로 선택하고 AC Sweep Type 설정에서 Start Frequency는 100, End Frequency는 10K, Total Points는 100개 정도로 설정한다. Simulation Profile을 설정한 후 실행을 시키면 그림 8-6과 같은 결과 그래프를 볼 수 있다. 결과 그래프에서 아래 그래프는 전압의 변화를 그리고 위의 그래프는 전류의 변화를 보여준다. 주파수 100 Hz에서 10 KHz 사이에서 전류가 거의 선형적으로 감소함을 볼 수 있다. 전압은 리액턴스의 증가로 인하여 증가함을 알 수 있다.

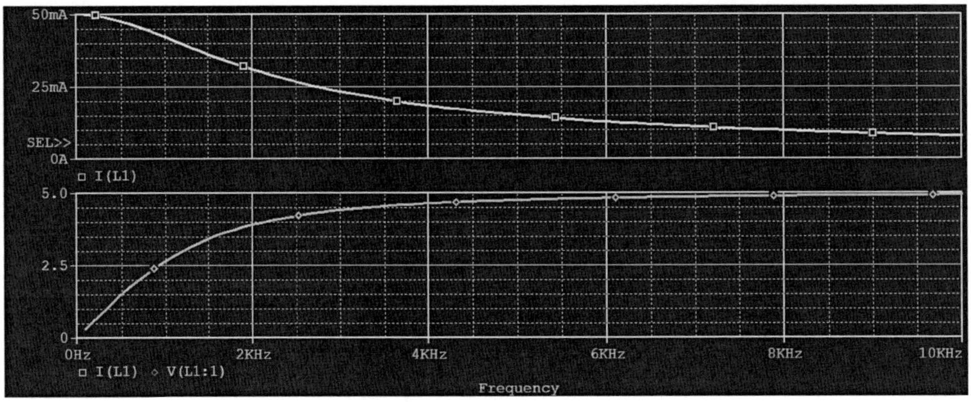

그림 8-6 인덕터 전압-전류의 시뮬레이션 결과 그래프

8.3 전압과 전류의 위상

인덕터 회로에서 전압과 전류의 위상은 그림 8-7과 같다. 인덕터의 전류는 전압에 비해 90° 뒤쳐진다. 다시 말해 전압이 전류에 90° 앞선다고 말할 수 있다.

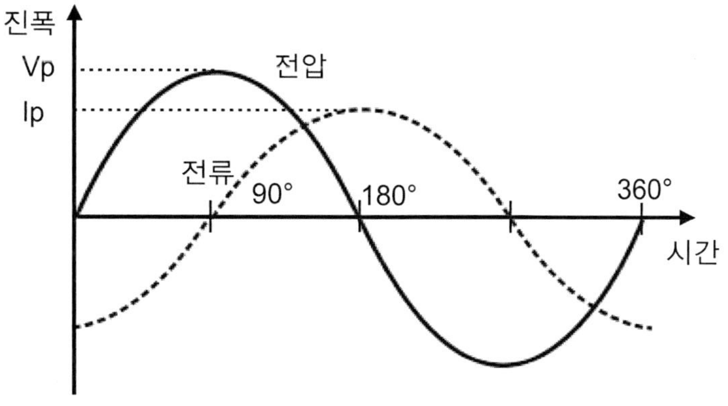

그림 8-7 인덕터의 전압 전류 위상차

인덕터의 전압을 사인파 식으로 나타내면 다음과 같다.

$$V(t) = V_p \sin(wt)$$

인덕터 전류의 위상은 전압과 −90° 차이가 있으므로

$$I(t) = I_p \sin(wt - 90^\circ)$$

와 같이 쓸 수 있다. 위의 식에서 w는 $2\pi f$와 같다.

예제 8-2

PSpice 시뮬레이션을 이용하여 그림 8-8과 같은 인덕터 회로를 작성하고 인덕터의 전압과 전류의 위상차를 결과 그래프를 통하여 확인하시오.

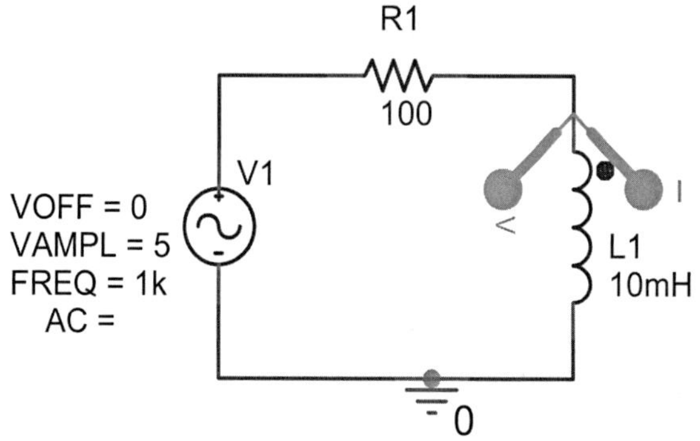

❙ 그림 8-8 ❙ 인덕터 시뮬레이션 회로

풀이

인덕터만의 회로에서는 시뮬레이션이 안될 수 있으므로 저항을 직렬로 연결해 준다. 교류 전류원은 VSIN을 선택하고 전압은 5V, 주파수는 1 KHz로 설정한다. 10 mH의 인덕터 상단에 전압과 전류 마커를 연결한다. Simulation Profile에서 Analysis type은 Time Domain(Transient)을 선택하고 우측의 Run to time 입력 상자에는 2 ms를 입력한다. 시뮬레이션을 실행하면 전압 파형에 비하여 전류의 값은 거의 나타나지 않는 결과 그래프를 볼 것이다. 왜냐하면 전압과 전류의 단위가 다르기 때문에 하나의 결과 화면에서는 두 개의 그래프를 보기 힘들다. 따라서 다음과 같이 전류를 위한 그래프 화면을 추가하여야 한다.

7장의 [예제 7-2] 커패시터 시뮬레이션에서 이미 실행한 바와 같이 전류 결과 그래프를 추가하면 그림 8-9와 같고 전압과 전류의 위상차가 90°이며 전압이 전류보다 90° 앞선 파형을 확인할 수 있다. 그림 8-9에서 아래 그래프가 전압 파형이고 위 그래프가 전류 파형이다.

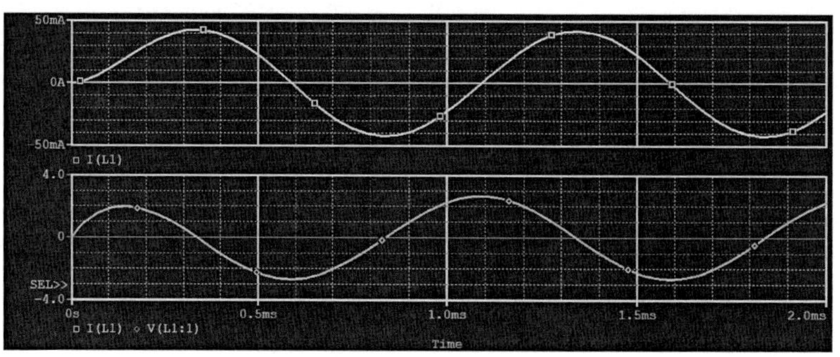

❙ 그림 8-9 ❙ 인덕터 전압-전류 위상 시뮬레이션 그래프

8.4 시정수

그림 8-10과 같은 직렬 RL 회로를 생각해 보자. 시간 $t=0$에서 스위치가 닫히면 회로에 전압이 인가된다. 이때 저항과 인덕터에 전압의 최대값이 인가되지만 전류는 최대값에 바로 도달하지 못하고 서서히 증가한다. 스위치를 닫았을 때 저항과 인덕터에 걸리는 전압을 $V(t)$라 하면

$$V(t)= V_R+ V_L= IR + L\frac{di}{dt}$$

와 같이 쓸 수 있다. 위의 식을 전류에 대해서 미분방정식으로 풀면 식 (8.4)와 같다.

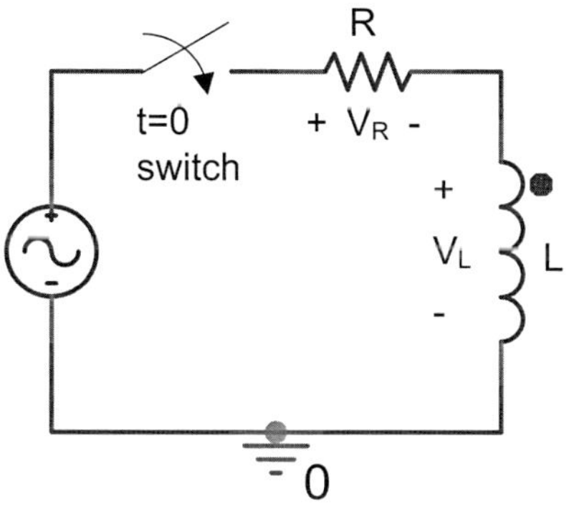

그림 8-10 인덕터의 시정수 회로

$$I(t)= \frac{V}{R}(1-e^{-\frac{R}{L}t}) \tag{8.4}$$

따라서 인덕터의 전류는 시간에 따라 서서히 지수적으로 증가함을 알 수 있다. RC 직렬 회로의 커패시터와 마찬가지로 RL 직렬 회로에서 인덕터의 전류가 최종값의 63.2%에 도달할 때까지의 시간을 시정수(time constant)라고 하여 τ(tau)로 표시하며 다음과 같은 식으로 나타낸다.

$$\tau= \frac{L}{R}(\text{second})$$

일반적으로 5τ의 시간이 지나면 전류는 최대 값에 도달하고 이때 인덕터는 단락 회로

와 마찬가지로 동작한다고 본다. 인덕터의 전류 및 전압과 시정수와의 관계는 그림 8-11의 그래프와 같다.

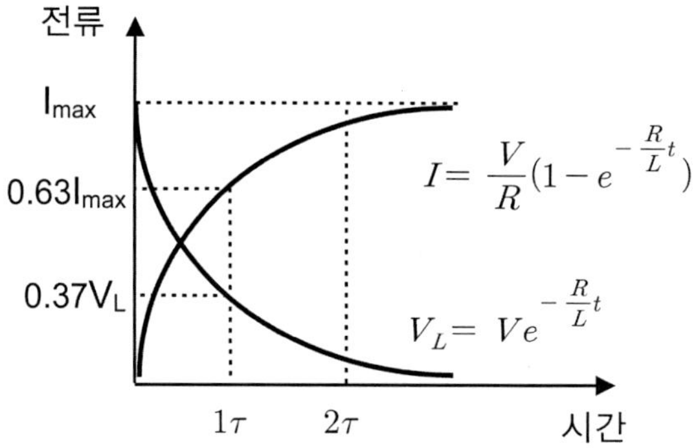

▌그림 8-11▐ 인덕터의 시정수

RL 직렬 회로에서 저항에 걸리는 전압 $V_R = IR$이고 저항에 흐르는 전류는 인덕터에 흐르는 전류와 같으므로 저항 전압은 인덕터 전류와 마찬가지의 형태로 서서히 증가한다. 하지만 인덕터 전압은 다음 식과 같으므로

$$V_L = L\frac{di}{dt} = L\frac{d}{dt}\left(\frac{V}{R}(1-e^{-\frac{R}{L}t})\right) = L\left(\frac{V}{L}e^{-\frac{R}{L}t}\right) = Ve^{-\frac{R}{L}t}$$

서서히 감소하다가 5τ의 시간이 지나면 0이 된다.

예제 8-3

그림 8-12와 같은 RL 직렬 회로에서 인덕터의 시정수를 구하고 PSpice 시뮬레이션을 실행하여 인덕터의 전류 그래프를 구하여 계산에서 구한 시정수와 일치하는지 확인하시오. 회로의 전원은 1 KHz의 구형파를 발생시키는 전압원으로 하시오.

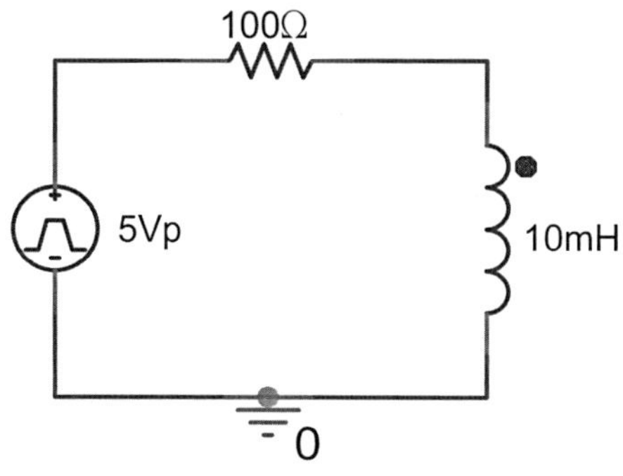

▌그림 8-12▐ RL회로의 시정수

풀이

저항이 100Ω이고 인덕터의 크기가 10 mH이므로 시정수는 다음과 같다.

$$\tau = L/R = 10 \times 10^{-3}/100 = 0.1(\text{ms})$$

PSpice 시뮬레이션에서 구형파 전원은 VPULSE로 하고 설정값은 다음과 같이 한다. 실험 오차를 줄이기 위해 펄스의 상승시간 TR과 하강시간 TF를 0.1 us와 같이 작은 값으로 설정한다.

V1 = 0

V2 = 5V

TD = 0

TR = 0.1 us

TF = 0.1 us

PW = 0.5 ms

PER = 1 ms

따라서 구형파 전원은 주기 1 ms 즉, 주파수 1 KHz의 구형파 전압을 공급한다. 시뮬레이션은 2 ms 동안 실행하게 설정한 후 결과 그래프를 보면 그림 8-13과 같다. 인덕터의 시정수는 0.1 ms이고 이때의 전류값은 식 (8.4)에 의하여

$$I(\tau) = \frac{V}{R}(1 - e^{-\frac{R}{L}\tau}) = \frac{5}{100}(1 - e^{-1}) \simeq 31.6(\text{mA})$$

이다.

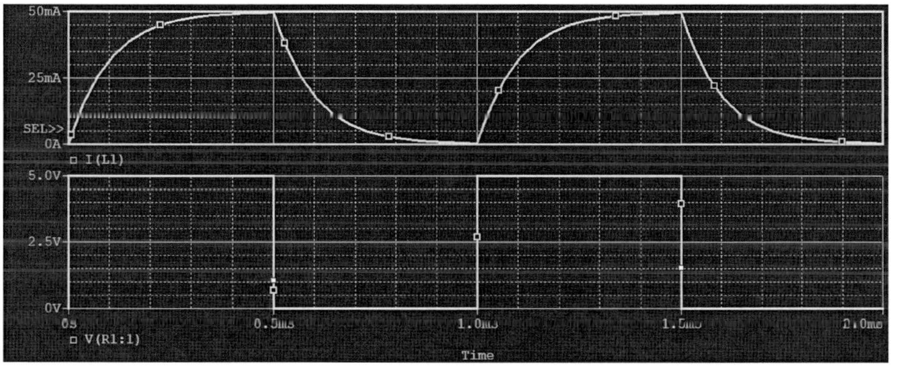

▌그림 8-13▐ 인덕터의 시정수 시뮬레이션 결과

그림 8-13의 시뮬레이션 결과 그래프를 보면 시정수 0.1 ms에서 전류 값은 계산값과 동일한 31.6 mA를 보이고 있다.

8.5 인덕터의 결합

회로에서 여러 개의 인덕터가 직렬 또는 병렬로 연결되었을 때 전체 인덕턴스를 구할 수 있어야 한다. n개의 인덕터가 직렬로 연결되었을 때 전체 인덕턴스 L_T는 다음 식과 같다.

$$L_T = L_1 + L_2 + \cdots + L_N$$

위의 식은 저항이 직렬로 연결되었을 때의 전체 저항을 구하는 식과 같다. 인덕터는 직렬로 연결하면 전체 인덕턴스는 증가한다.

N개의 인덕터가 병렬로 연결되었을 때 전체 인덕턴스 L_T는 다음과 같은 식으로 구할 수 있다.

$$\frac{1}{L_T} = \frac{1}{L_1} + \frac{1}{L_2} + \cdots + \frac{1}{L_N}$$

위의 식은 저항이 병렬로 연결되었을 때의 전체 저항을 구하는 식과 같다. 인덕터 병렬 회로의 한가지 특징은 회로의 전체 인덕턴스는 병렬로 연결된 인덕터 중에서 가장 작은 값의 인덕턴스보다 작아진다는 것이다. 예를 들어 10 mH의 인덕터와 1 H의 인덕터가 병렬로 연결되어 있는 경우 전체 인덕턴스를 구해보자. 전체 인덕턴스는 다음 식으로부터 구할 수 있다.

$$L_T = \frac{L_1 \times L_2}{L_1 + L_2} = \frac{10 \times 1000}{10 + 1000} = \frac{10000}{1100} \simeq 9.09\,(\mathrm{mH})$$

따라서 전체 인덕턴스 9.09(mH)는 회로의 가장 작은 인덕턴스 10 mH보다 작아짐을 알 수 있다.

예제 8-4

그림 8-14와 같은 인덕터 직병렬 회로의 전체 인덕턴스를 구하시오.

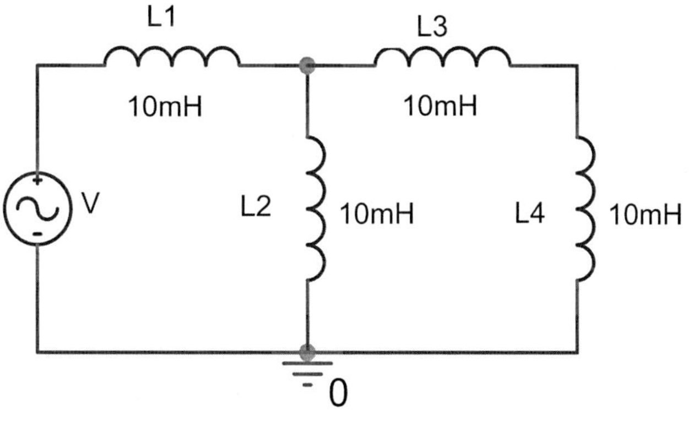

| 그림 8-14 | 인덕터 직병렬 회로

풀이

인덕터 L_3와 L_4가 직렬로 연결되어 있으므로 두 인덕터의 합 L_{T1}은

$$L_{T1} = L_3 + L_4 = 10 + 10 = 20(\mathrm{mH})$$

이다. L_{T1}과 L_2가 병렬로 연결되어 있으므로 두 인덕터의 합 L_{T2}는

$$\frac{1}{L_{T2}} = \frac{1}{L_2} + \frac{1}{L_{T1}} = \frac{1}{10} + \frac{1}{20} = \frac{3}{20}(\mathrm{mH})$$

이므로 $L_{T2} = 20/3(\mathrm{mH})$ 이다. 마지막으로 L_1과 L_{T2}는 직렬 연결되어 있으므로 전체 인덕턴스 L_T는 다음과 같다.

$$L_T = L_1 + L_{T2} = 10 + \frac{20}{3} = \frac{50}{3} \simeq 16.7(\mathrm{mH})$$

8.6 실험 실습

8.6.1 실험 목적

이론 학습을 통해 배운 인덕터의 교류 특성을 실험을 통하여 확인한다. 공급되는 전원의 주파수에 따른 인덕터 전류의 변화에 대해 실험하고 이를 PSpice 시뮬레이션을 통하여 확인한다. 또한 인덕터의 전압과 전류의 위상차를 이해하고 PSpice 시뮬레이션을 통하여 확인한다. 마지막으로 RL 직렬 회로에서 인덕터 전류의 시정수를 계산하고 이를 실험을 통하여 직접 확인한다.

8.6.2 실험 부품

저항	100Ω	1개
인덕터	1mH 10mH 100mH	1개 4개 1개

8.6.3 실험 내용

실험 1

[실험 1] 그림 8-15와 같은 직류 전원 회로를 구성하고 인덕터 양단의 전압과 인덕터에 흐르는 전류를 멀티미터로 측정하여 표 8-1에 기록하시오.

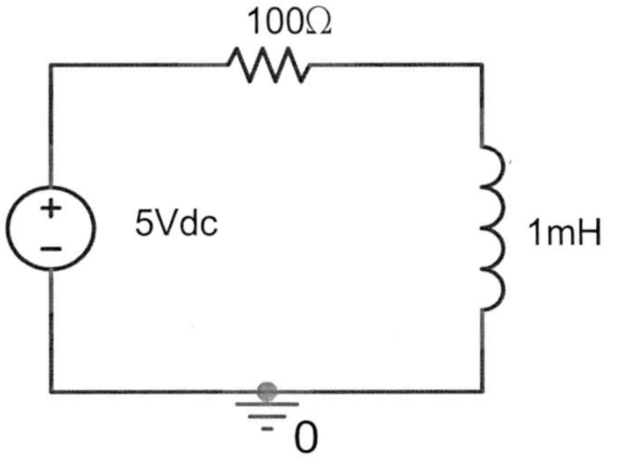

그림 8-15 실험 1 회로

표 8-1 직류 전원 (5Vdc)

인덕터	측정 전류	측정 전압
1mH		
10mH		
100mH		

실험 2

그림 8-16과 같은 교류 전원 회로를 구성하고 인덕터에 흐르는 전류와 전압을 측정하여 표 8-2에 기록하시오. 인덕터는 1 mH, 10 mH, 100 mH로 변경해가면서 측정 전류와 전류의 변화를 살펴보시오. 전류는 멀티미터를 이용하여 측정하고 전압은 멀티미터와 오실로스코프를 이용하여 측정하시오.

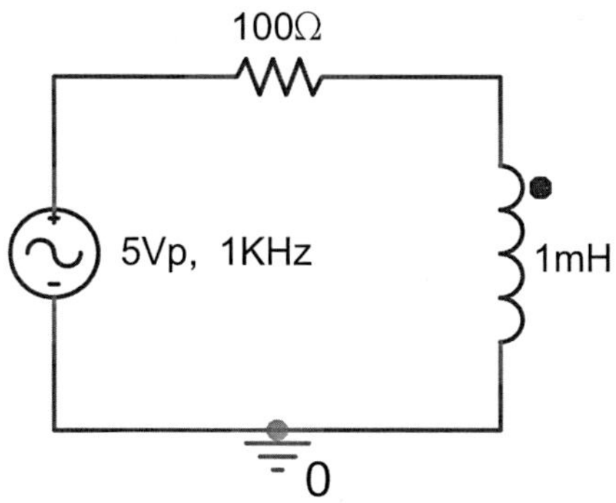

그림 8-16 실험 2 회로

표 8-2 교류 전원 (5Vp, 1KHz)

인덕터	전류(멀티미터)	전압(멀티미터)	전압(오실로스코프)
1mH			
10mH			
100mH			

실험 3

[실험 2]의 그림 8-16 회로에 대하여 교류 전원의 주파수를 100 Hz~10 KHz로 변화할 때 인덕터에 흐르는 전류를 측정하여 표 8-3에 기록하시오.

| 표 8-3 | 주파수 변화에 따른 인덕터 전류

인덕터 / 주파수	1mH	10mH	100mH
100 Hz			
500 Hz			
1 KHz			
5 KHz			
10 KHz			

실험 4

[실험 2]의 그림 8-16 회로에서 각각의 인덕터에 대해서 전류의 변화를 PSpice 시뮬레이션을 이용하여 표 8-4에 그래프로 그리시오.

표 8-4 인덕터 전류 그래프(1 KHz, 1 mH, 10 mH, 100 mH)

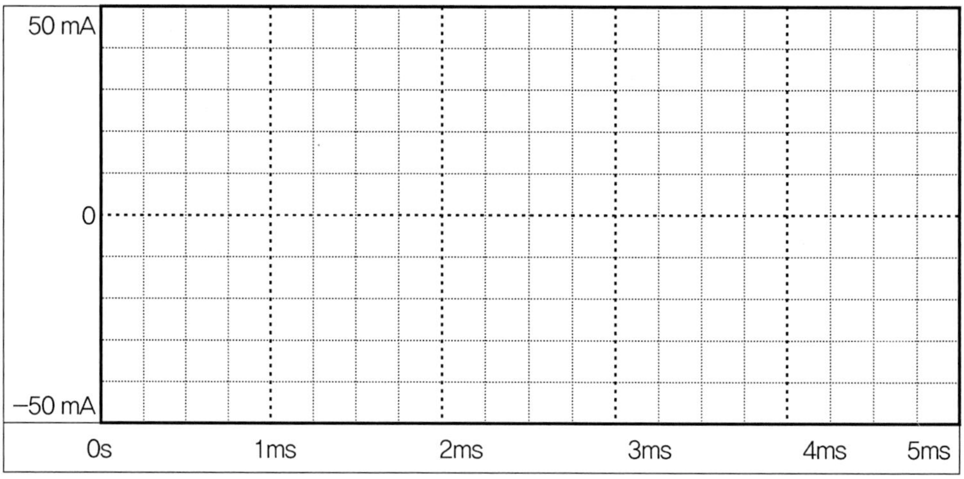

실험 5

[실험 4]에서 고정된 주파수에서 인덕터 값에 따른 전류의 변화를 관찰하였다. 본 실험에서는 주파수를 변화시켜 가면서 인덕터의 전류가 어떻게 변화하는지 알아보기로 한다. 주파수 변화의 범위는 100 Hz~10 KHz로 한다. 이를 위해 PSpice 시뮬레이션의 AC Sweep 기능을 사용한다. 결과 그래프는 표 8-5에 기록하시오.

❙ 표 8-5 ❙ 인덕터 전류 그래프(100 Hz∼10 KHz, 1 mH, 10 mH, 100 mH)

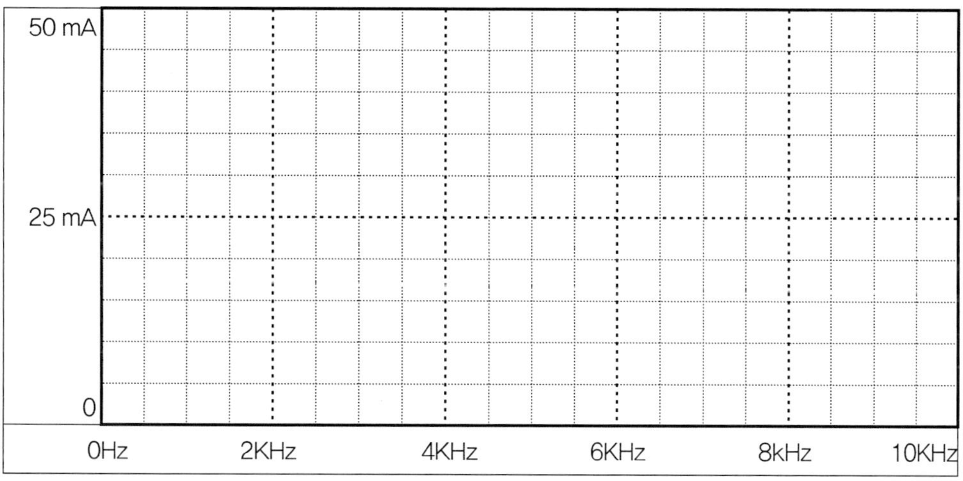

실험 6

그림 8-17과 같은 RL 직렬 회로에서 전압 전원으로 진폭 $5\,V_p$, 주파수 1 KHz의 구형파가 인가될 때 인덕터 양단의 전압을 오실로스코프로 측정하여 표 8-6에 기록하고 시정수를 표시하시오. RL 회로에서의 시정수는 인덕터 전압이 처음 값의 36.8%로 감소할 때까지 걸리는 시간이다. 따라서 시정수는 $5\times0.368 = 1.84$(V)에 도달할 때까지의 시간이다.

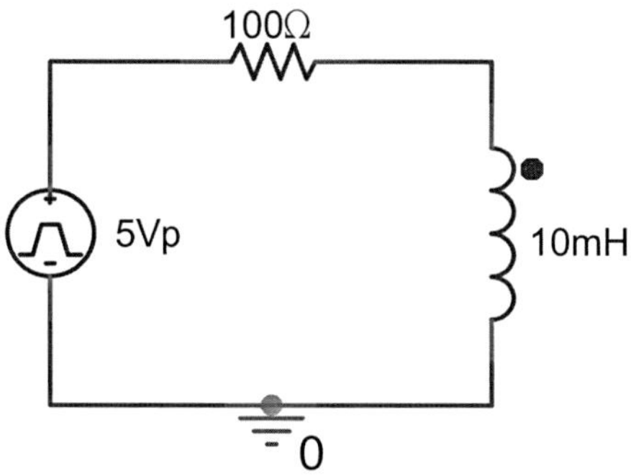

| 그림 8-17 | 실험 6 회로

| 표 8-6 | 인덕터 전압의 시정수 (f=1 KHz, L=10 mH)

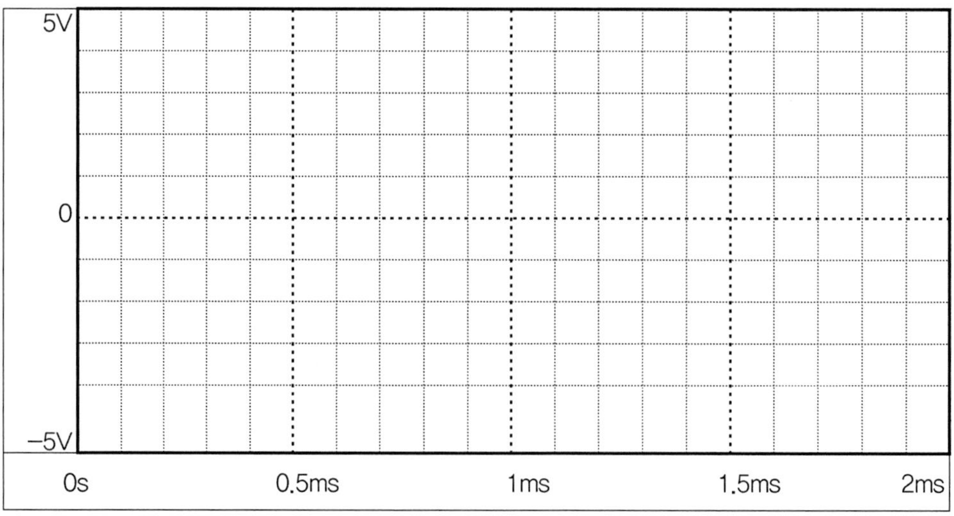

실험 7

그림 8-18과 같은 회로에서 저항 전압과 인덕터 전압의 위상차를 오실로스코프로 측정하여 표 8-7에 그리시오. 파형의 위상은 한 주기가 360°이고 주기가 1 ms이므로 오실로스코프의 가로축에서 1 ms를 360°로 하여 측정하시오.

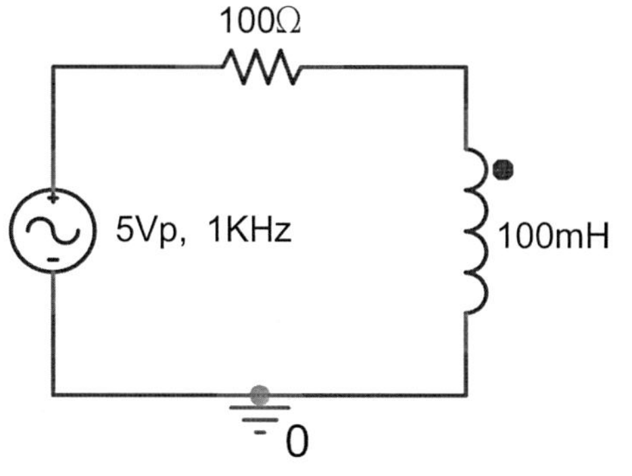

그림 8-18 실험 7 회로

표 8-7 저항 전압과 인덕터 전압의 위상차

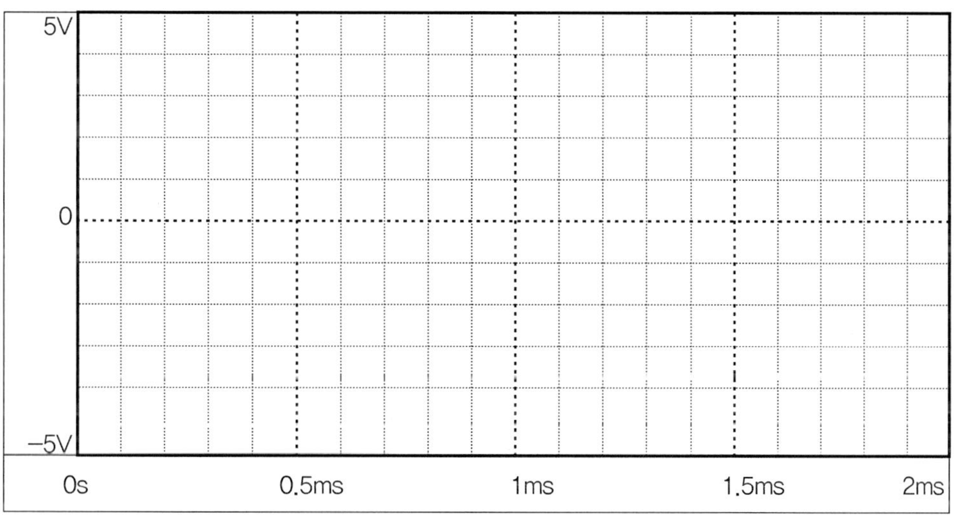

실험 8

그림 8-19와 같은 인덕터 직렬 회로에 대하여 표 8-8을 완성하시오. 전류는 멀티미터를 사용하여 측정하고 저항 전압과 인덕터 전압의 측정은 오실로스코프를 사용하여 피크 전압을 측정하시오.

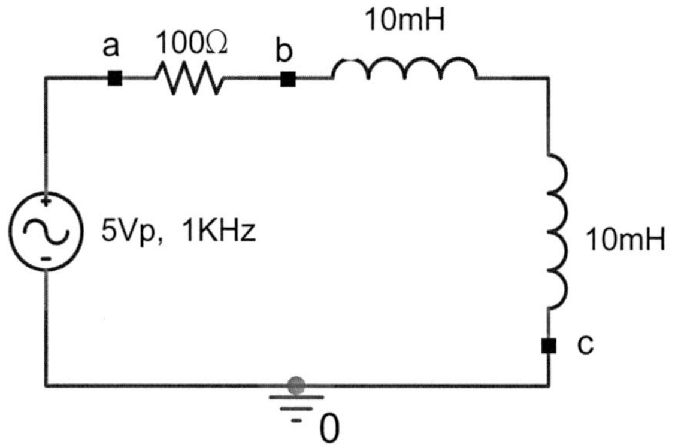

❙ 그림 8-19 ❙ 실험 8 회로

❙ 표 8-8 ❙ 인덕터 직렬 회로의 전압 분배

	계산값	측정값
리액턴스 X_L	$2\pi fL$ =	╳
임피던스 Z	$\sqrt{R^2+X_L^2}$ =	╳
전류 I	V/Z =	
저항 전압(Vab)	I x R =	
인덕터 전압(Vbc)	I x X_L =	

실험 9

그림 8-20과 같은 인덕터 병렬 회로에 대하여 표 8-9를 완성하시오. 저항 전압과 인덕터 전압의 측정은 오실로스코프를 사용하여 피크 전압을 측정하시오.

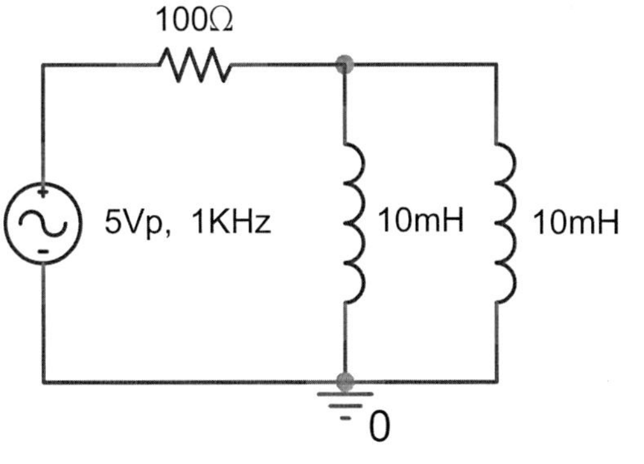

그림 8-20 실험 9 회로

표 8-9 인덕터 병렬 회로의 전압 분배

	계산값	측정값
리액턴스 X_L	2πfL =	
임피던스 Z	$\sqrt{R^2+X_L^2}$ =	
전류 I	V/Z =	
저항 전압	I x R =	
인덕터 전압	I x X_L =	

실험 10

그림 8-21과 같은 인덕터 직병렬 회로에 대하여 표 8-10을 완성하시오. 직렬 인덕터 전압과 병렬 인덕터 전압의 측정은 오실로스코프를 사용하여 피크 전압을 측정하시오.

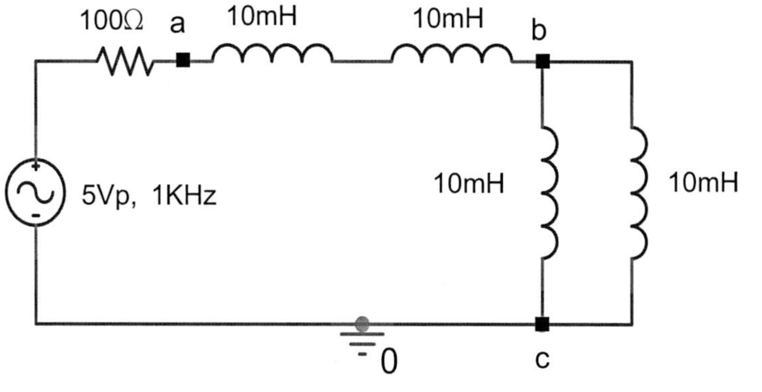

| 그림 8-21 | 실험 10 회로

| 표 8-10 | 인덕터 직병렬 회로의 전압 분배

	계산값	측정값
직렬 인덕터의 인덕턴스	L1 =	
병렬 인덕터의 인덕턴스	L2 =	
총 인덕턴스	L =	
직렬 인덕터 리액턴스 X_{L1}	2πfL1 =	
병렬 커패시터 리액턴스 X_{L2}	2πfL2 =	
총 리액턴스 X_L	2πfL =	
임피던스 Z	$\sqrt{R^2+X_L^2}$ =	
전류 I	V/Z =	
직렬 인덕터전압(Vab)	I x X_{L1} =	
병렬 인덕터터전압(Vbc)	I x X_{L2} =	

제 9 장

미분회로와 적분회로

9.1 기초 이론

입력 신호를 미분하여 출력하는 회로를 미분회로라 하고 입력 신호를 적분하여 출력하는 회로를 적분회로라고 한다. 간단한 미분회로와 적분회로는 RC 회로나 RL 회로를 이용하여 구현할 수 있다. 미분회로는 입력 신호의 시간에 대한 변화율을 출력 신호로 나타내는 회로이고 적분회로는 입력 신호를 시간에 대하여 적분한 형태를 출력 신호로 나타내는 회로이다.

한 예로 그림 9-1(a)와 같은 구형파를 RC 미분회로에 인가하면 그림 9-1(b) 또는 그림 9-1(c) 와 같은 파형이 생성된다. 출력 신호의 파형은 입력 신호의 펄스 폭 PW(Pulse Width)와 RC 회로의 시정수 RC와 밀접한 관련이 있다. 시정수가 펄스 폭보다 매우 큰 경우 커패시터의 충전 또는 방전 시간이 펄스 폭보다 크게 되어 그림 9-1(b)와 같은 모양이 될 것이다. 이와 반대로 시정수가 펄스 폭보다 매우 작다면 커패시터의 충전 또는 방전 시간이 매우 짧아 그림 9-1(c)와 같은 날카로운 모양을 나타낼 것이다.

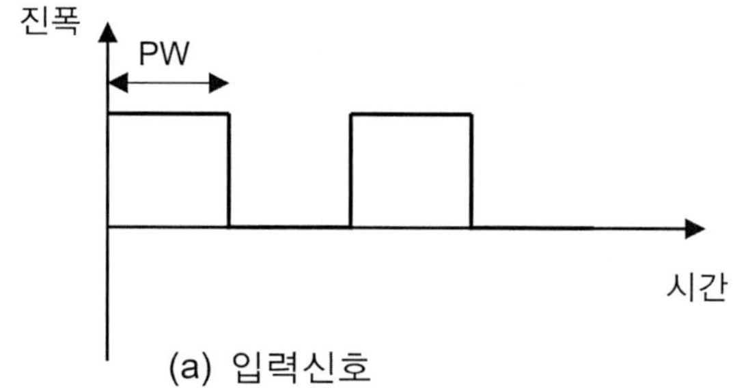

(a) 입력신호

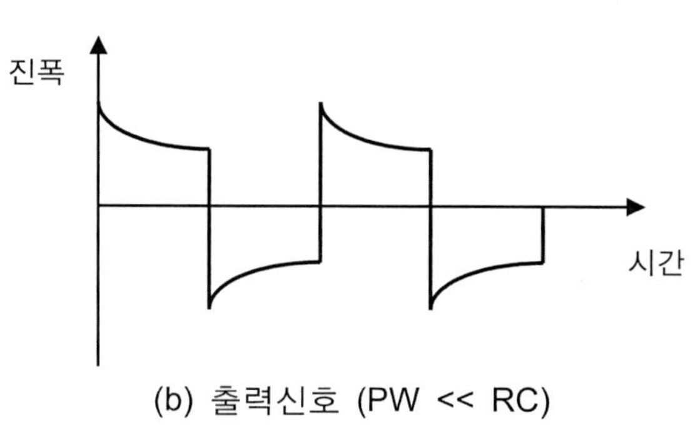

(b) 출력신호 (PW << RC)

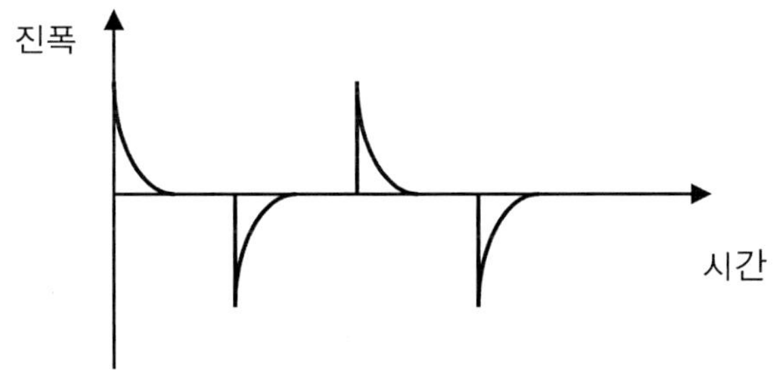

(c) 출력신호 (PW >> RC)

▌그림 9-1▐ 미분회로의 입력신호와 출력신호

예제 9-1

주기가 20 ms이고 펄스 폭이 10 ms, 진폭이 5 V인 구형파 입력 신호가 1 KΩ 저항과 1 uF 커패시터가 직렬로 연결된 RC 미분회로에 인가되었을 때 출력 파형을 그리고 시정수와 그 때의 전압값을 표시하시오.

풀이

출력 파형을 구하기 위해 먼저 시정수를 알아야 한다. RC 직렬 회로에서 시정수는 저항과 커패시터의 곱이므로 다음과 같다.

$$\tau = RC = 10^3 \times 10^{-6} = 1(\mathrm{ms})$$

시정수 τ는 커패시터 충전 시 최종 전압의 63.2%, 방전 시에는 36.8%에 도달하는 시간이므로 출력 신호의 1τ 후의 전압은 다음과 같다.

$$\text{충전 시} : 5 \times 0.632 = 3.16(\mathrm{V})$$

$$\text{방전 시} : 5 \times 0.368 = 1.84(\mathrm{V})$$

그리고 일반적으로 5τ 시간 경과 후에는 완전히 충전되거나 방전된다고 본다. 따라서 주어진 구형파 입력에 대한 출력 파형은 그림 9-2와 같다.

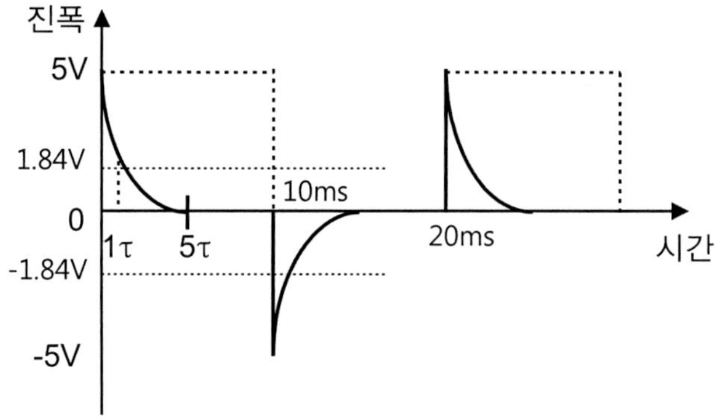

▌그림 9-2▐ 예제 9-1 출력 파형

적분회로 역시 RC 직렬 회로로 구현할 수 있는데 미분회로에서는 저항에서의 전압이 출력 파형이 되는 반면 적분회로에서는 커패시터의 전압이 출력 파형이 된다. 그림 9-3과 같이 입력 신호가 구형파인 경우 적분회로의 출력 신호는 삼각파가 된다.

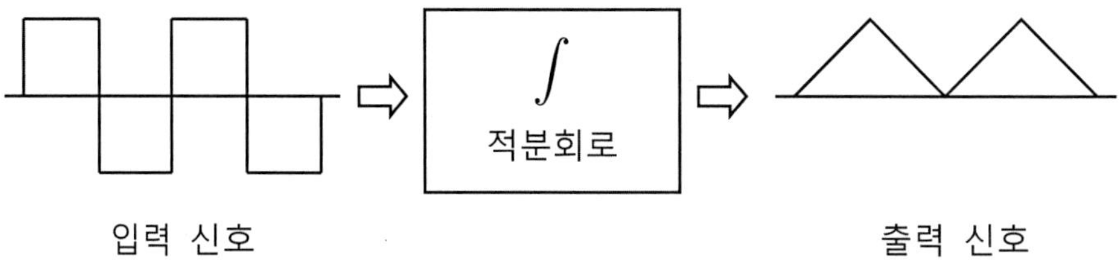

▌그림 9-3▐ 적분 회로의 입력 신호와 출력 신호

사인파의 경우 미적분 공식에 의하여 다음과 같이 나타낼 수 있으므로

$$\frac{d}{dx}\sin x = \cos x, \quad \int \sin x \, dx = -\cos x$$

사인파를 미분하면 코사인파형 그리고 적분하면 음의 코사인 파형이 생성된다.

9.2 미분회로

RC회로나 RL회로를 이용하여 미분회로를 구현할 수 있는데 그림 9-4는 RC 미분회로를 나타낸다.

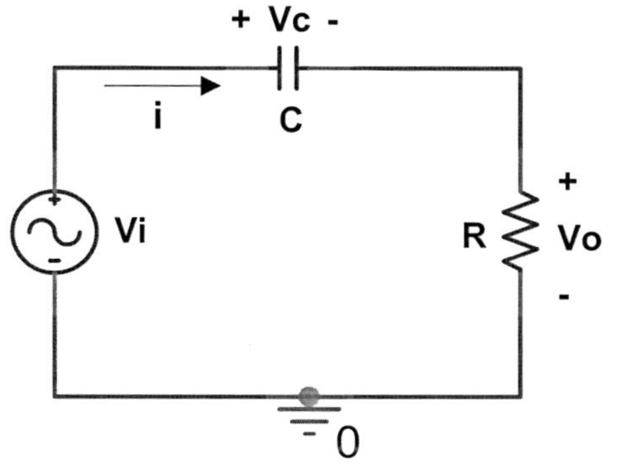

| 그림 9-4 | RC 미분회로

RC 미분회로에서 커패시터에 흐르는 전류는

$$i = C\frac{dVc}{dt} = \frac{Vo}{R}$$

와 같으므로 출력 전압, 즉 저항 R 양단에 걸리는 전압은

$$Vo = RC\frac{dVc}{dt} = RC\frac{dVi}{dt},\ V_C \gg V_R \text{인 경우 } V_C \fallingdotseq Vi$$

와 같다. 여기서 V_C가 V_R보다 매우 커서 V_R을 무시할 수 있는 경우로 가정한다면 위의 RC 회로의 출력 전압은 입력 전압을 미분한 것과 같으므로 이를 미분회로라고 한다. 커패시터 전압과 저항 전압은 입력 전압의 주파수와 RC 값에 따라 정해진다. RC 직렬회로에서 커패시터와 저항에 흐르는 전류는 같으므로 각각의 전압은 리액턴스와 저항의 크기가 결정한다. 따라서 다음 식을 만족하려면

$$X_C = \frac{1}{2\pi fC} \gg R$$

주파수 f가 작거나 커패시턴스 C가 작아서 리액턴스 X_C가 저항보다 커지는 경우일 것이다. RC 직렬 회로에서 입력 신호의 주파수가 커지면 커패시터가 입력 신호를 그대로 통과시켜 미분회로로 동작하기보다는 High Pass 필터처럼 동작할 것이다.

인덕터로도 미분회로를 만들 수 있다. 그림 9-5와 같은 RL 직렬 회로의 경우 인덕터 전압의 파형은 입력 전압 파형을 미분한 형태로 나타나 미분회로로 동작한다.

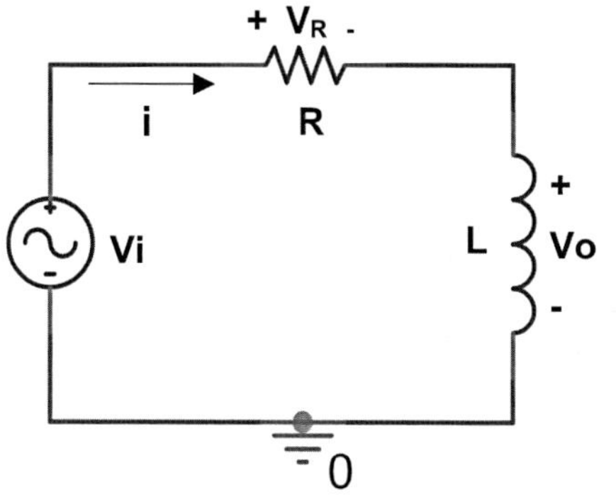

그림 9-5 RL 미분회로

출력 전압 V_o는 인덕터에 걸리는 전압이므로

$$V_o = L\frac{di}{dt}$$

이다. 저항 R에 흐르는 전류 i는 다음 식과 같다.

$$i = \frac{V_R}{R} = \frac{(Vi - Vo)}{R}$$

따라서 두 식을 정리하면 다음과 같다.

$$V_o = L\frac{d}{dt}\left(\frac{V_i - V_o}{R}\right) = \frac{L}{R}\frac{d(V_i - V_o)}{dt}$$

위의 식에서 $R \gg X_L$이면 $V_R \fallingdotseq V_i \gg V_o$이므로 $d(V_i - V_o)$ 항에서 V_o는 무시할 수 있다. 결론적으로

$$V_o = \frac{L}{R}\frac{dV_i}{dt}$$

라고 정리할 수 있으므로 출력 전압 V_o는 입력 전압 V_i를 미분하여 얻을 수 있다. R_L 미분회로 역시 $R \gg X_L$이라는 제한적인 조건에서만 입력의 미분 파형을 얻을 수 있다. 만일 입력 신호의 주파수가 높은 경우 $X_L \gg R$와 같은 조건을 만족한다면 입력 전압이 거의 출력 전압으로 나타나게 되고 High Pass 필터처럼 동작한다.

예제 9-2

그림 9-4와 같은 RC 미분회로에서 커패시터 C = 0.1uF, R = 100Ω이고 주파수 1KHz, 진폭 5V인 사인파 입력이 인가될 때 저항 양단의 출력 파형을 그리시오.

풀이

커패시터의 리액턴스 X_c는 다음과 같다.

$$X_C = \frac{1}{2\pi f C} = \frac{1}{2\pi \times 10^3 \times 0.1 \times 10^{-6}} \simeq 1{,}592.36\,(\Omega)$$

따라서 회로의 전체 임피던스는

$$Z = \sqrt{X_C^2 + R^2} = \sqrt{(1592.36)^2 + 100^2} \simeq 1{,}595.5(\Omega)$$

와 같다. 회로의 전류를 구하면

$$i = \frac{V}{Z} = \frac{5}{1595.5} \simeq 3.13\,(\mathrm{mA})$$

이므로 저항 양단에 걸리는 출력 전압은 다음과 같다.

$$V_o = i \times R = 3.13 \times 100 = 313\,(\mathrm{mV})$$

출력 전압의 진폭은 313(mV)이고 사인파 입력을 미분하면 코사인파가 되므로 출력 전압의 파형은 그림 9-6과 같다.

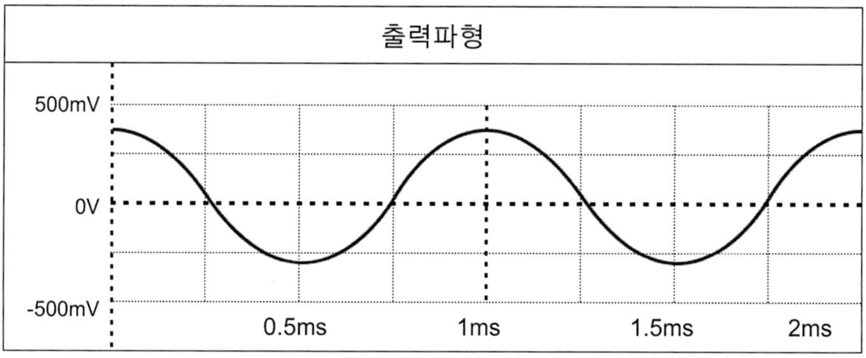

❙그림 9-6❙ 예제 9-2 미분 출력 파형

9.3 적분회로

미분회로와 마찬가지로 RC 또는 RL 회로를 이용하여 적분회로를 구성할 수 있다. RC 적분회로는 RC 미분회로에서 저항과 커패시터의 위치를 바꾼 모양으로 그림 9-7과 같다.

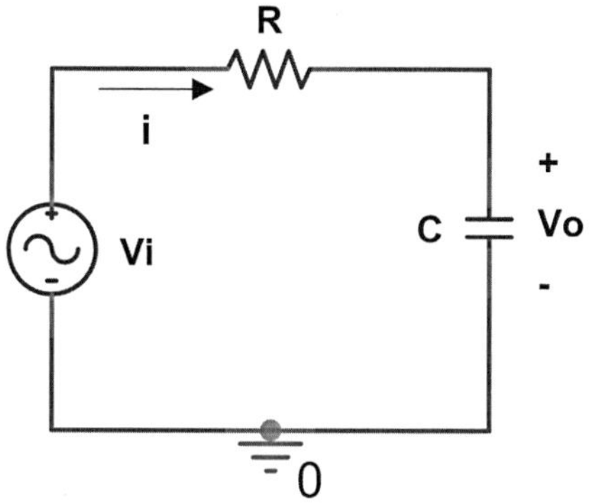

❙그림 9-7❙ RC 적분회로

회로에서 커패시터 C와 저항 R에 흐르는 전류 i는 같으므로 다음 식과 같다.

$$i = C\frac{dV_o}{dt} = \frac{V_i - V_o}{R}$$

위의 식을 정리하면 다음과 같다.

$$RC\frac{dV_o}{dt} = V_i - V_o$$

만일 $X_c \ll R$이라면 위의 식에서 V_i에 비해 V_o를 무시할 수 있으므로

$$RC\frac{dV_o}{dt} \simeq V_i$$

이고 이를 V_o에 대하여 정리하면 다음과 같은 적분 식이 가능하다.

$$V_o = \frac{1}{RC}\int V_i dt$$

따라서 출력 전압 V_o는 입력전압 V_i를 적분한 것과 같아 적분회로라 말한다. RL 직렬 회로 역시 적분회로로 동작할 수 있으며 회로는 그림 9-8과 같다.

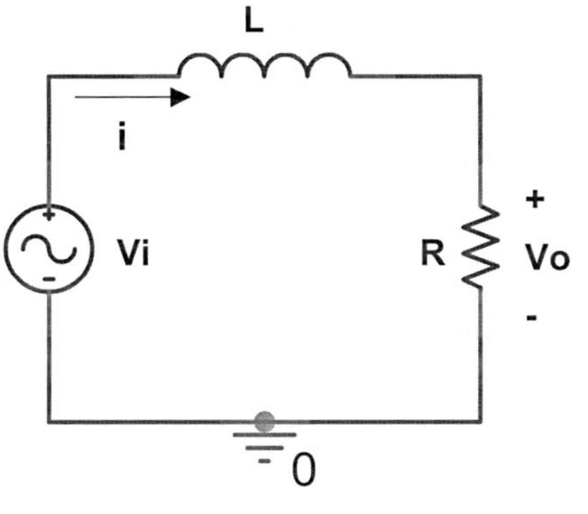

그림 9-8 RL 적분회로

회로에서 인덕터 L에 걸리는 전압은 다음 식과 같다.

$$L\frac{di}{dt} = V_i - V_o$$

회로에 흐르는 전류 i는

$$i = \frac{V_o}{R}$$

이므로 위의 식을 다시 정리하면 다음 식과 같다.

$$\frac{L}{R}\frac{dV_o}{dt} = V_i - V_o$$

위의 식에서 $X_L \gg R$ 이라면 우변의 V_o를 무시할 수 있으므로 다음과 같은 적분식으로 정리할 수 있고 출력 전압이 입력 전압의 적분 형태로 나타남을 알 수 있다.

$$V_o \simeq \frac{R}{L}\int V_i dt$$

예제 9-3

그림 9-8과 같은 RL 적분회로에서 인덕터 L = 50 mH, R = 100Ω이고 주파수 1 KHz, 진폭 5V인 구형파 입력이 인가될 때 저항 양단의 출력 파형을 그리시오.

풀이

적분회로이므로 구형파 입력에 대해서 출력 파형은 삼각파 형태임은 알 수 있다. 그리고 삼각파의 진폭은 시정수 L/R에 의해서 정해질 것이다. 시정수 τ는

$$\tau = \frac{L}{R} = \frac{50}{100} = 0.5\,(\mathrm{ms})$$

이다. 따라서 구형파 입력의 주기가 1 ms이고 듀티비가 50%이면 펄스 폭과 시정수가 일치함을 알 수 있다. 따라서 출력 파형은 시정수 구간에 따라 다음과 같은 순서로 출력될 것이다.

❶ 1τ : 5V 입력의 63.2%까지 충전되므로 3.16V까지 상승한다.
❷ 2τ : 3.16V로부터 36.8%까지 방전되므로 1.163V까지 감소한다.
❸ 3τ : 다시 5V의 입력이 인가될 때 인덕터의 입력 전압차는 5V-1.163V = 3.837V이므로 충전되는 비율은 3.837V의 63.2% 만큼 충전되므로 2.425V만큼 충전된다. 따라서 최종 전압은 1.163 + 2.425 = 3.588V이다.
❹ 4τ : 3.588V로부터 36.8%까지 방전되므로 1.32V까지 감소한다.
❺ 5τ : 다시 5V의 입력이 인가되면 전압차는 5 - 1.32 = 3.68V이므로 충전 비율은

3.68V의 63.2%까지 충전되어 2.326V만큼 충전되고 최종 전압은 1.32 + 2.326 = 3.65V이다.

❻ 6τ : 3.65V부터 36.8%까지 방전되므로 1.34V까지 감소한다.

❼ 7τ : 전압 차는 5 − 1.34 = 3.66V이므로 3.66V의 63.2%만큼 충전되면 2.313V만큼 충전되고 최종 전압은 1.34 + 2.313 ≃ 3.65V이다.

이와 같은 과정을 되풀이하여 출력 파형은 그림 9-9와 같이 약 1.3V ~ 3.7V 사이를 반복하는 삼각파가 된다.

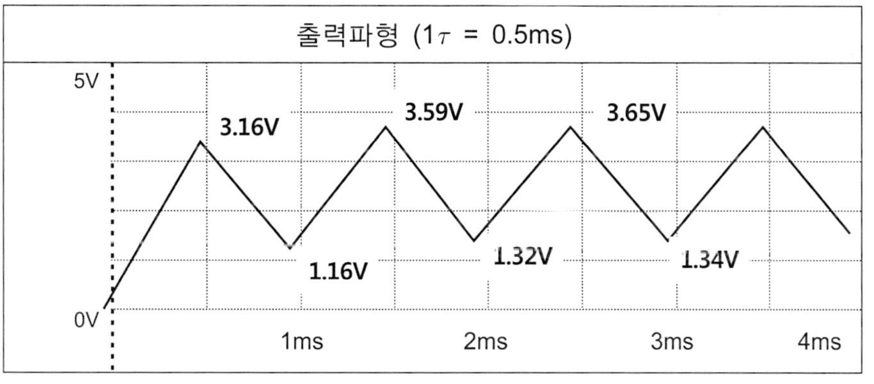

그림 9-9 예제 9-3 적분 출력 파형

9.4 실험 실습

9.4.1 실험 목표

간단한 RC 회로나 RL 회로가 제한적인 조건 하에서 입력 신호의 미분 파형 또는 적분 파형을 출력하는 원리를 배우고 이를 실험을 통하여 확인한다. 회로에서 신호의 미분 파형이나 적분 파형의 형태는 입력 신호의 주기와 회로의 시정수와 밀접한 연관이 있음을 이해하고 실제 회로에서 시정수 변화에 따른 출력 파형의 변화를 관찰하고 PSpice 시뮬레이션을 통하여 최종적으로 확인한다.

9.4.2 실험 부품

부품	규격	수량
저항	100Ω 500Ω 1KΩ	1개 1개 1개
커패시터	0.1uF 1uF	1개 1개
인덕터	10mH 100mH	1개 1개

9.4.3 실험 내용

실험 1

그림 9-10과 같은 RC 미분회로를 구성하시오. 교류전원 V_i는 $5\,V_p$, 1 KHz 구형파를 인가하고 저항 R은 500Ω, 커패시터 C는 1 uF으로 연결하시오. 오실로스코프를 이용하여 V_i와 V_o 파형을 측정하여 표 9-1에 그리고 출력 파형의 피크 값을 표시하시오.

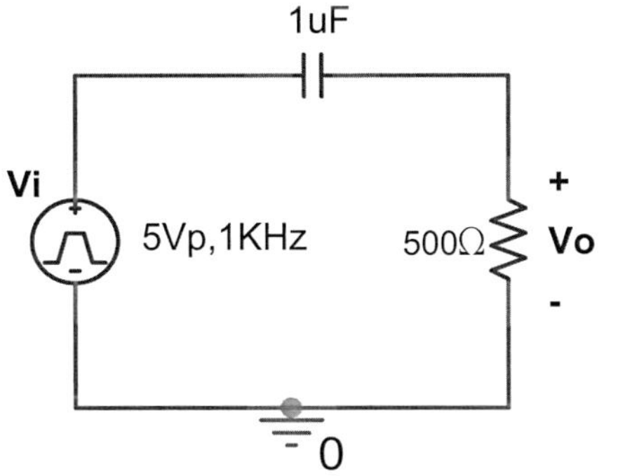

▌그림 9-10▐ 실험 1 회로

▌표 9-1▐ 구형파 RC 미분파형 (주파수 = 1KHz)

구형파 입력과 미분 출력파형

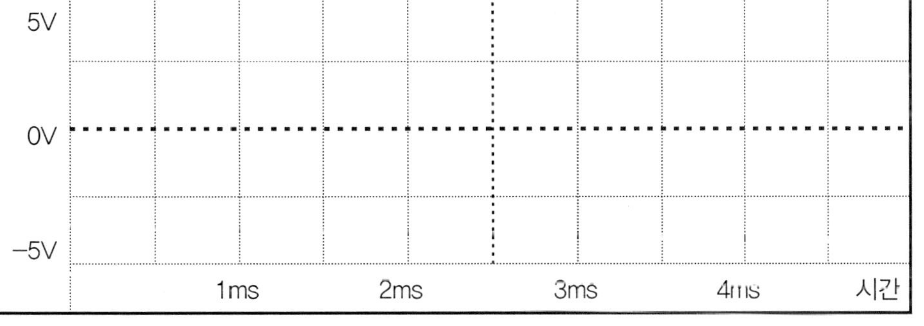

실험 2

[실험 1]의 회로는 $X_c \gg R$ 조건을 만족하지 않기 때문에 출력 파형이 미분회로의 특성을 잘 나타내지 못한다. 커패시터와 저항을 바꾸지 않고 미분회로로 동작하도록 하기 위해서는 입력 전원의 주파수를 낮추는 방법이 있다. V_i의 주파수를 500 Hz, 100 Hz로 변화시키면서 출력 파형을 관찰하고 표 9-2와 표 9-3에 그리시오. 주파수 값에 따라 출력 파형의 시간 축의 값을 적절히 선택하시오.

| 표 9-2 | 구형파 RC 미분파형 (주파수 = 500Hz)

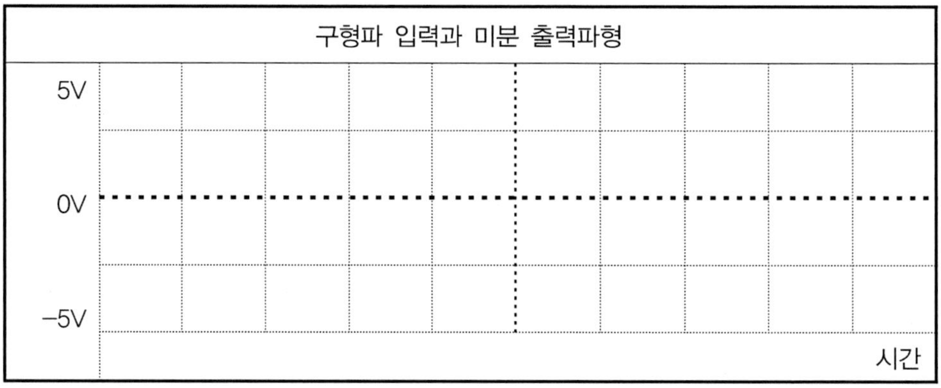

| 표 9-3 | 구형파 RC 미분파형 (주파수 = 100Hz)

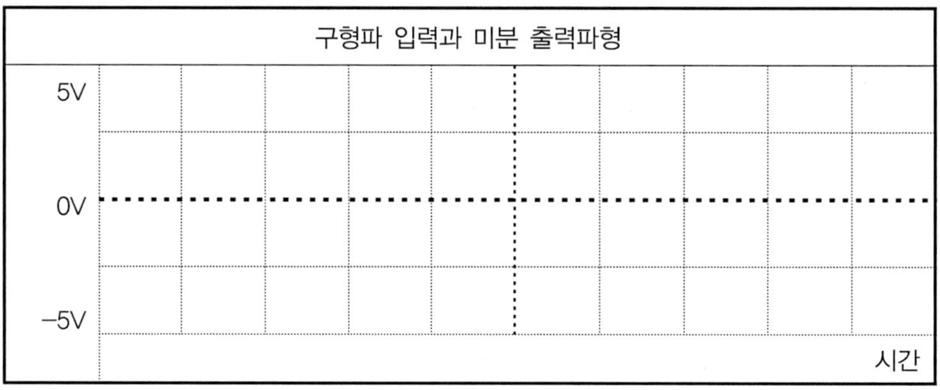

실험 3

[실험 1] 회로에서 교류전원 V_i를 10 V_{pp}, 100 Hz의 사인파, 커패시터는 0.1 uF, 저항은 1 KΩ으로 바꾸어 V_i와 V_o 파형을 오실로스코프로 측정하여 표 9-4에 그리고 출력 파형의 피크 값을 표시하시오. 또한 사인파의 미분 파형인 코사인파가 출력 파형으로 나타나는지 확인하시오.

| 표 9-4 | 사인파 RC 미분파형

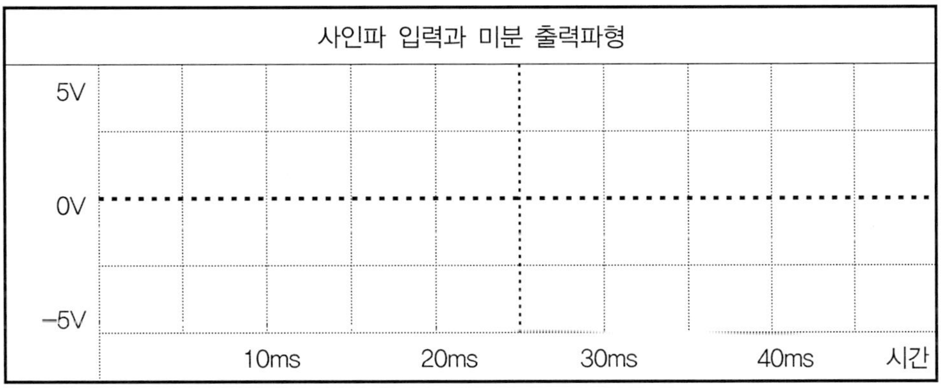

실험 4

PSpice 시뮬레이션으로 [실험 3]을 반복하시오. 교류 전원 V_i의 주파수 100 Hz, 500 Hz, 1 KHz에 대하여 각각의 출력 파형을 표 9-5에 그리시오. PSpice 시뮬레이션 회로는 그림 9-11과 같이 설정하고 Simulation Profile에서 Analysis type은 Time Domain(Transient), Options에서 Parametric Sweep을 선택하여 수행하시오. 교류 전원 주파수가 증가함에 따라 출력 파형의 전압 값에 어떤 영향을 주는지 토론하시오.

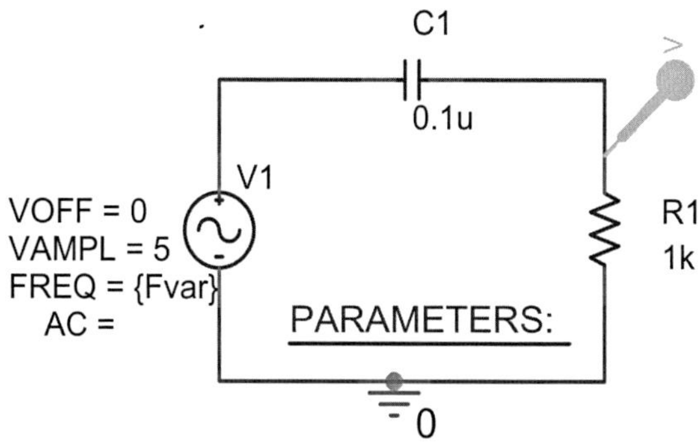

그림 9-11 실험 4 PSpice 시뮬레이션 회로

표 9-5 PSpice 시뮬레이션 결과

사인파 입력과 미분 출력파형
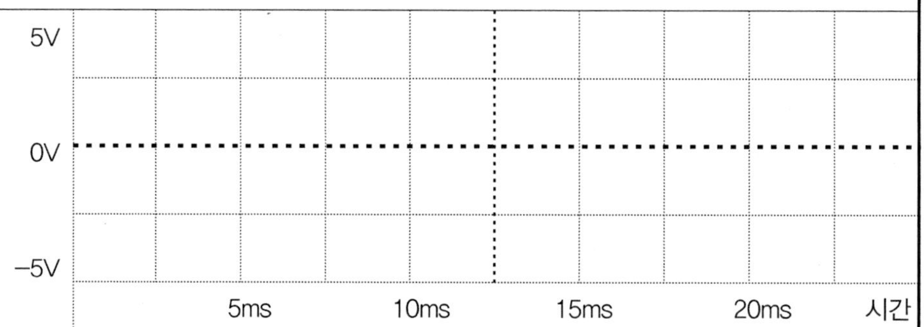

※ 교류 전원의 주파수 증가가 출력 파형에 어떠한 영향을 주며 왜 그렇게 되는지 설명하시오.

실험 5

그림 9-12와 같은 RL 미분회로를 구성하시오. 교류전원 V_i는 5 V_p, 1 KHz 구형파를 인가하고 저항 R은 1 KΩ, 인덕터 L은 100 mH로 연결하시오. 오실로스코프를 이용하여 V_i와 V_o 파형을 측정하여 표 9-6에 그리고 출력 파형의 피크값을 표시하시오.

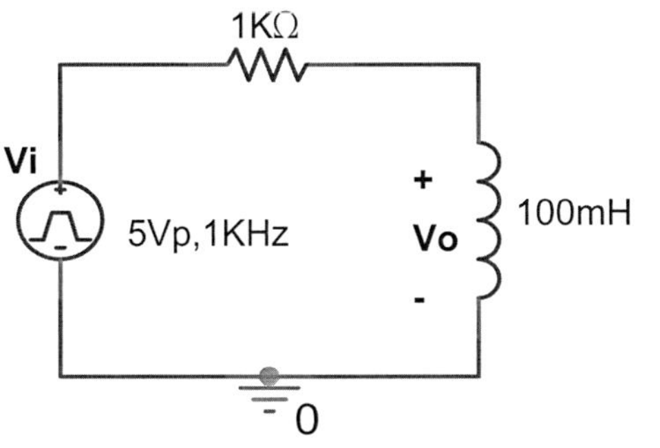

▌그림 9-12▐ 실험 5 회로

▌표 9-6▐ 구형파 RL 미분파형

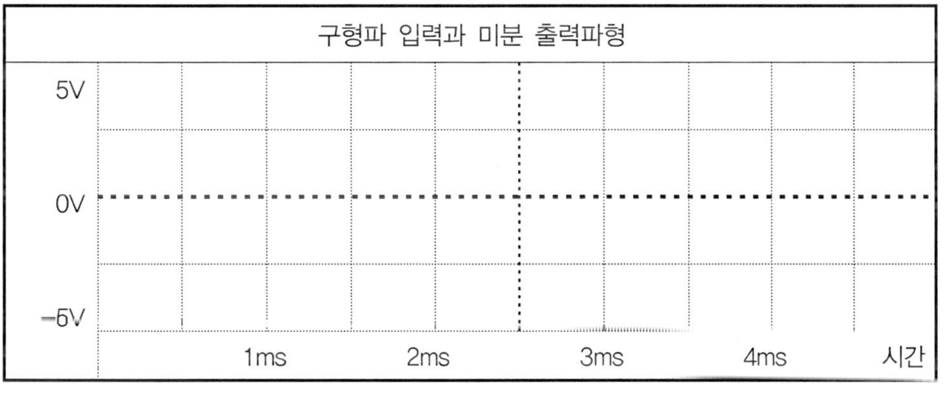

실험 6

[실험 5]의 RL 미분회로에서 교류전원 V_i를 10 V_{pp}, 1 KHz의 사인파, 인덕터의 값은 10 mH로 바꾸어 V_i와 V_o 파형을 오실로스코프로 측정하여 표 9-7에 그리고 파형의 피크 값을 표시하시오.

❙ 표 9-7 ❙ 사인파 RL 미분파형

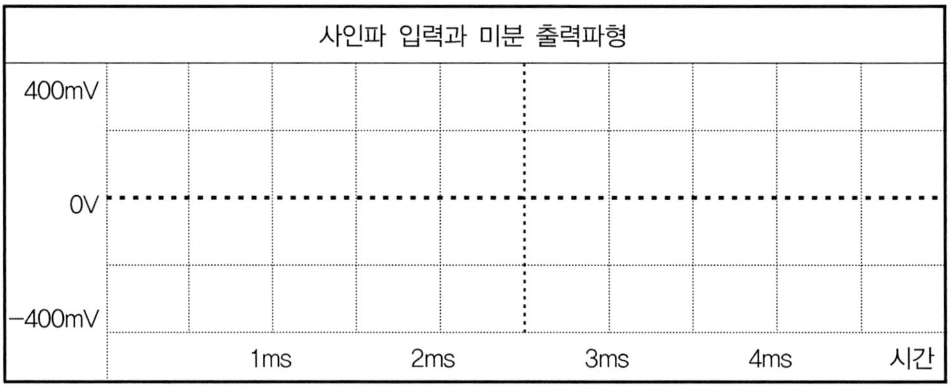

실험 7

그림 9-13과 같은 RC 적분회로를 구성하시오. 교류전원 V_i는 5V, 1 KHz 구형파를 인가하고 저항은 1 KΩ, 커패시터는 0.1 uF으로 연결하시오. 오실로스코프를 이용하여 V_i와 V_o 파형을 측정하여 표 9-8에 그리고 출력 파형의 피크값을 표시하시오.

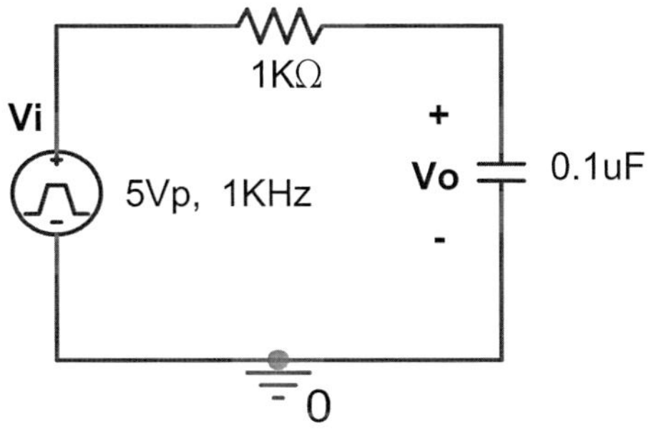

그림 9-13 실험 7 회로

표 9-8 구형파 RC 적분파형

구형파 입력과 적분 출력파형					
5V					
2.5V					
0V					
	1ms	2ms	3ms	4ms	시간

실험 8

[실험 7]의 회로는 $R \gg X_c$ 조건을 만족하지 않기 때문에 출력 파형이 삼각파 형태가 되는 적분회로의 특성을 잘 나타내지 못한다. 커패시터와 저항을 바꾸지 않고 적분회로로 동작하도록 하기 위해서 입력 전원의 주파수를 높여 X_c 값을 작게 만드는 방법이 있다. V_i의 주파수를 2 KHz, 5 KHz로 변화시키면서 오실로스코프로 출력 파형을 관찰하고 표 9-9와 표 9-10에 그리시오.

표 9-9 구형파 RC 적분파형 (주파수 = 2KHz)

구형파 입력과 적분 출력파형					
5V					
2.5V					
0V					
	0.5ms	1ms	1.5ms	2ms	시간

표 9-10 구형파 RC 적분파형 (주파수 = 5KHz)

구형파 입력과 적분 출력파형					
5V					
2.5V					
0V					
	0.2ms	0.4ms	0.6ms	0.8ms	시간

실험 9

그림 9-14와 같은 RL 적분회로를 구성하시오. 교류전원 V_i는 5V, 1 KHz 구형파를 인가하고 저항 R은 100Ω, 인덕터 L은 100 mH로 연결하시오. 오실로스코프를 이용하여 V_i와 V_o 파형을 표 9-11에 그리고 출력 파형의 피크값을 표시하시오.

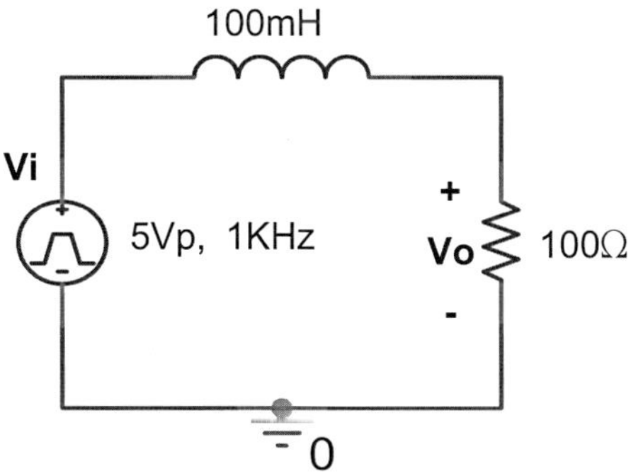

| 그림 9-14 | 실험 9 회로

| 표 9-11 | 구형파 RL 적분파형

구형파 입력과 적분 출력파형

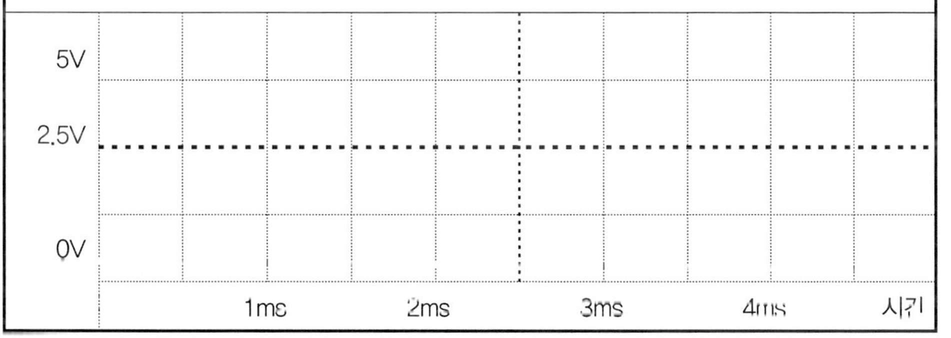

실험 10

[실험 9] 그림 9-14 회로에서 교류전원 V_i를 10 V_{pp}, 1 KHz의 사인파로 바꾸고 인덕터의 값 50 mH, 100 mH, 300 mH에 대하여 PSpice 시뮬레이션을 수행하고 출력 파형을 표 9-12에 그리시오. 또한 인덕터 값은 100 mH로 고정하고 교류전원의 주파수 500 Hz, 1 KHz, 2 KHz에 대하여 PSpice 시뮬레이션을 수행하고 출력 파형을 표 9-13에 그리시오. 인덕터 값 즉, 인덕턴스와 주파수 값의 변화에 따라 출력 파형에 어떤 영향을 주는지와 그 이유에 대하여 토론하시오.

▎표 9-12 ▎ 사인파 RL 적분파형 (f = 1KHz, L = 50mH, 100mH, 300mH)

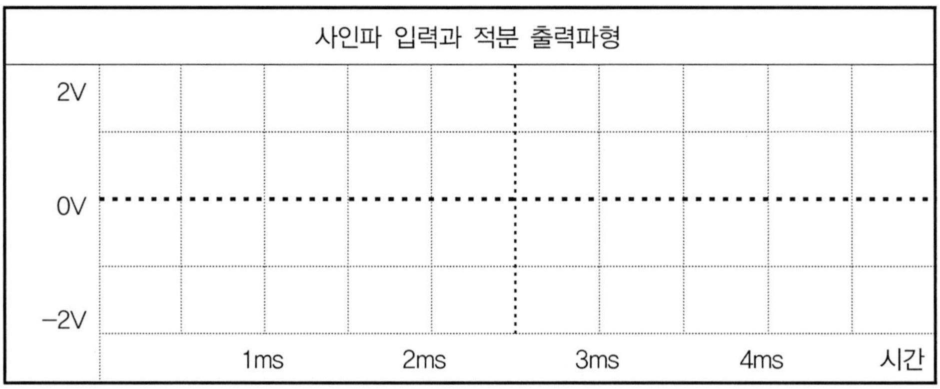

▎표 9-13 ▎ 사인파 RL 적분파형 (L = 100mH, f = 500Hz, 1KHz, 2KHz)

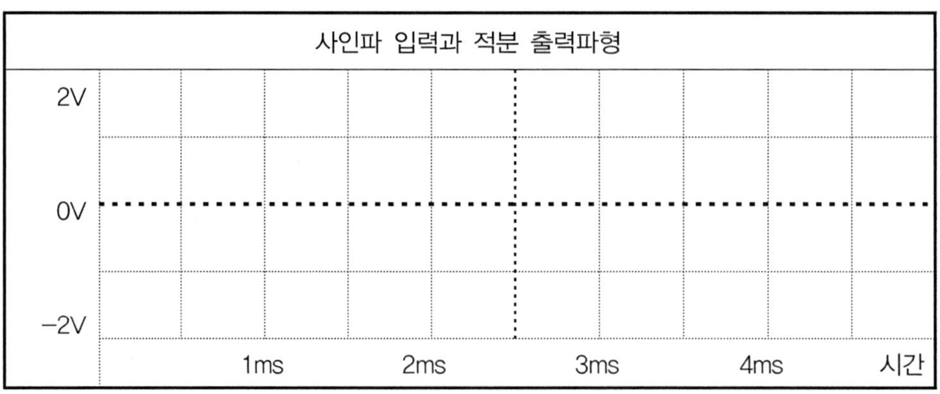

※ 주파수 vs. 출력 파형의 전압

※ 인덕턴스 vs. 출력 파형의 전압

제 10 장

RC-RL 직병렬 회로

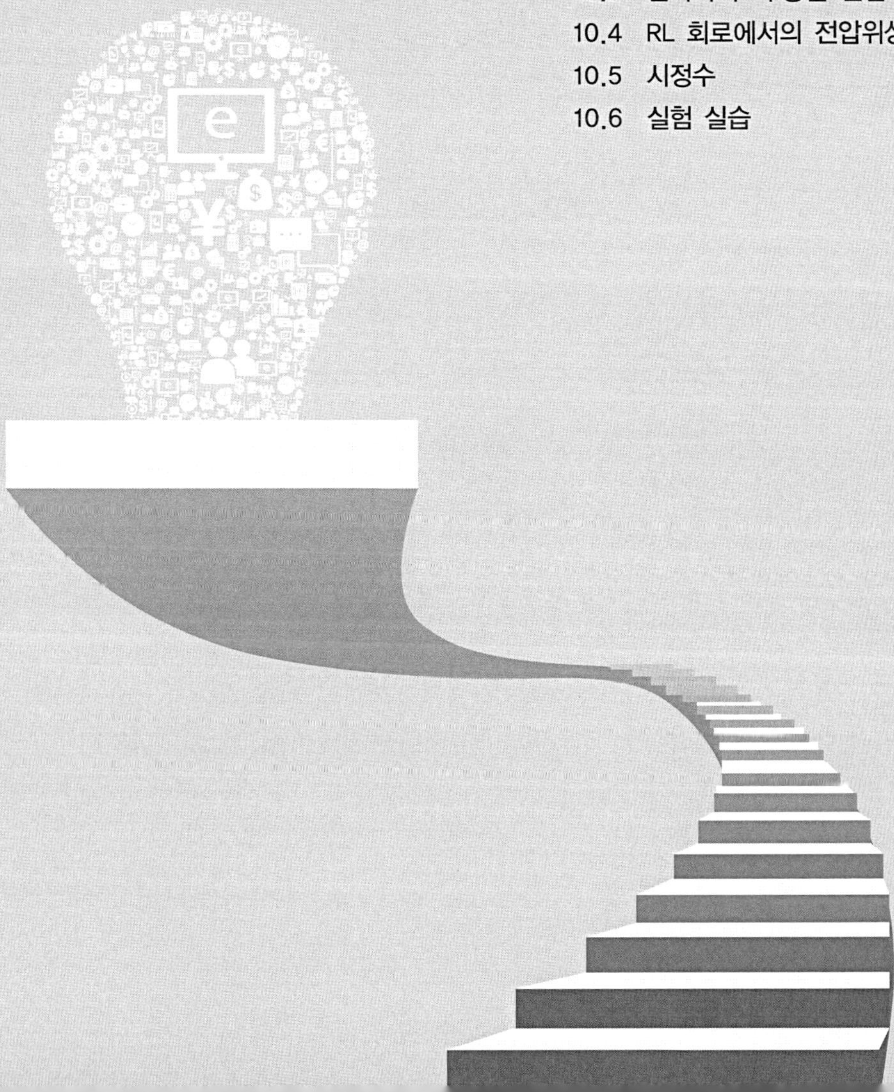

10.1 커패시터의 직·병렬 연결

회로에서 n개의 커패시터가 직렬로 연결되어 있으면 전체 커패시턴스 C_T는 다음 식과 같다.

$$\frac{1}{C_T} = \frac{1}{C_1} + \frac{1}{C_2} + \frac{1}{C_3} + \cdots + \frac{1}{C_n}$$

따라서 커패시터를 직렬로 연결할수록 전체 커패시턴스는 감소함을 알 수 있다. 병렬 연결의 경우 전체 커패시턴스는 다음과 같은 식으로 나타낼 수 있고 커패시터를 병렬 연결할수록 전체 커패시턴스는 증가한다.

$$C_T = C_1 + C_2 + C_3 + \cdots + C_n$$

예제 10-1

그림 10–1과 같은 회로에서 1 KΩ 저항 양단에 걸리는 전압(피크값)을 구하시오.

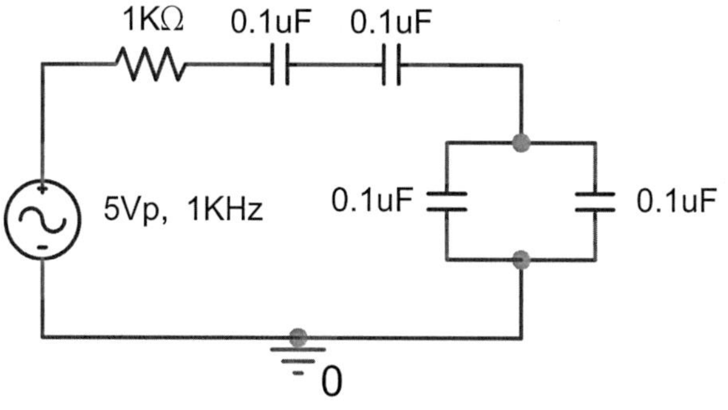

| 그림 10-1 | RC 직병렬 회로

풀이

먼저 회로의 총 커패시턴스를 구한다. 병렬 커패시턴스는 0.2 uF이고 나머지 두 개의 커패시터와 직렬 연결되어 있으므로 총 커패시턴스 C_T는 다음과 같다.

$$\frac{1}{C_T} = \frac{1}{0.1} + \frac{1}{0.1} + \frac{1}{0.2} = \frac{5}{0.2}$$

$$C_T = \frac{0.2}{5} = \frac{1}{25} = 0.04\,(uF)$$

커패시턴스 C_T에 의한 리액턴스 X_c는

$$X_C = \frac{1}{2\pi f C_T} = \frac{1}{2 \times 3.14 \times 10^3 \times 0.04 \times 10^{-6}} \simeq 3980.9(\Omega)$$

이므로 회로의 전체 임피던스 Z는

$$Z = \sqrt{R^2 + X_C^2} = \sqrt{1000^2 + 3980.9^2} \simeq 4104.6(\Omega)$$

이다. 따라서 전류 $i = V/Z$이고 저항 양단의 전압 $V_R = IR$이므로

$$V_R = iR = \frac{V}{Z}R = \frac{5}{4104.6} \times 1000 \simeq 1.22(V)$$

이다.

10.2 RC 회로에서의 전압 위상

RC 직렬회로에 교류전원이 인가되면 커패시터에서는 전류의 위상이 전압의 위상보다 90° 앞서게 된다. 하지만 저항에서는 전류와 전압의 위상이 같다. 직렬회로에서는 직렬로 연결된 소자에 흐르는 전류는 같으므로 저항과 커패시터에 흐르는 전류의 위상은 같다. 커패시터에서 전류의 위상이 전압의 위상보다 90° 앞선다고 했으므로 저항의 전압이 커패시터의 전압보다 위상이 90° 앞서게 된다.

RC 직렬회로에서 저항에 걸리는 전압과 커패시터에 걸리는 전압의 위상이 차이가 나므로 전체 전압 V를 단순하게 $V = V_R + V_C$와 같이 표현할 수 없고 그림 10-2와 같이 페이저도(Phasor Diagram)를 이용하여 계산하여야 한다.

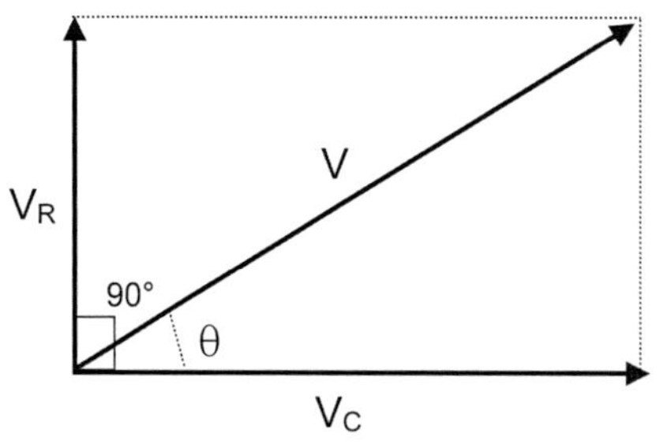

그림 10-2 커패시터 전압 페이저도

그림 10-2의 페이저도와 같이 전압 V는 저항 전압 V_R과 커패시터 전압 V_C의 벡터합이다. 피타고라스 정리에 의하여 다음과 같은 식이 성립한다.

$$V = \sqrt{V_R^2 + V_C^2}$$

RC 직렬회로에 흐르는 전류를 I라 할 때 옴의 법칙에 의하여

$$V_R = IR,\ V_C = IX_C$$

로 표현할 수 있고 따라서 전압은 다음과 같이 나타낼 수 있다.

$$V = \sqrt{(IR)^2 + (IX_C)^2} = I\sqrt{R^2 + X_C^2}$$

따라서 저항과 리액턴스를 포함하는 회로의 총 저항 즉, 임피던스는 다음 식과 같다.

$$Z = \frac{V}{I} = \sqrt{R^2 + X_C^2}$$

저항과 커패시터가 병렬로 연결되어 있으면 전원에서 공급되는 전류가 저항과 커패시터로 나누어 흐르게 된다. 두 소자가 병렬로 연결되어 있기 때문에 각 소자에 걸리는 전압은 같다. 따라서 저항과 커패시터 전압의 위상은 같다. 커패시터에서는 전류의 위상이 전압의 위상보다 90° 앞서기 때문에 커패시터 전류의 위상이 저항에 흐르는 전류의 위상보다 90° 앞선다. 따라서 회로에 흐르는 총 전류는 저항에 흐르는 전류와 커패시터에 흐르는 전류의 단순 합으로 계산할 수 없고 위상을 고려한 벡터 합이 되어야 한다. 총 전류를 I_T, 저항에 흐르는 전류를 I_R, 커패시터에 흐르는 전류를 I_C라 할 때 다음 식이 성립한다.

$$I_T = \sqrt{I_R^2 + I_C^2}$$

옴의 법칙에 의하여 전류를 전압과 저항 또는 리액턴스로 표현하면

$$I_T = \sqrt{\left(\frac{V}{R}\right)^2 + \left(\frac{V}{X_C}\right)^2} = V\sqrt{\left(\frac{1}{R}\right)^2 + \left(\frac{1}{X_C}\right)^2}$$

RC 병렬회로에 총 임피던스 Z는 다음과 같다.

$$Z = \frac{V}{I_T} = \frac{1}{\sqrt{\left(\frac{1}{R}\right)^2 + \left(\frac{1}{X_C}\right)^2}}$$

예제 10-2

그림 10-3과 같은 RC 직병렬 회로에서 직렬로 연결된 R1과 C1 전압의 위상과 병렬로 연결된 R2와 C2의 전류 위상이 다름을 PSpice 시뮬레이션을 통하여 확인하시오.

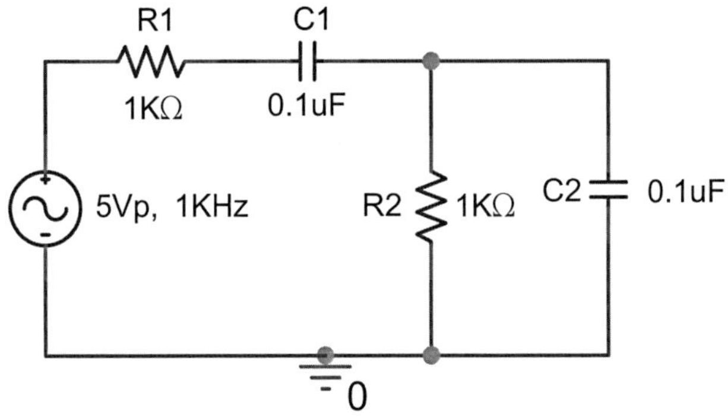

| 그림 10-3 | RC 직병렬 회로의 전압 위상

풀이

저항 R_1과 커패시터 C_1은 직렬로 연결되어 있으므로 소자에 흐르는 전류가 같다. 하지만 각 소자에 걸리는 전압은 다르고 커패시터 전압의 위상은 전류보다 90° 뒤처지므로 저항 전압과 비교할 때 위상이 90° 뒤처지게 될 것이다. R1과 C1 양단에 Voltage Differential Marker를 각각 연결시키고 PSpice 시뮬레이션을 수행하면 그림 10-4와 같이 두 전압의 위상이 90° 차이가 남을 확인할 수 있다. 그림에서 점선으로 표시된 전압이 커패시터 전압이고 실선으로 표시된 저항 전압의 위상보다 90° 느린 모습을 보여준다.

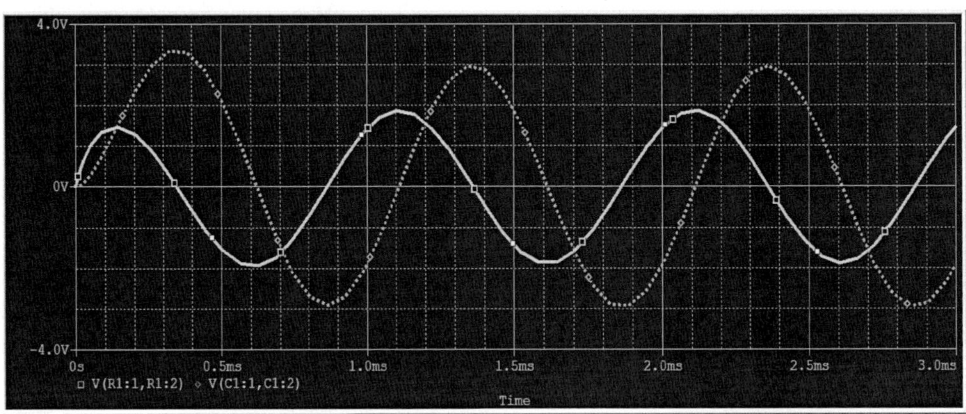

| 그림 10-4 | 직렬 연결된 저항과 커패시터의 전압 위상차

저항 R_2와 커패시터 C_2는 병렬로 연결되어 있으므로 각 소자에 걸리는 전압이 같다.

하지만 전류는 각 소자에 나누어져 흐르므로 서로 다르고 위상 또한 다를 것이다. 커패시터 전류의 위상이 전압보다 90° 앞서므로 저항에 흐르는 전류보다 90° 앞서게 된다. R_2와 C_2 상단에 Current Marker를 연결하고 PSpice 시뮬레이션을 수행시키면 그림 10-5와 같이 두 전류의 위상이 90° 차이가 남을 확인할 수 있다. 그림에서 점선으로 표시된 전류가 커패시터에 흐르는 전류이고 실선으로 표시된 저항 전류의 위상보다 90° 앞서는 모습을 확인할 수 있다.

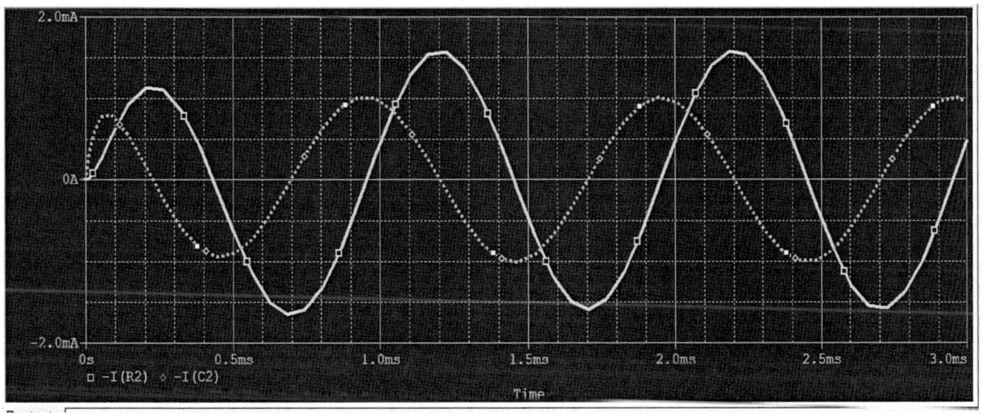

【그림 10-5】 병렬 연결된 저항과 커패시터의 전류 위상차

10.3 인덕터의 직·병렬 연결

회로에서 n개의 인덕터들이 직렬로 연결되어 있을 때 전체 인덕턴스의 값은 저항이 직렬 연결되어 있을 때와 같이 계산한다.

$$L_T = L_1 + L_2 + L_3 + \cdots + L_n$$

인덕터들이 병렬로 연결되어 있을 때 전체 인덕턴스의 값은 저항이 병렬 연결되어 있을 때와 같이 계산한다.

$$\frac{1}{L_T} = \frac{1}{L_1} + \frac{1}{L_2} + \frac{1}{L_3} + \cdots + \frac{1}{L_n}$$

그러므로 인덕터가 직렬로 연결되어 있으면 전체 인덕턴스는 증가하고, 병렬로 연결되어 있으면 전체 인덕턴스는 감소한다.

예제 10-3

그림 10-6과 같은 회로에서 1 KΩ 저항 양단에 걸리는 전압(피크값)을 구하시오.

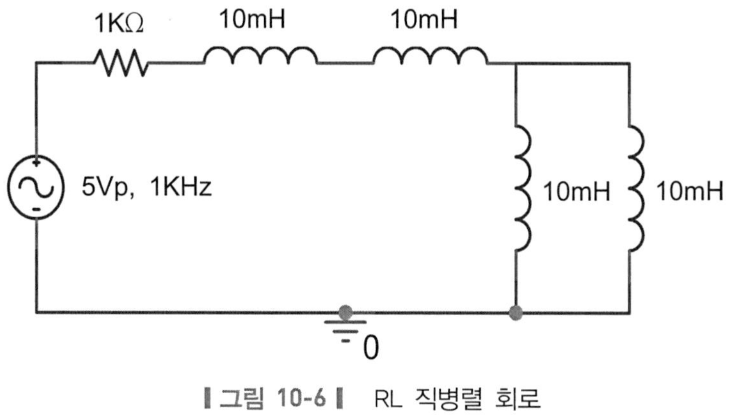

| 그림 10-6 | RL 직병렬 회로

풀이

먼저 회로의 총 인덕턴스를 구한다. 직렬로 연결된 인덕터의 인덕턴스는 20 mH이고 병렬로 연결된 인덕터의 인덕턴스 L_{T1}은 다음과 같다.

$$\frac{1}{L_{T1}} = \frac{1}{10} + \frac{1}{10} = \frac{1}{5}(\text{mH})$$

$$L_{T1} = 5(\text{mH})$$

따라서 회로의 총 인덕턴스 L_T는 25mH 이다. 인덕턴스 L_T에 의한 리액턴스 X_L은

$$X_L = 2\pi f L_T = 2 \times 3.14 \times 10^3 \times 25 \times 10^{-3} = 157(\Omega)$$

이므로 회로의 전체 임피던스 Z는

$$Z = \sqrt{R^2 + X_L^2} = \sqrt{1000^2 + 157^2} \simeq 1012.2(\Omega)$$

이다. 따라서 전류 $i = V/Z$이고 저항 양단의 전압 $V_R = IR$이므로

$$V_R = iR = \frac{V}{Z}R = \frac{5}{1012.2} \times 1000 \simeq 4.94(\text{V})$$

이다.

10.4 RL 회로에서의 전압 위상

인덕터에서는 전압의 위상이 전류의 위상보다 90° 앞선다. 저항과 인덕터가 직렬로 연결되어 있을 때 저항과 인덕터에 흐르는 전류는 동일하다. 저항에서는 전압과 전류의 위상이 같으므로 인덕터에 의한 위상차는 전압으로 나타나고 인덕터 전압의 위상이 저항 전압의 위상보다 90° 앞서게 된다. 전압의 위상 차이 때문에 회로의 전체 전압은 저항 전압과 인덕터 전압의 단순 합으로 계산할 수 없고 그림 10-7과 같이 위상을 고려한 벡터 합으로 나타내어야 한다.

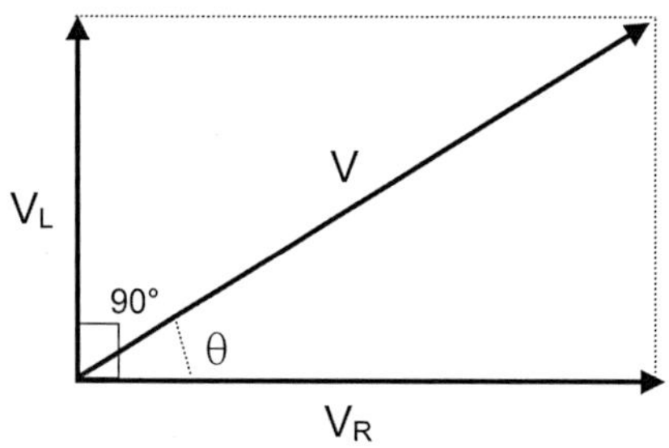

| 그림 10-7 | 인덕터 전압 페이저도

피타고라스 정리를 이용하여 전압 V 값을 구하면 다음 식과 같다.

$$V = \sqrt{V_L^2 + V_R^2}$$

회로에 흐르는 전류를 I라 하고 저항과 인덕터의 리액턴스를 이용하여 위의 식을 다시 정리하면

$$V = \sqrt{(IX_L)^2 + (IR)^2} = I\sqrt{X_L^2 + R^2}$$

와 같다. 회로의 임피던스 $Z = V/I$이므로 다음 식으로 나타낼 수 있다.

$$Z = \frac{V}{I} = \sqrt{X_L^2 + R^2}$$

저항과 인덕터가 병렬로 연결되어 있는 경우는 저항에 걸리는 전압과 인덕터에 걸리

는 전압은 같고 전류는 각 소자에 나뉘어 흐른다. 전체 전류의 값은 각 소자에 흐르는 전류 값들의 벡터 합이 된다. 병렬 회로에서의 전류 위상은 전압 전류의 위상이 인덕터 전류의 위상보다 90° 앞선다.

예제 10-4

그림 10-8과 같은 RL 직병렬 회로에서 직렬로 연결된 R_1과 L_1 전압의 위상과 병렬로 연결된 R_2와 L_2의 전류 위상이 다름을 PSpice 시뮬레이션을 통하여 확인하시오.

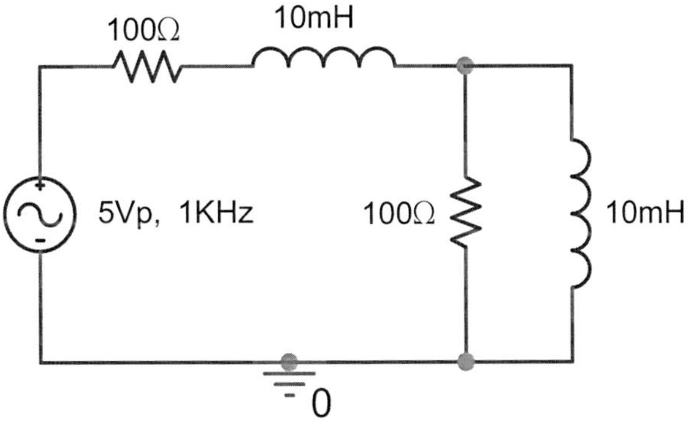

| 그림 10-8 | RL 직병렬 회로의 전압 위상

풀이

100Ω 저항과 10 mH 인덕터는 직렬로 연결되어 있으므로 소자에 흐르는 전류가 같다. 하지만 각 소자에 걸리는 전압은 다르고 인덕터 전압의 위상은 전류보다 90° 앞서므로 저항 전압과 비교할 때 위상이 90° 앞서게 될 것이다. 저항과 인덕터 양단에 Voltage Differential Marker를 각각 연결시키고 PSpice 시뮬레이션을 수행하면 그림 10-9와 같이 두 전압의 위상이 90° 차이가 남을 확인할 수 있다. 그림에서 점선으로 표시된 전압이 인덕터 전압이고 실선으로 표시된 저항 전압의 위상보다 90° 앞서는 모습을 보여준다.

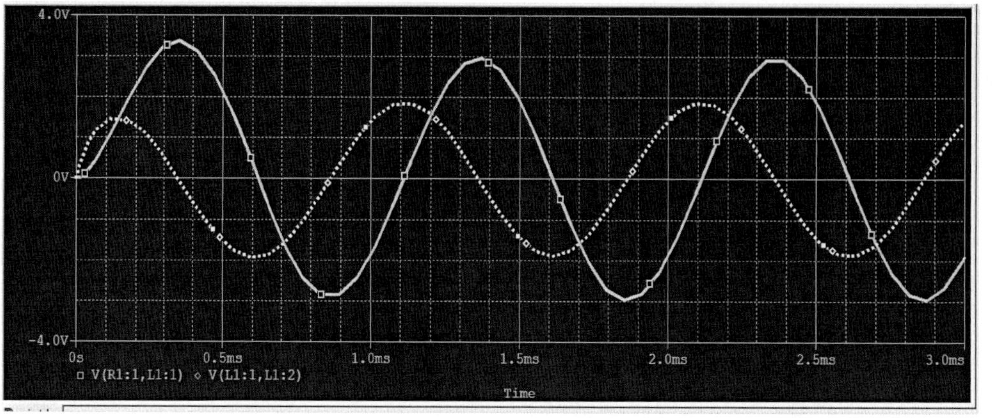

❙ 그림 10-9 ❙ 직렬 연결된 저항과 인덕터의 전압 위상차

병렬로 연결된 저항과 인덕터는 각 소자에 걸리는 전압이 같다. 하지만 전류는 각 소자에 나누어져 흐르므로 서로 다르고 위상 또한 다를 것이다. 인덕터 전류의 위상이 전압보다 90° 뒤처지므로 저항에 흐르는 전류보다 90° 뒤처지게 된다. 저항과 인덕터 상단에 Current Marker를 연결하고 PSpice 시뮬레이션을 수행시키면 그림 10-10과 같이 두 전류의 위상이 90° 차이가 남을 확인할 수 있다. 그림에서 점선으로 표시된 전류가 인덕터에 흐르는 전류이고 실선으로 표시된 저항 전류의 위상보다 90° 뒤처지는 모습을 확인할 수 있다.

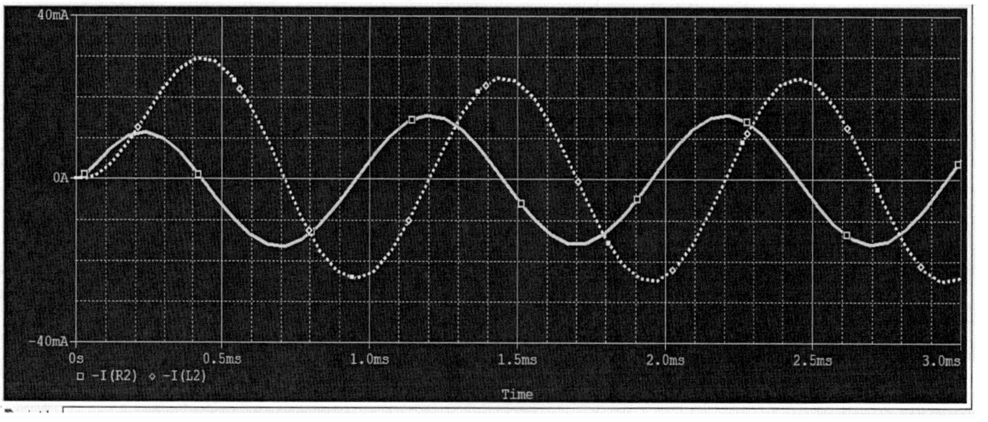

❙ 그림 10-10 ❙ 병렬 연결된 저항과 인덕터의 전압 위상차

10.5 시정수

회로에서 시정수(time constant)란 응답 출력이 최종값의 63.2% (또는 36.8%) 까지 도달하는 데 걸리는 시간을 의미한다. RC 직렬 회로에서 시정수는 다음과 같이 계산된다.

$$\tau = \mathrm{RC}\ \ (\mathrm{sec})$$

RC 직렬회로에서 전원이 공급되면 커패시터는 충전되기 시작한다. 커패시터 양단의 충전 전압은 시간에 따라 지수함수 적으로 증가하며 다음과 같은 식이 성립한다.

$$V_C(t) = V(1 - e^{-\frac{t}{RC}})$$

커패시터가 방전될 때의 전압은 지수함수 적으로 감소하며 다음과 같은 식으로 나타낸다.

$$V_C(t) = Ve^{-\frac{t}{RC}}$$

충전과 방전 시 커패시터 양단의 전압 $V_C(t)$의 파형은 그림 10-11과 같다.

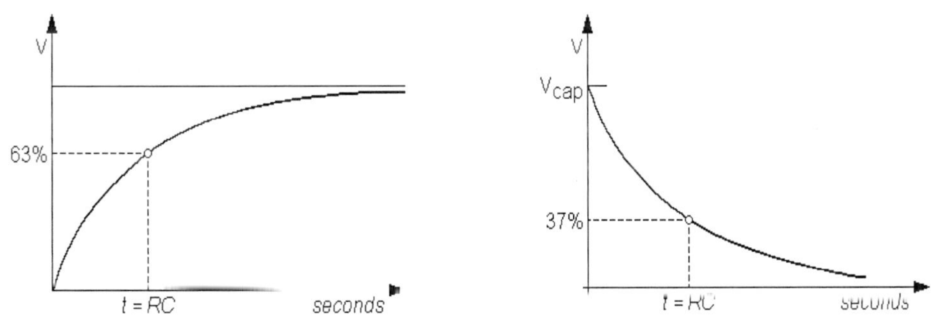

(a) 충전시 커패시터 전압 (b) 방전시 커패시터 전압

▌그림 10-11▐ RC 회로에서 커패시터 전압

RL 직렬회로에 전원이 공급되면 갑작스런 전류의 변화를 제한하는 인덕터의 특성 때문에 인덕터에 흐르는 전류는 다음 식과 같이 지수함수 적으로 서서히 증가한다.

$$i_L(t) = \frac{V}{R}(1 - e^{-\frac{t}{\tau}}),\ \tau = \frac{L}{R}$$

전류의 흐름에 의해 인덕터에 유도되는 전압은 다음과 같이 나타낼 수 있다.

$$V_L(t) = L\frac{di}{dt} = Ve^{-\frac{t}{\tau}}$$

위의 식에서 τ는 RL 회로의 시정수이며 $\tau = L/R$(sec)이다. 그림 10-12는 RL 회로의 시정수와 인덕터 전압과 전류의 특성을 보여준다.

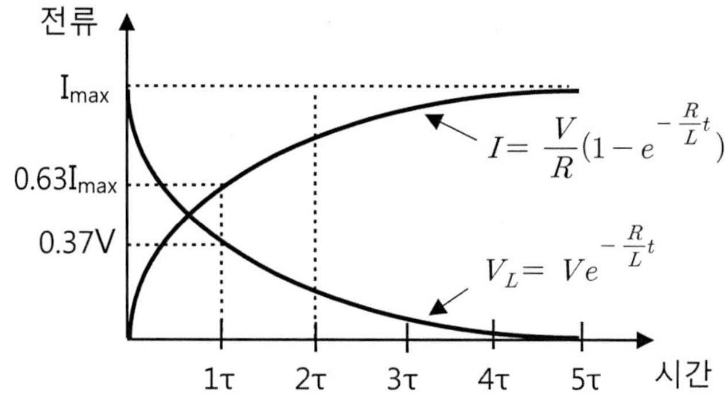

| 그림 10-12 | 인덕터 전압·전류와 시정수

10.6 실험 실습

10.6.1 실험 목표

여러 개의 커패시터가 직렬 또는 병렬로 연결되었을 때 회로의 총 커패시턴스와 임피던스를 구하는 방법을 이미 배웠으므로 회로를 직접 구성하여 실험적으로 확인한다. 인덕터의 경우도 마찬가지로 실험적으로 확인한다. 커패시터나 인덕터가 저항과 연결되는 경우 전압과 전류의 위상차를 오실로스코프를 이용하여 실험적으로 확인한다.

10.6.2 실험 부품

저항	100Ω 1KΩ	1개 1개
커패시터	0.1uF	4개
인덕터	10mH	4개

10.6.3 실험 내용

실험 1

그림 10-13 회로와 같이 2개의 커패시터는 직렬로, 다른 2개의 커패시터는 병렬로 연결하고 오실로스코프로 AB사이의 전압과 BC사이의 전압을 측정하여 표10-1에 기록하시오. 교류전원은 5 V_p(10 V_{pp}), 1 KHz 사인파를 인가하시오.

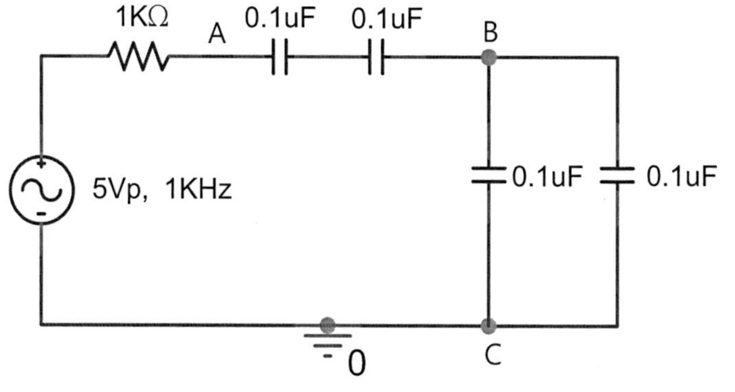

| 그림 10-13 | 실험 1 회로

| 표 10-1 | 커패시터 직병렬 연결

항 목	결 과
직렬연결 커패시턴스	(계산값)
병렬연결 커패시턴스	(계산값)
전체 커패시턴스 C	(계산값)
리액턴스 XC = 1/2πfC	(계산값)
임피던스 Z = $\sqrt{R^2+X_C^2}$	(계산값)
V_{AB} (RMS)	(측정값)
V_{BC} (RMS)	(측정값)
저항 전압 V_R (RMS)	(측정값)
전체 전압 V = V_R + V_{AB} + V_{BC}	(계산값)
회로 총 전류 I = V/Z	(계산값)
회로의 총 전류 I (RMS)	(측정값)

실험 2

실험 1의 그림 10-13 회로에 대하여 PSpice 시뮬레이션을 실행하고 저항 전압, 커패시터 전압 V_{AB}와 V_{BC}의 그래프를 표 10-2에 그리시오.

> **주의** 그림 10–13 회로에 대해 시뮬레이션을 실행하면 커패시터 연결 노드에서 floating 에러가 발생할 수 있다. 이는 노드에서 접지까지 DC path가 없어 발생하는 에러로 노드에서 접지까지 저항을 연결해 주면 해결할 수 있는데 그림 10–14와 같이 병렬로 아주 큰 저항 R2와 R3를 연결하면 실험 오차를 줄일 수 있을 것이다.

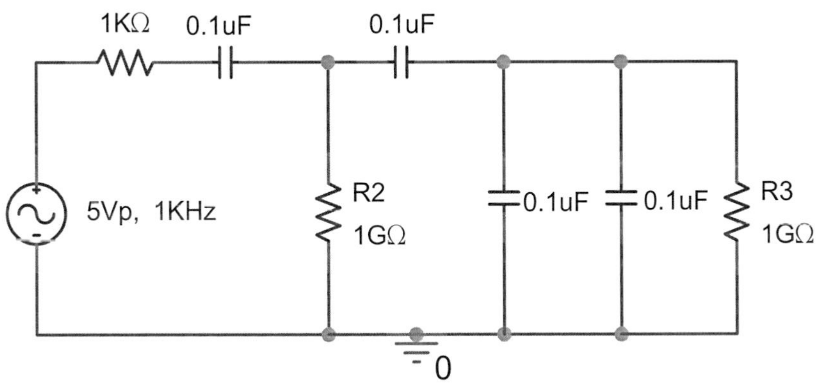

그림 10-14 실험 2 회로

표 10-2 커패시터 직병렬 회로의 시뮬레이션 결과

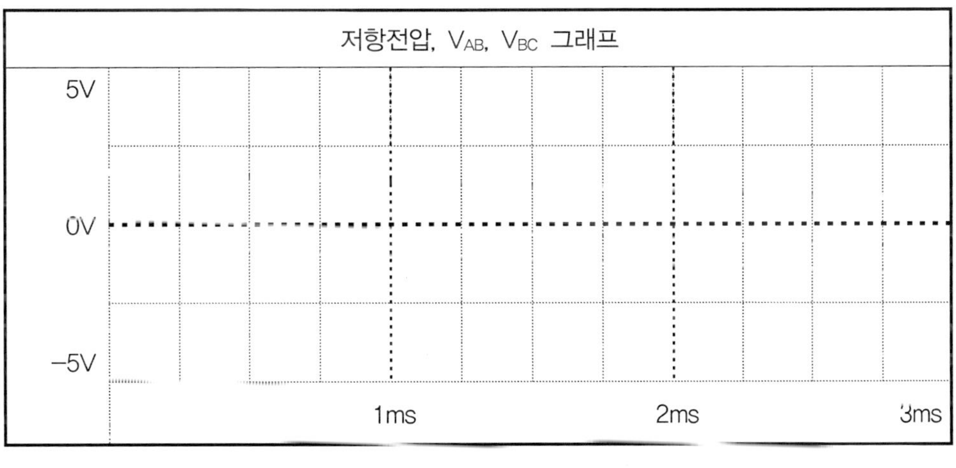

실험 3

그림 10-15와 같은 RC 직렬회로를 구성하고 함수발생기를 이용하여 전원 전압은 $5\,V_p(10\,V_{pp})$, 1 KHz 사인파를 인가하시오. 멀티미터를 이용하여 저항과 커패시터에 걸리는 전압의 크기와 회로의 전류를 측정하시오. 오실로스코프를 이용하여 저항 전압과 커패시터에 걸리는 전압 사이의 위상차를 측정하여 표 10-3에 작성하시오. 일반적으로 멀티미터를 이용한 측정값은 실효값(RMS) 값이다.

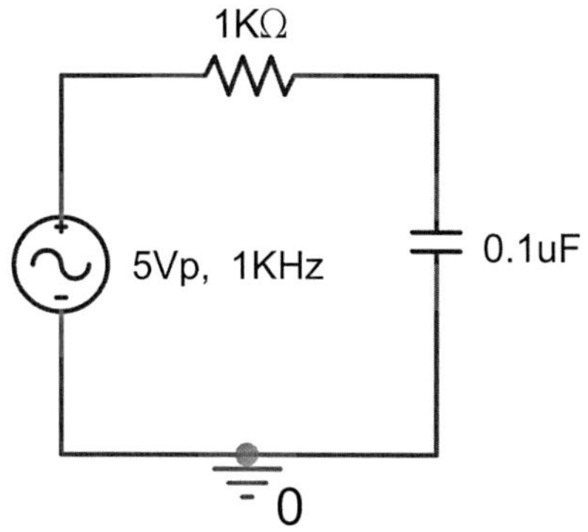

그림 10-15 실험 3 회로

표 10-3 RC 직렬회로의 전압위상 및 임피던스

항 목	결 과
저항 전압 V_R (RMS)	(측정값)
커패시터 전압 V_C (RMS)	(측정값)
전류 I (RMS)	(측정값)
전압 $V = \sqrt{V_R^2 + V_C^2}$	(계산값)
커패시터의 리액턴스 X_C	(계산값)
임피던스 $Z = \sqrt{R^2 + X_C^2}$	(계산값)
임피던스 Z = V / I	(측정값 계산)
V_R과 V_c의 위상차	(측정값)

실험 4

그림 10-16과 같은 RC 병렬회로를 구성하고 함수발생기를 이용하여 전원 전압은 $5\,V_p(10\,V_{pp})$, 1 KHz 사인파를 인가하시오. 멀티미터를 이용하여 저항과 커패시터에 흐르는 전류를 측정하여 표 10-4에 작성하시오. 멀티미터를 이용하여 회로 전류를 측정하고 계산으로 구한 전류값과 비교하시오. 또한 PSpice 시뮬레이션을 이용하여 저항 전류와 커패시터 전류의 위상차를 구하시오.

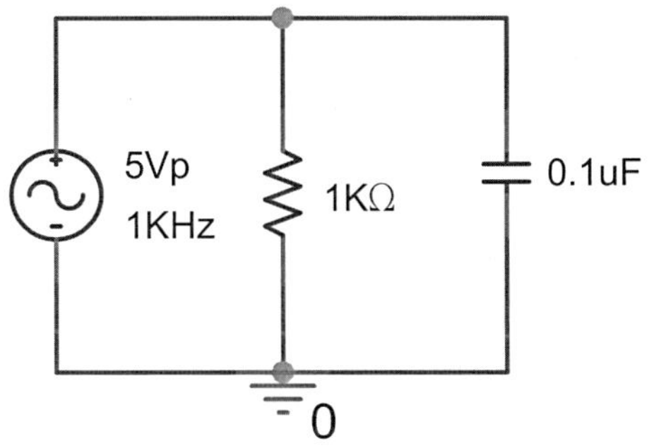

그림 10-16 실험 4 회로

표 10-4 RC 병렬회로의 전류와 위상

항 목	결 과
저항 전압 V_R (RMS)	(측정값)
저항 전류 I_R (RMS)	(측정값)
커패시터 전류 I_C (RMS)	(측정값)
회로의 총전류 $I = \sqrt{I_R^2 + I_C^2}$	(계산값)
회로의 총전류 I (RMS)	(측정값)
임피던스 Z = V / I	(측정값 계산)
I_R과 I_C의 위상차	(시뮬레이션)

실험 5

그림 10-17과 같이 2개의 인덕터는 직렬로, 다른 2개의 인덕터는 병렬로 연결하고 교류 전원은 5 V_p(10 V_{pp}), 1 KHz 사인파를 인가하시오. 멀티미터로 회로의 전류와 저항 전압, V_{AB}, V_{BC}를 측정하고 표 10-5를 완성하시오.

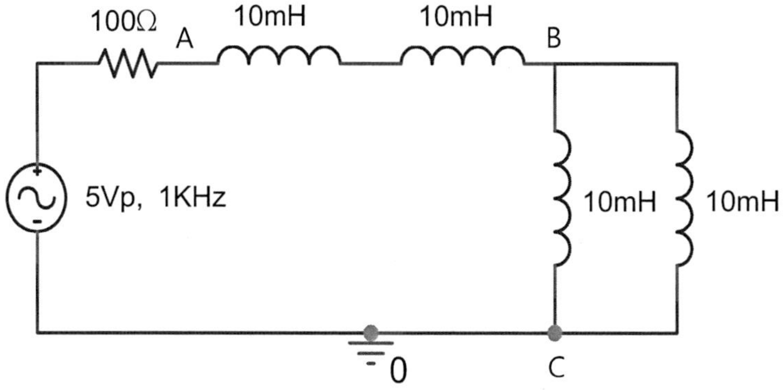

| 그림 10-17 | 실험 5 회로

| 표 10-5 | 인덕터 직병렬 연결

항 목	결 과
직렬연결 인덕턴스	(계산값)
병렬연결 인덕턴스	(계산값)
전체 인덕턴스 L	(계산값)
리액턴스 $X_L = 2\pi fL$	(계산값)
임피던스 $Z = \sqrt{R^2 + X_L^2}$	(계산값)
V_{AB} (RMS)	(측정값)
V_{BC} (RMS)	(측정값)
저항 전압 V_R (RMS)	(측정값)
총 전압 $V = \sqrt{V_R^2 + (V_{AB} + V_{BC})^2}$	(계산값)
회로의 총 전류 I = V/Z	(계산값)
회로의 총 전류 I (RMS)	(측정값)

실험 6

실험 5의 그림 10-17 회로에 대하여 PSpice 시뮬레이션을 실행하고 저항 전압, 인덕터 전압 V_{AB}와 V_{BC}의 그래프를 표 10-6에 그리시오.

> **주의** 그림 10-17 회로에 대해 시뮬레이션을 실행하면 인덕터 연결 노드에서 loop 에러가 발생하고 직렬 저항을 연결하라는 에러 메시지가 나타난다. 그림 10-18과 같이 직렬로 1 mΩ과 같은 아주 작은 저항을 연결하면 이를 해결할 수 있다.

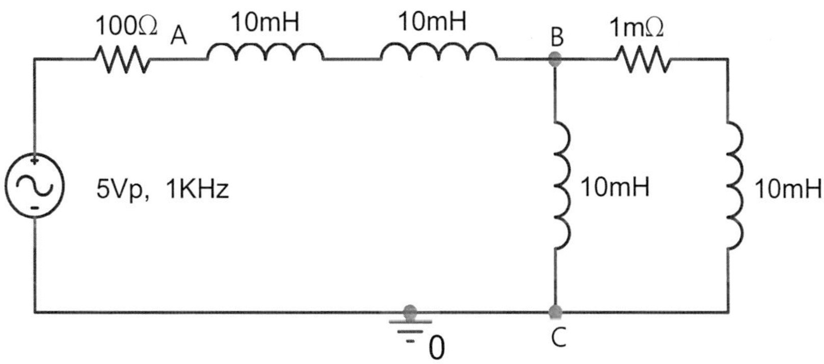

그림 10-18 실험 6 회로

표 10-6 인덕터 직병렬 회로의 시뮬레이션 결과

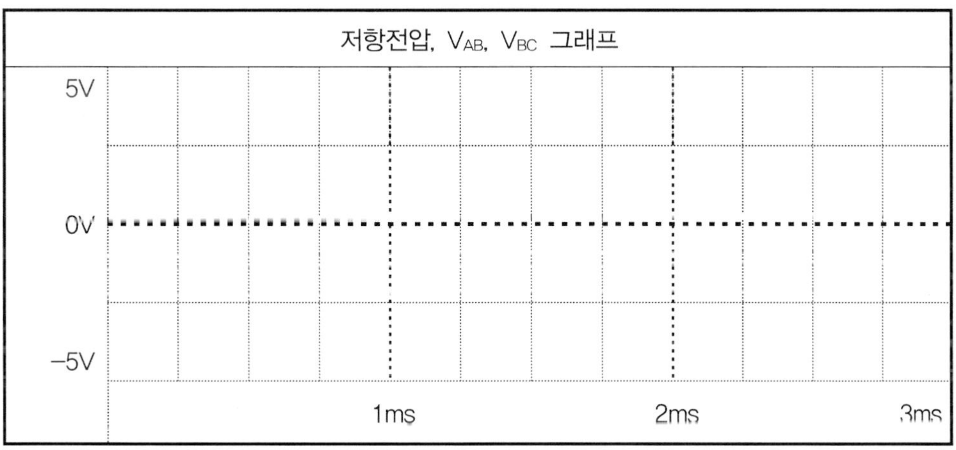

실험 7

그림 10-19 회로에서 시정수를 계산하고 커패시터 양단 전압의 변화를 PSpice 시뮬레이션으로 확인하여 표 10-7에 그리고 시정수 1τ 되는 지점의 전압을 표시하시오. 스위치의 part name은 sw_tOpen(eval), sw_tClose(eval)이고 Simulation profile에서의 "Analysis type"은 Time Domain(Transient)으로 설정한다. "Run to time"은 2초 정도로 파형을 충분히 나타낼 수 있도록 한다.

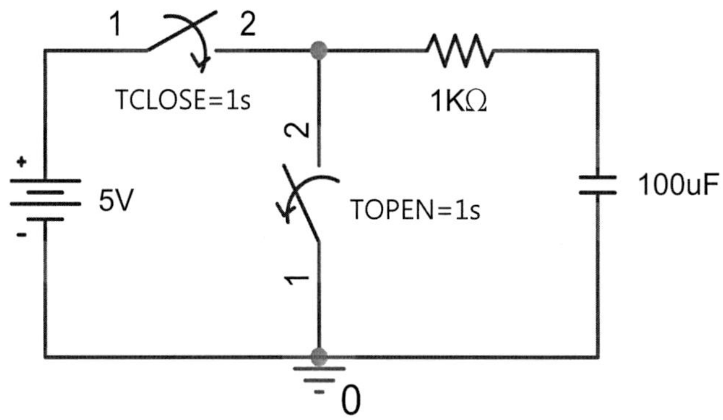

| 그림 10-19 | 실험 7 회로

| 표 10-7 | RC 회로의 시정수 (직류 전원)

시정수 RC =

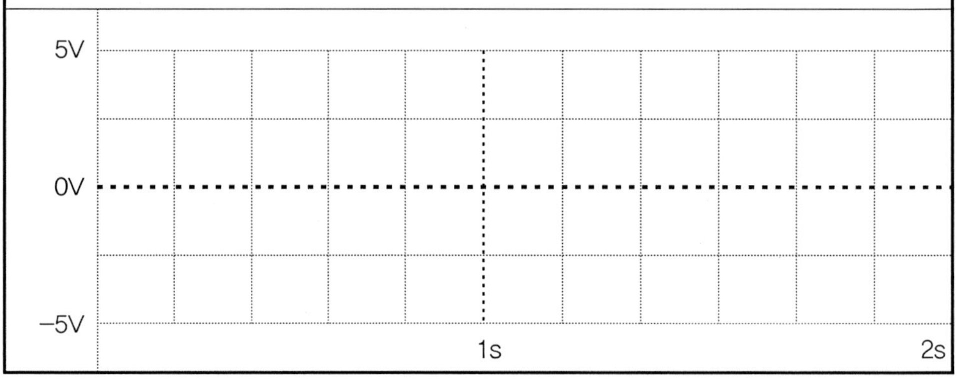

실험 8

그림 10-20과 같은 RL 직렬 회로에 대하여 시정수를 구하고 PSpice 시뮬레이션을 실행하여 전압 전원과 인덕터 양단의 전압 파형을 표 10-8에 그리시오. 전압 전원은 "VPULSE"이고 PW는 Pulse Width, PER은 주기를 나타낸다. TD, TR, TF는 1n(nano second)와 같은 아주 작은 값으로 설정하여 오차를 줄이도록 한다.

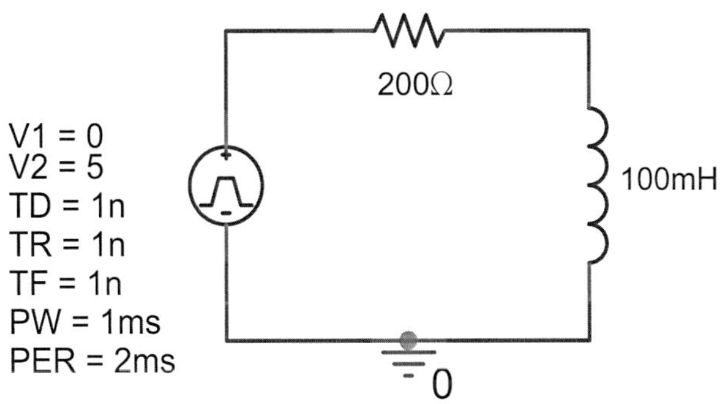

그림 10-20 실험 8 회로

표 10-8 RL 회로의 시정수(구형파 전원)

시정수 L/R =

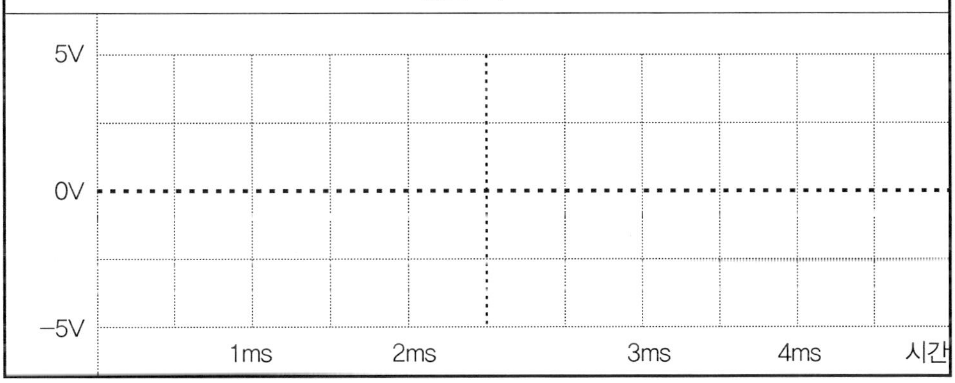

제 11 장

RLC 회로의 주파수 특성

11.1 RLC 직렬회로의 위상과 임피던스

RLC 직렬회로는 그림 11-1과 같이 저항(R), 인덕터(L), 커패시터(C)가 직렬로 연결된다. 인덕터와 커패시터는 교류 전류의 흐름을 방해하는 성분 즉, 리액턴스를 갖는다. 리액턴스는 교류 전류의 흐름뿐만 아니라 리액턴스 소자의 전류와 전압 사이의 시간 지연 또는 위상에도 영향을 미친다. 그림 11-1 회로는 직렬회로이기 때문에 각 소자에 흐르는 전류는 같다. 저항 전압은 전류와 위상이 같기 때문에 위상 차이는 0°이다. 인덕터 전압의 위상은 전류보다 90° 앞서고 +90°로 표시하고 커패시터 전압의 위상은 전류보다 90° 지연되기 때문에 −90°로 표시한다.

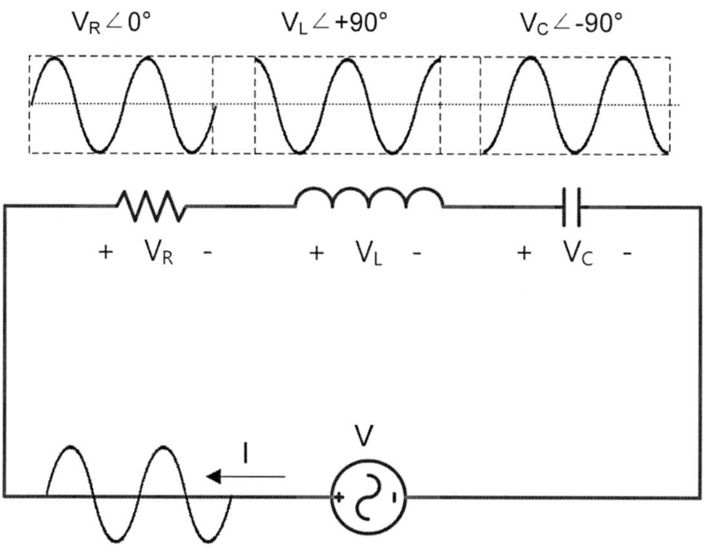

▌그림 11-1▐ RLC 직렬 회로의 위상 특성

RLC 회로에서 각 소자들의 전압·전류 위상 특성을 정리하면 다음과 같다.

- **저항** : 전압과 전류의 위상은 같다.
- **커패시터** : 전압과 전류의 위상차가 90°이다. 전압이 전류보다 90° 지연된다. 즉, 전류가 최대치에 도달했을 때 전압은 90° (1/4 사이클) 후에 최대치에 도달한다.
- **인덕터** : 전압과 전류의 위상차가 90°이며 전압이 전류보다 90° 앞선다. 즉, 전압이 전류보다 90° (1/4 사이클) 먼저 최대치에 도달한다.

교류회로에서 리액턴스와 순수 저항 성분을 합한 회로 전체의 저항을 임피던스라고 하며 다음 식으로 나타낸다.

$$Z = \sqrt{R^2 + (X_L - X_C)^2}$$

전원 주파수 f에 대한 인덕터 리액턴스 X_L과 커패시터 리액턴스 X_C는 다음과 같은 수식으로 나타낸다.

$$X_L = 2\pi f L = \omega L$$

$$X_C = \frac{1}{2\pi f C} = \frac{1}{\omega C}$$

리액턴스의 단위는 옴(Ω)이며 직류($f = 0$)에 대하여 인덕터의 리액턴스는 0, 커패시터의 리액턴스는 무한대가 된다. 즉, 직류에 대해 인덕터는 단락 회로, 커패시터는 개방 회로와 같이 동작한다.

RLC 직렬회로에서 저항에 걸리는 전압을 V_R, 인덕터 전압을 V_L, 커패시터 진압을 V_C라 할 때 회로에 흐르는 전류는 모든 소자에 동일하므로 저항 전압의 위상은 전류의 위상과 같고 인덕터 전압의 위상은 전류의 위상보다 90° 앞서고 커패시터 전압의 위상은 전류의 위상보다 90° 지연되므로 위상을 고려하여 전체 전압 V를 페이저도로 나타내면 그림 11-2와 같다.

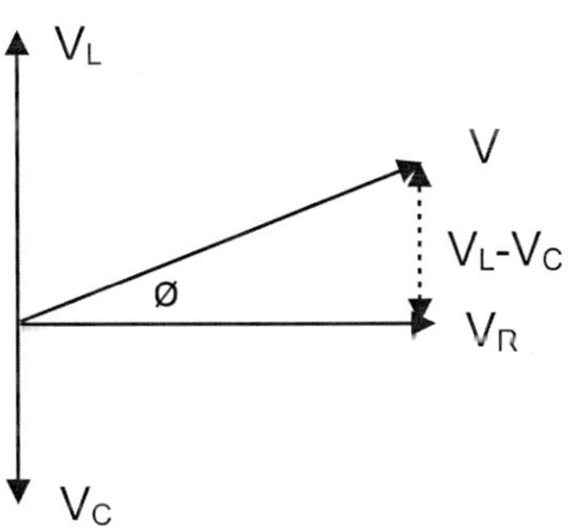

▌그림 11-2▐ RLC 직렬회로의 진압 위상

따라서 피타고라스 정리를 이용하면 다음과 같은 식이 가능하다.

$$V = \sqrt{V_R^2 + (V_L - V_C)^2} \tag{11.1}$$

위의 식에서

$$V_R = IR,\ V_L = IX_L,\ V_C = IX_C,\ V = IZ$$

이므로 식 (11.1)을 다시 쓰면 다음과 같다.

$$IZ = \sqrt{(IR)^2 + (IX_L - IX_C)^2}$$

양변을 I로 나누면 임피던스는

$$Z = \sqrt{R^2 + (X_L - X_C)^2}$$

이다.

11.2 RLC 직렬회로의 공진주파수

RLC 직렬회로에서 전압 V가 인가될 때 전류 I는 다음과 같다.

$$I = \frac{V}{Z} = \frac{V}{\sqrt{R^2 + (X_L - X_C)^2}}$$

전류 I가 최대가 되기 위해서는 $X_L = X_C$가 되어야 한다. 따라서 전류가 최대가 되는 주파수를 구하면

$$2\pi f L = \frac{1}{2\pi f C}$$

$$f = \frac{1}{2\pi\sqrt{LC}} \tag{11.2}$$

와 같다. 전류 값이 최대가 될 때의 주파수를 공진주파수라 하며 식 (11.2)와 같이 나타낸다. 공진주파수에서 회로의 임피던스 값은 $Z = R$이므로 순수한 저항 회로처럼 동작한다.

예제 11-1

그림 11-1과 같은 RLC 직렬회로에서 교류전원 전압은 10V, 1 KHz이고 저항 R = 100Ω, 인덕터 L = 10 mH, 커패시터 C = 1 uF일 때 회로의 임피던스와 전류를 구하고 전압의 페이저도를 그리시오.

풀이

인덕터의 리액턴스 X_L을 구하면

$$X_L = 2\pi f L = 2 \times 3.14 \times 10^3 \times 10 \times 10^{-3} = 62.8\,(\mathrm{ohm})$$

이다. 다음으로 커패시터의 리액턴스 X_C를 구하면

$$X_C = \frac{1}{2\pi f C} = \frac{1}{2 \times 3.14 \times 10^3 \times 1 \times 10^{-6}} = 159.2\,(\mathrm{ohm})$$

이다. 회로의 임피던스는

$$Z = \sqrt{R^2 + (X_L - X_C)^2} = \sqrt{100^2 + (62.8 - 159.2)^2} = 138.9\,(\mathrm{ohm})$$

이다. 따라서 회로의 전류는 다음과 같다.

$$I = \frac{V}{Z} = \frac{10}{138.9} \simeq 72(\mathrm{mA})$$

회로의 전류와 각 소자의 저항 및 리액턴스를 구했으므로 각 소자에 걸리는 전압은 다음과 같다.

$$V_R = IR = 72 \times 100 = 7.2\,(V)$$

$$V_L = I\,X_L = 72 \times 62.8 \simeq 4.5\,(V)$$

$$V_C = IX_C = 72 \times 159.2 = 11.5\,(V)$$

위에서 구한 각 소자의 전압으로 전체 전압을 페이저도로 나타내면 그림 11-3과 같다. 계산 과정에서 소수점이하의 오차에 의하여 전체 전압은 10.01 V이다.

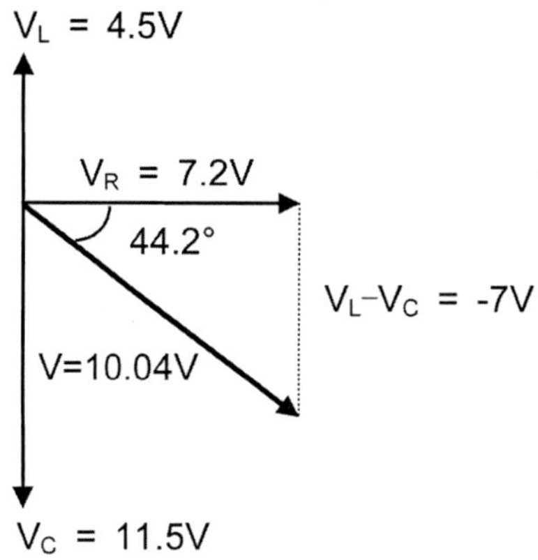

| 그림 11-3 | 전압 페이저도

예제 11-2

그림 11-1과 같은 RLC 직렬회로에서 교류전원 전압은 10V이고 저항 R = 100Ω, 인덕터 L = 10 mH, 커패시터 C = 1uF일 때 공진주파수를 구하고 그 결과를 PSpice 시뮬레이션으로 확인하시오.

풀이

회로의 공진 주파수를 구하기 위해 식 (11.2)를 사용하면 공진 주파수는

$$f = \frac{1}{2\pi\sqrt{LC}} = \frac{1}{2\times 3.14\times\sqrt{10\times 10^{-3}\times 1\times 10^{-6}}} \simeq 1{,}592.4\,(\text{Hz})$$

와 같다. 이를 PSpice를 검증해보기 위해 다음 차례와 같이 시뮬레이션을 진행한다.

❶ 전원은 VAC로 하고 Vac는 10으로 설정한다.

❷ 전류를 측정하기 위해 Current Marker를 회로에 연결시킨다. 직류 회로이기 때문에 연결되는 위치에 관계없이 측정되는 전류는 모두 같다.

❸ Simulation Profile에서 Analysis Type은 AC Sweep/Noise를 선택하고 AC Sweep Type에서 Start Frequency는 100, End Frequency는 5K, Total Points는 100 정도 입력한다.

❹ 시뮬레이션을 실행시키면 그림 11-4와 같은 결과 그래프를 얻을 수 있다. 그래프에서 위의 화살표가 가리키는 곳이 전류가 최대가 되는 곳이고 아래 화살표는 이때의 공진주파수를 가리킨다.

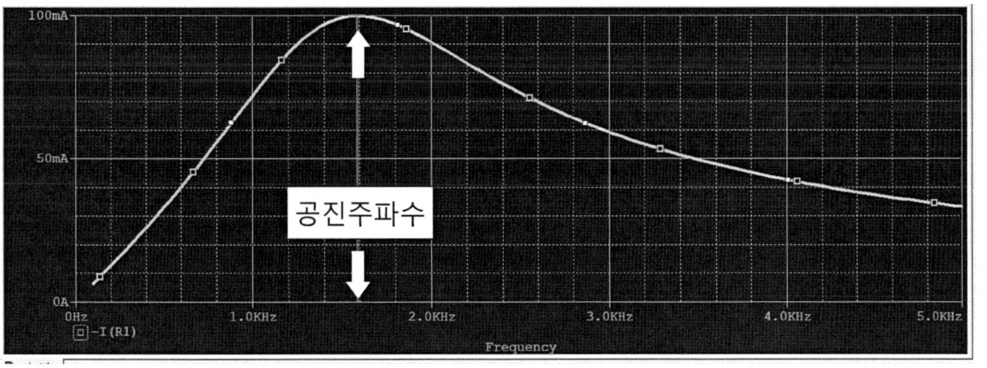

| 그림 11-4 | PSpice 시뮬레이션 결과

그림 11-4의 그래프를 보면 공진주파수에서 전류의 값이 거의 100 mA를 가리킨다. 이론적으로 회로의 공진 시에는 인덕터와 커패시터에 의한 리액턴스 값은 서로 상쇄되어 0이 되므로 순수 저항만이 남게 되어 이때 전압은 10V, 저항은 100Ω이므로 옴의 법칙에 의해 전류는 100 mA가 된다.

11.3 RLC 병렬회로의 위상과 임피던스

그림 11-5와 같은 RLC 병렬회로에서는 각 소자에 걸리는 전압은 전원 전압 V와 같지만 전류는 회로의 총 전류 I가 나누어져 흐른다는 것을 알고 있다. 각 소자에 흐르는 전류의 크기는 저항 또는 리액턴스의 크기에 따라 다르다.

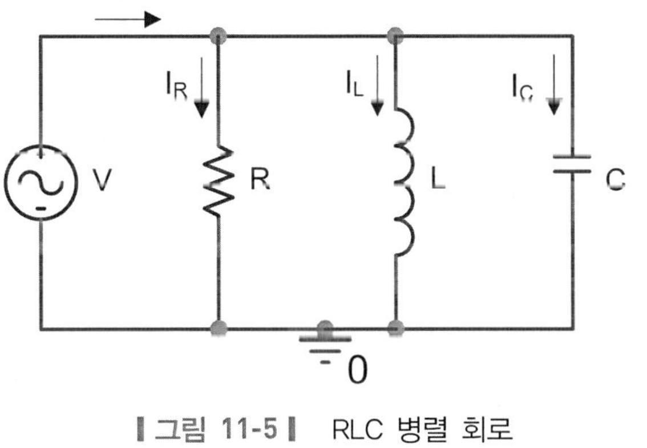

| 그림 11-5 | RLC 병렬 회로

하지만 회로의 총 전류 I는 각 소자에 흐르는 전류 I_R, I_L, I_C의 대수적인 합이 아니고 그림 11-6의 페이저도와 같은 벡터 합으로 나타낸다. 각 소자의 전압은 모두 같으므로 이를 기준으로 페이저도를 그릴 수 있다. 저항 전류는 전압과 동일한 위상을 가지며 커패시터 전류는 전압보다 90° 앞서고 인덕터 전류는 전압보다 90° 지연된다.

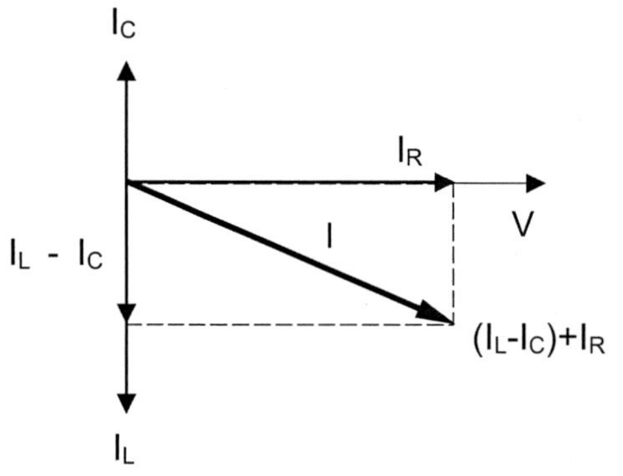

▌그림 11-6▐ RLC 병렬 회로의 전류 위상

그림 11-6의 전류 벡터 삼각형에서 피타고라스 정리를 사용하면

$$I^2 = I_R^2 + (I_L - I_C)^2$$

$$I = \sqrt{I_R^2 + (I_L - I_C)^2}$$

$$I = \sqrt{\left(\frac{V}{R}\right)^2 + \left(\frac{V}{X_L} - \frac{V}{X_C}\right)^2} = \frac{V}{Z}$$

$$\frac{1}{Z} = \sqrt{\left(\frac{1}{R}\right)^2 + \left(\frac{1}{X_L} - \frac{1}{X_C}\right)^2} \tag{11.3}$$

와 같다. 위의 식 (11.3)은 임피던스 Z의 역수를 나타내는데 이를 어드미턴스(Admittance)라고 부른다. 병렬회로에서 회로의 총 어드미턴스 Y_T는 다음 식과 같이 각 소자의 어드미턴스의 합으로 나타낼 수 있다.

$$Y_T = Y_1 + Y_2 + \dots + Y_N$$

회로의 총 임피던스는 단순히 어드미턴스의 역수이므로 병렬회로에서는 어드미턴스를 사용하는 것이 편할 때가 있다.

예제 11-3

그림 11-5와 같은 RLC 병렬 회로에서 전원은 10V, 1KHz 교류 전압이고 저항 R = 10 Ω, 인덕터 L = 1mH, 커패시터 C = 10uF일 때 회로의 총 임피던스와 각 소자에 흐르는 전류를 구하시오. 또 회로의 총 전류를 구하고 전류 페이저도를 그리시오.

풀이

인덕터의 리액턴스 X_L은

$$X_L = 2\pi f L = 2 \times 3.14 \times 10^3 \times 1 \times 10^{-3} = 6.28(\text{ohm})$$

와 같고 커패시터의 리액턴스 X_C는 다음과 같다.

$$X_C = \frac{1}{2\pi f C} = \frac{1}{2 \times 3.14 \times 10^3 \times 10 \times 10^{-6}} = 15.9(\text{ohm})$$

각 소자에 흐르는 전류는

$$I_R = \frac{V}{R} = \frac{10}{10} = 1(\text{A})$$

$$I_L = \frac{V}{X_L} = \frac{10}{6.28} \simeq 1.59(\text{A})$$

$$I_C = \frac{V}{X_C} = \frac{10}{15.9} \simeq 0.63(\text{A})$$

와 같다. 회로의 총 전류를 다음 식으로 구하면

$$I = \sqrt{I_R^2 + (I_L - I_C)^2} = \sqrt{1^2 + (1.59 - 0.63)^2} \simeq 1.39(\text{A})$$

이다. 식 (11.3)을 이용하여 임피던스를 구하면

$$\frac{1}{Z} = \sqrt{\left(\frac{1}{R}\right)^2 + \left(\frac{1}{X_L} - \frac{1}{X_C}\right)^2} = \sqrt{\left(\frac{1}{10}\right)^2 + \left(\frac{1}{6.28} - \frac{1}{15.9}\right)^2}$$

$$= \sqrt{0.01 + 0.0093} \simeq 0.139$$

이므로 임피던스 $Z = 1/0.139 = 7.19(\Omega)$이다. 회로의 총 전류를 임피던스를 이용하여 다음과 같이 구할 수도 있다.

$$I = \frac{V}{Z} = \frac{10}{7.19} \simeq 1.39(\mathrm{A})$$

각 소자의 전류를 이용하여 전류 페이저도를 그리면 그림 11-7과 같다. 페이저도에서 전류의 위상각은 다음과 같이 구한다.

$$\cos\theta = \frac{1}{1.39} \simeq 0.719,\ \theta = \cos^{-1}(0.719) \simeq 44^\circ$$

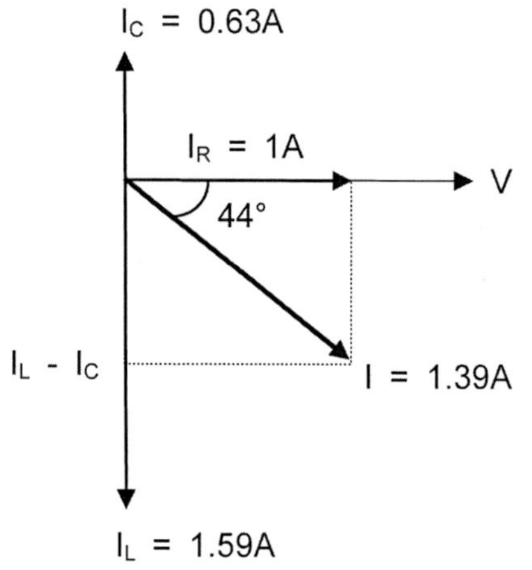

【그림 11-7】 전류 페이저도

11.4 RLC 병렬회로의 공진주파수

RLC 직렬회로에서 회로의 공진은 $X_L = X_C$일 때 발생한다고 이미 배웠다. 이 조건을 RLC 병렬회로에 똑같이 적용하면 식 (11.3)에서 임피던스의 역수인 어드미턴스가 최소가 되므로 임피던스는 최대가 된다. 임피던스가 최대가 되면 회로의 전류는 최소가 된다. 그림 11-8은 병렬회로에서 공진주파수와 전류와의 관계를 보여준다. 공진주파수에서 회로의 전류 값은 최소가 되고 이 전류는 저항에 흐르는 전류이고 인덕터나 커패시터 소자에는 전류가 흐르지 않는다.

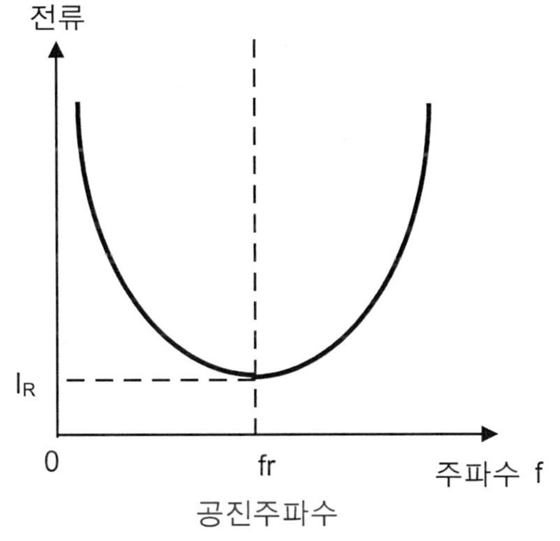

그림 11-8 병렬회로의 공진주파수와 전류

식 (11.3)에서 $X_L = X_C$이면

$$\left(\frac{1}{X_L} - \frac{1}{X_C}\right)^2 = 0$$

가 되어야 하므로

$$\frac{1}{2\pi f L} = 2\pi f C$$

와 같은 등식이 성립한다. 이 식에서 주파수 f를 구하면 RLC 직렬회로에서의 공진 조건과 마찬가지로

$$f = \frac{1}{2\pi\sqrt{LC}}$$

이 된다. 따라서 RLC 회로에서 공진주파수는 직렬회로와 병렬회로 모두 똑같이 계산된다. 단, 공진 시에 직렬회로에서는 전류가 최대가 되고 병렬회로에서는 전류가 최소가 된다는 차이가 있다.

예제 11-4

그림 11-5와 같은 RLC 병렬회로에서 전원은 5V, 1KHz 교류 전압원이고 저항은 10Ω, 인덕터는 1mH, 커패시터는 10uF일 때 공진주파수를 구하시오. 또 PSpice 시뮬레이션을 이용하여 공진주파수를 확인하고 이때 인덕터와 커패시터에는 전류가 흐르지 않음을 확인하시오.

풀이

공진주파수는 다음과 같이 계산한다.

$$f = \frac{1}{2\pi\sqrt{LC}} = \frac{1}{2\times 3.14\times\sqrt{1\times 10^{-3}\times 10\times 10^{-6}}} \simeq 1{,}592.36(\mathrm{Hz})$$

PSpice 시뮬레이션을 위해 그림 11-9와 같이 회로를 작성하고 시뮬레이션을 실행한다. 회로에서 전압원은 VAC를 선택하고 R2 저항을 삽입하여 인덕터의 loop 에러를 방지한다. 회로의 총 전류를 측정하기 위해 첫 번째 Current Marker를 전압원 위에 연결하고 인덕터와 커패시터에 흐르는 전류를 측정하기 위해 두 번째 Current Marker를 R2 저항에 연결한다.

Simulation Profile에서 Analysis Type은 AC Sweep/Noise를 선택하고 AC Sweep Type은 Linear를 선택하였고 Start Frequency는 100, End Frequency는 10K, Total Points는 100을 입력하였다.

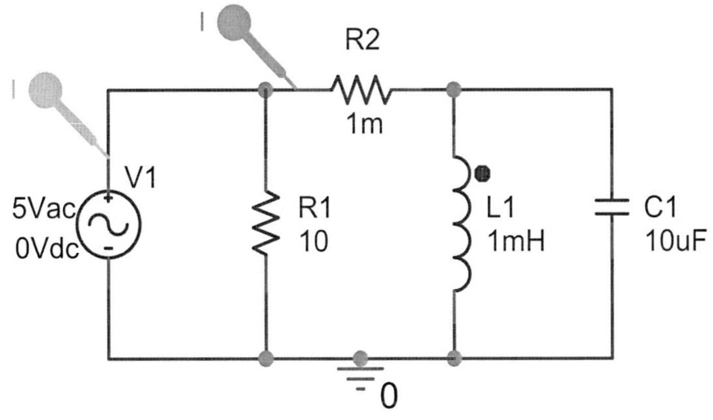

❙ 그림 11-9 ❙ 시뮬레이션 회로

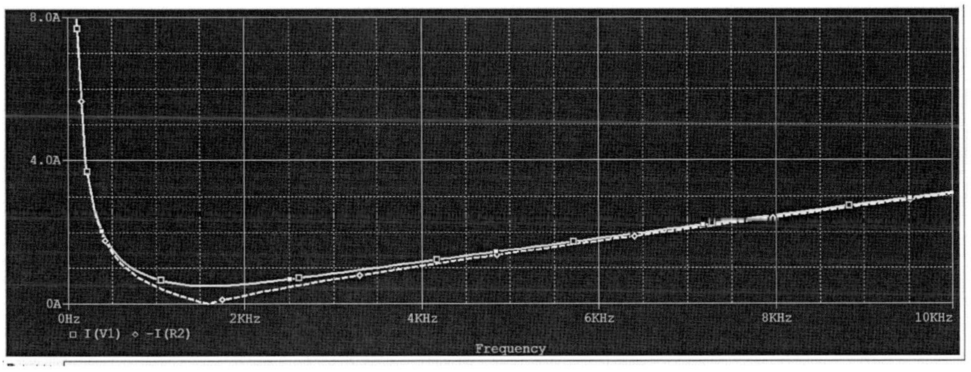

❙ 그림 11-10 ❙ 시뮬레이션 결과 전류 파형

그림 11-10의 시뮬레이션 결과 파형에서 실선은 회로의 총 전류를 나타내고 점선은 인덕터와 커패시터로 흐르는 전류를 나타낸다. 공진주파수 1,592 Hz 부근에서 회로의 총 전류는 최소가 되고 이때 인덕터와 커패시터로 흐르는 전류는 0이 됨을 확인할 수 있다.

11.5 실험 실습

11.5.1 실험 목표

RLC 직렬회로에서 각 소자의 전압 위상과 임피던스 그리고 공진주파수에 대해서 실험을 통하여 측정하고 이를 이론치 및 시뮬레이션 결과와 비교하여 확인한다. 또한 RLC 병렬회로에 대해서도 같은 작업을 반복하여 RLC 회로의 교류 특성을 완전히 이해한다.

11.5.2 실험 부품

저항	100Ω	1개
인덕터	1mH 10mH	1개 1개
커패시터	1uF 4.7uF	1개 1개

11.5.3 실험 내용

실험 1

그림 11-11의 회로를 브레드보드에 구성하고 신호발생기의 주파수를 변화시켜 가면서 멀티미터로 회로의 전류를 측정하여 표 11-1에 기록하시오. 측정한 전류값 중에서 최대를 나타내는 주파수(fmax)를 기준으로 표 11-2의 주파수에 대하여 전류값을 측정하여 기록하고 공진주파수(측정치)를 구하시오.

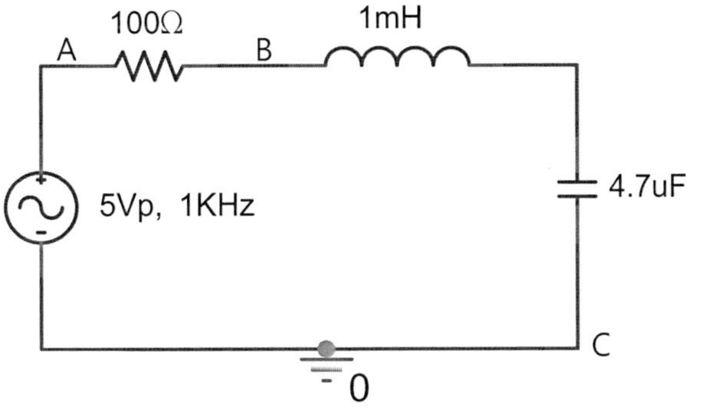

그림 11-11 실험 1 회로

표 11-1 전류 측정

주파수	전류(mA)
1 KHz	
2 KHz	
3 KHz	
4 KHz	
5 KHz	

표 11-2 공진주파수와 회로의 전류 및 전압

단계	주파수	전류	저항전압(V_{AB})	LC전압(V_{BC})
fmax−1.0K				
fmax−0.75k				
fmax−0.5k				
fmax−0.25k				
fmax				
fmax+0.25k				
fmax+0.5k				
fmax+0.75k				
fmax+1.0k				

※ 공진주파수(측정치) = ____________(Hz)

실험 2

[실험 1]의 회로에 대하여 PSpice를 수행하고 회로의 전류, 저항 양단의 전압 그리고 LC 전압의 파형을 표 11-3에 그리고 공진주파수를 찾아 적으시오. 공진주파수에서 저항 양단의 전압(V_{AB})과 LC 전압(V_{BC})의 변화를 확인하시오. 교류전원은 VAC를 선택하고 주파수를 변화시키면서 공진주파수를 찾는다. 시뮬레이션 프로파일의 Analysis type은 “AC Sweep”을 선택한다.

▎표 11-3 ▎ 전류 및 전압 시뮬레이션 파형

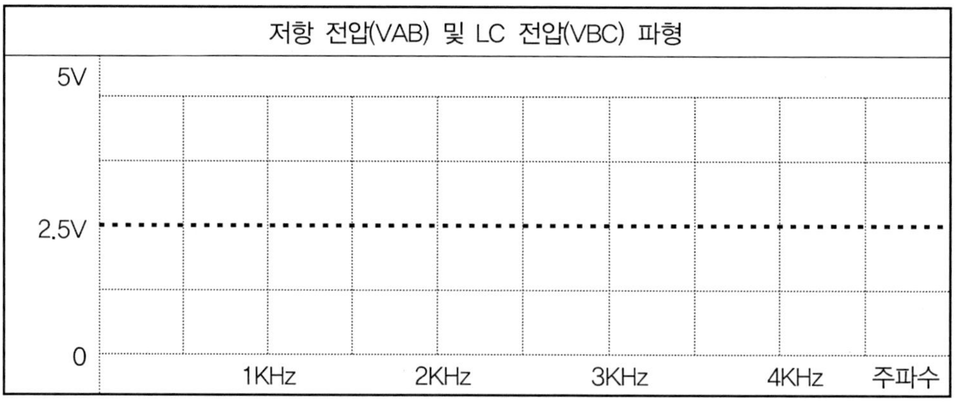

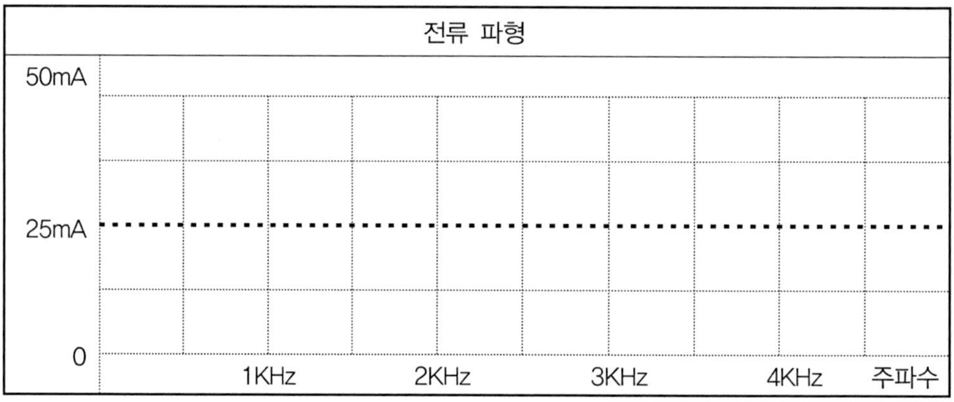

※ 공진주파수(시뮬레이션)

주파수 = ____________(Hz)

V_{AB} = ______________(V)

V_{BC} = ______________(V)

실험 3

그림 11-12의 회로를 브레드보드에 구성하고 신호발생기의 주파수를 변화시켜 가면서 멀티미터로 회로의 전류를 측정하여 표 11-4에 기록하시오. 측정한 전류값 중에서 최소를 나타내는 주파수(fmin)를 기준으로 표 11-5의 주파수에 대하여 전류값을 측정하고 공진주파수(측정치)를 구하시오.

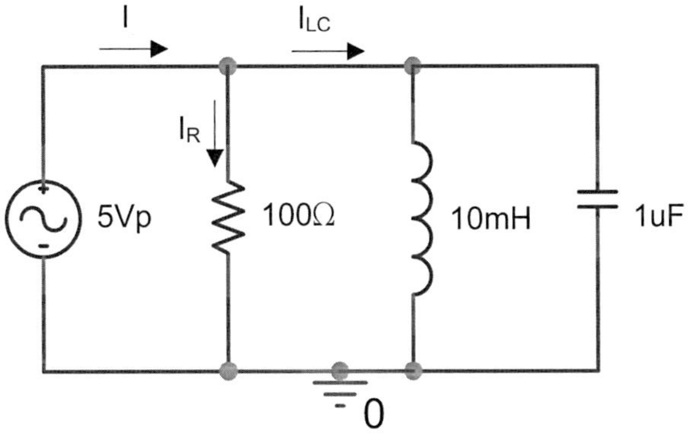

그림 11-12 실험 3 회로

표 11-4 전류 측정

주파수	전류 I (mA)
1 KHz	
2 KHz	
3 KHz	
4 KHz	
5 KHz	

표 11-5 공진주파수와 회로의 전류

단계	주파수	전류	저항전류(I_R)	LC전류(I_{LC})
fmin−1.0K				
fmin−0.75k				
fmin−0.5k				
fmin−0.25k				
fmin				
fmin+0.25k				
fmin+0.5k				
fmin+0.75k				
fmin+1.0k				

※ 공진주파수(측정치) = ______________(Hz)

실험 4

[실험 3] 그림 11-12의 회로에 대하여 PSpice를 수행하고 회로의 전류 I, 저항 전류 I_R, 그리고 L_C 전류 I_{LC}의 파형을 표 11-6에 그리고 공진주파수를 찾아 적으시오. 공진주파수에서 저항 전류와 LC 전류의 변화를 확인하시오. 교류전원은 VAC를 선택하고 주파수를 변화시키면서 공진주파수를 찾는다. 시뮬레이션 프로파일의 Analysis type은 "AC Sweep"을 선택한다.

❙ 표 11-6 ❙ 시뮬레이션 파형

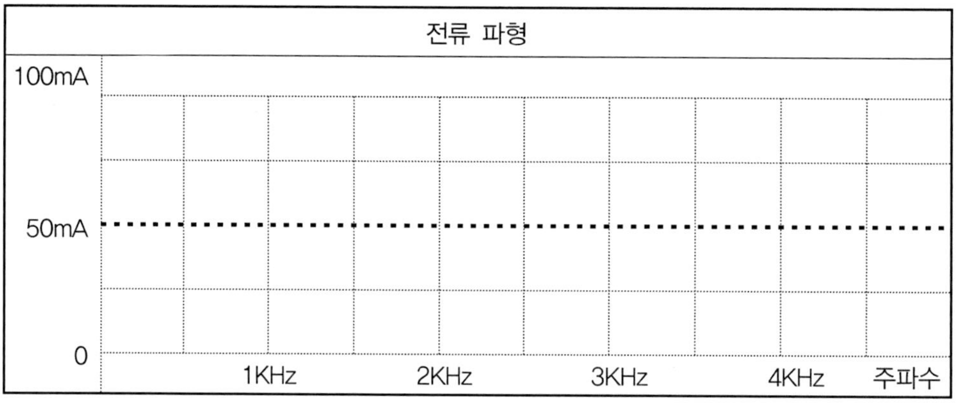

※ 공진주파수(시뮬레이션)

주파수 = ____________(Hz)

I = ________________(mA)

I_R = ________________(mA)

I_{LC} = ________________(mA)

제 12 장

교류 회로의 전력

12.1 순시 전력과 평균 전력

전기회로에서 전력(Power)이란 회로 소자에서 제공하거나 소모되는 에너지이다. 직류 회로에서 전력은 식 (12.1)과 같이 전압과 전류의 곱으로 나타낼 수 있고 단위는 와트(watt)를 사용한다.

$$P = V \times I = \frac{V^2}{R} = I^2 \times R(\text{watts}) \tag{12.1}$$

하지만 교류 회로의 경우 전력은 직류 회로에서와같이 간단하지 않다. 교류 회로의 전압과 전류는 시간에 따라 계속 변화하므로 어느 한순간의 전력 또한 계속 변한다. 따라서 교류 회로의 전력은 단순히 전압과 전류의 피크 값의 곱으로 나타낼 수 없다. 또 다른 차이점은 교류 회로는 인덕터나 커패시터와 같은 리액턴스 소자를 포함할 수 있다는 것이다. 리액턴스 소자는 에너지를 저장하는 능력이 있으므로 전력은 소비할 수도 있지만 어느 순간 전력을 생산하는 역할을 할 수도 있다.

교류 회로에서 어느 한순간의 전력을 순시 전력(Instantaneous Power)이라 하고 사인파 형태의 전원이 공급된다고 가정하면 다음 식으로 나타낼 수 있다.

$$V = V_m \sin(\omega t + \theta v)$$

$$I = I_m \sin(\omega t + \theta i)$$

$$P = V \times I = V_m \sin(\omega t + \theta v) \times I_m \sin(wt + \theta i)$$

$$= V_m I_m \sin(\omega t + \theta v) \sin(wt + \theta i)$$

위의 식에서 V_m과 I_m은 각각 전압과 전류의 피크값이다. 다음 식과 같은 삼각함수 공식을 이용하여 식을 정리하면

$$\sin A \times \sin B = \frac{1}{2}[\cos(A - B) - \cos(A + B)]$$

이므로

$$\begin{aligned}P &= V_m I_m \sin(\omega t+\theta v)\sin(\omega t+\theta i)\\ &= \frac{V_m I_m}{2}[\cos(\theta v-\theta i)-\cos(2\omega t+\theta v+\theta i)]\\ &= \frac{V_m}{\sqrt{2}}\frac{I_m}{\sqrt{2}}[\cos(\theta v-\theta i)-\cos(2\omega t+\theta v+\theta i)]\\ &= V_{rms} I_{rms}[\cos(\theta v-\theta i)-\cos(2\omega t+\theta v+\theta i)]\end{aligned}$$

위의 식에서 V_{rms}와 I_{rms}는 전압과 전류의 실효값(Root Mean Square)으로 피크값의 약 0.707배에 해당한다. 위의 마지막 식은 두 항으로 구성되어 있는데 첫 번째 항은 시간에 관계없는 일정한 값을 나타내고 두 번째 항은 시간에 따라 변화하는 값을 나타낸다. 순시전력은 시간에 따라 변화하는 항을 포함하므로 계산을 어렵게 만든다. 그래서 평균 전력을 사용하여 순시 전력을 보다 간소화할 수 있다. 평균 전력은 신호의 한 주기 동안의 전력을 나타내며 다음과 같은 식으로 구할 수 있다.

$$\begin{aligned}P_{avg} &= \frac{1}{T}\int_0^T P\,dt = \frac{1}{T}\int_0^T \frac{VmIm}{2}[\cos(\theta v-\theta i)-\cos(2\omega t+\theta v+\theta i)]dt\\ &= \frac{V_m I_m}{2} cos(\theta v-\theta i) = V_{rms} I_{rms}\cos(\theta v-\theta i)\end{aligned}$$

예제 12-1

60 Hz의 교류 전원이 공급되는 회로에서 전압 $V(t)=100\sin(\omega t+50°)$이고 전류 $I(t)=10\sin(\omega t-10°)$일 때 회로에서 소모되는 순시 전력과 평균 전력을 구하시오.

풀이

순시 전력 P는 다음과 같다.

$$\begin{aligned}P &= V\times I = 100\sin(\omega t+50°)\times 10\sin(\omega t-10°)\\ &= 1000\sin(\omega t+50°)\sin(\omega t-10°)\\ &= 500[\cos(60°)-\cos(2\omega t+40°)]\\ &= 250-500\cos(2\omega t+40°)(W)\end{aligned}$$

평균 전력은

$$P_{avg} = \frac{V_m I_m}{2}\cos(\theta v - \theta i) = \frac{100 \times 10}{2}\cos(50^\circ + 10^\circ)$$

$$= 250\,(W)$$

위의 결과를 보면 평균 전력은 순시 전력의 첫 번째 항의 값과 같다는 것을 알 수 있다.

12.2 저항 회로의 전력

순수 저항만의 회로에서는 전압과 전류의 위상이 같으므로 평균 전력의 식에서

$$P = V_{rms} I_{rms} \cos(\theta v - \theta i) = V_{rms} I_{rms} \cos(0) = V_{rms} I_{rms}$$

와 같이 쓸 수 있고 유효전력이라고도 한다. 전압과 전류, 그리고 전력과의 관계는 그림 12-1에서 확실하게 보여준다. 전압 V와 전류 I는 위상이 같고 전력은 항상 양의 값을 갖게 된다. 그래프의 180°와 360° 사이의 구간을 보면 전압과 전류는 모두 음의 값을 가지지만 전력은 전압과 전류의 곱이므로 양의 값을 가지게 되는 것을 보여준다.

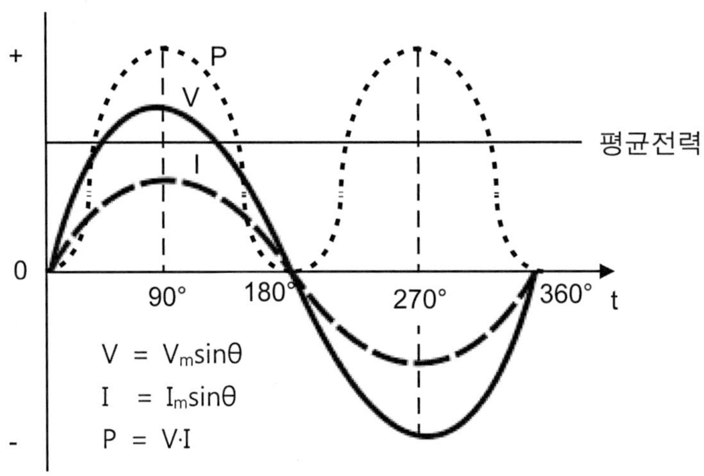

| 그림 12-1 | 순수 저항 회로에서의 전압, 전류 및 전력

12.3 인덕터 회로의 전력

순수 인덕터만의 회로에서는 전압과 전류의 위상이 90° 차이가 난다. 인덕터에 전압이 가해지면 전자기장이 발생되고 이것이 인덕터 전류의 흐름을 제한하여 인덕터의 전류가 급격히 변화하지 못하게 한다. 인덕터 회로에서는 전압의 위상이 전류의 위상보다 90° 앞선다. 인덕터 회로에서의 평균 전력은 다음 식과 같다.

$$P = V_{rms} I_{rms} \cos(\theta v - \theta i) = V_{rms} I_{rms} \cos(90^{\circ}) = 0$$

인덕터 회로에서는 소모하는 전력과 반환하는 전력이 서로 같아서 평균 전력이 0이 된다. 인덕터는 코일에 자기장 형태로 에너지를 저장한다. 인덕터 회로에서의 전압, 전류 및 전력의 관계는 그림 12-2와 같다.

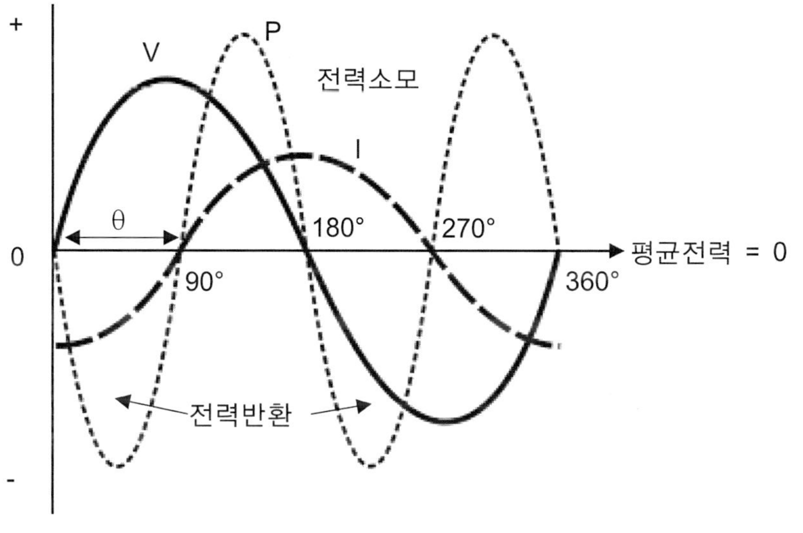

▌그림 12-2▐ 순수 인덕터 회로에서의 전압, 전류 및 전력

그림 12-2를 보면 전압의 위상이 전류의 위상보다 90° 앞선다는 것을 알 수 있다. 전력은 처음 90° 구간에서는 음의 전력을 나타내고 다음 90° 구간에서는 양의 전력, 그 다음 90° 구간에서 음의 전력, 마지막 90° 구간에서는 양의 전력을 나타내어 한 주기 동안 평균 전력은 0이 됨을 알 수 있다. 순수 인덕터만의 회로에서는 실제 전력을 소비하지 않지만 전압과 전류의 곱을 무효전력(Reactive Power) Q_L로 나타내며 다음 식과 같다.

$$Q_L = V \times I \times \sin\theta = V \times I \times \sin(90^\circ) = V \times I (VAr)$$

무효전력의 단위는 VAr(VA reactive)로 나타내어 유효전력의 와트(watt)와 구분한다.

예제 12-2

그림 12-3과 같은 회로에서 전원 전압과 전류의 위상차, 저항 전압과 위상, 인덕터 전압과 위상, 그리고 회로에서 소모되는 전력을 구하시오.

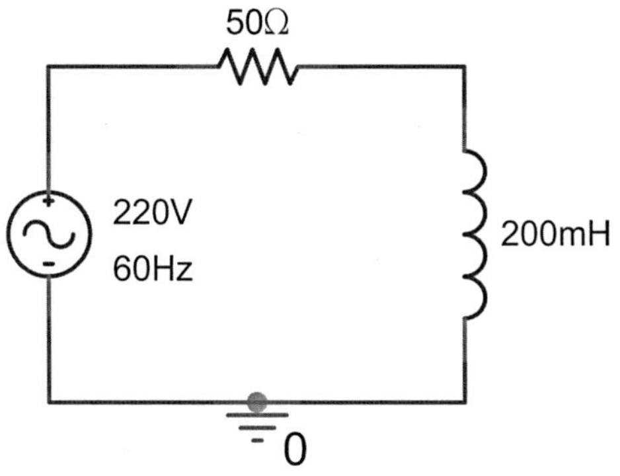

▌그림 12-3▐ RL 회로의 위상 및 전력

풀이

회로의 임피던스 Z를 구하기 위해 먼저 인덕터의 리액턴스 X_L을 구한다.

$$X_L = 2\pi f L = 2 \times 3.14 \times 60 \times 200 \times 10^{-3} = 75.36(\mathrm{ohm})$$

$$Z = \sqrt{R^2 + X_L^2} = \sqrt{50^2 + 75.36^2} \simeq 90.44(\mathrm{ohm})$$

저항과 리액턴스로 임피던스 삼각형을 그려보면 그림 12-4와 같다.

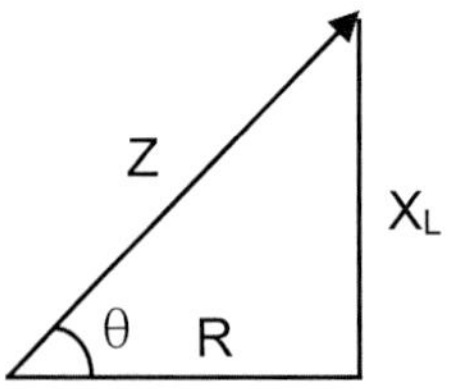

▌그림 12-4▐ 임피던스 삼각형

그림 12-4의 임피던스 삼각형으로부터 θ를 구하면 다음과 같다.

$$\cos\theta = \frac{R}{Z} = \frac{50}{90.44} \simeq 0.553$$

$$\theta = \cos^{-1}0.553 \simeq 56.43^\circ$$

전압과 임피던스로부터 위상을 고려한 전류 값을 구하면 다음 식과 같다.

$$I = \frac{V}{Z} = \frac{220\angle 0^\circ}{90.44\angle 56.43^\circ} \simeq 2.43\angle -56.43^\circ\,(\mathrm{mA})$$

따라서 전원 전압과 전류의 위상차는 -56.43°이다. 구한 전류 값을 가지고 저항 전압을 구하면

$$V_R = I\times R = 2.43\angle -56.43^\circ \times 50 = 121.5\angle -56.43^\circ\,(\mathrm{V})$$

이고 인덕터 전압을 구하면

$$V_L = I\times X_L = 2.43\angle -56.43^\circ \times 75.36\angle 90^\circ \simeq 183.12\angle 33.57^\circ\,(\mathrm{V})$$

가 된다. 위의 결과로부터 저항 전압과 인덕터 전압의 위상은 90°의 차이가 있음을 알 수 있고 전원 전압, 즉 회로의 총 전압은 다음 식으로 확인할 수 있다.

$$V = \sqrt{V_R^2 + V_L^2} = \sqrt{121.5^2 + 183.12^2} \simeq 220(\mathrm{V})$$

전압과 전류를 실효값(RMS)이라고 가정하면 소모되는 평균 전력은 다음과 같다.

$$P = VI\cos\theta = 220\times 2.43\times \cos(56.43^\circ) \simeq 295.63(\mathrm{W})$$

12.4 커패시터 회로의 전력

커패시터 역시 에너지를 소모하지 않고 전기장 형태로 저장한다. 커패시터에 전류가 흐르면 커패시터가 충전되면서 유전체 사이에 전위차가 발생하여 전압을 가지게 되는데 이때 전압은 급격히 변화하지 않는다. 커패시터 회로에서 전류의 위상은 전압에 90° 앞서게 되며 위상각 θ은 -90°이다. 순수 커패시터만의 회로 역시 실제 전력을 소비하지 않으므로 인덕터와 마찬가지로 회로의 전력을 무효전력으로 나타내는데 다음 식과 같다.

$$Q_C = V \times I \times \sin\theta = V \times I \times \sin(-90^\circ) = -V \times I (\mathrm{VAr})$$

커패시터 회로에서 전압, 전류 및 전력과의 관계는 그림 12-5와 같다. 처음 90° 구간에서는 전압과 전류가 모두 양의 값을 가지므로 전력 또한 양의 값을 가지며 전력이 소모된다. 90°에서 180° 구간에서는 전류가 음의 값을 가지므로 전력이 음의 값을 나타내며 커패시터는 저장된 에너지를 공급원에 다시 돌려주게 된다. 180°에서 270° 구간에는 다시 전력이 양의 값을 나타내며 마지막 270°에서 360° 구간에서는 전력이 음의 값을 나타낸다. 전체적으로 한주기 동안 평균 전력은 0이 되어 전원에서 공급되는 전력과 커패시터에서 돌려주는 전력의 값이 동일하여 회로가 소모하는 실제 전력은 없다.

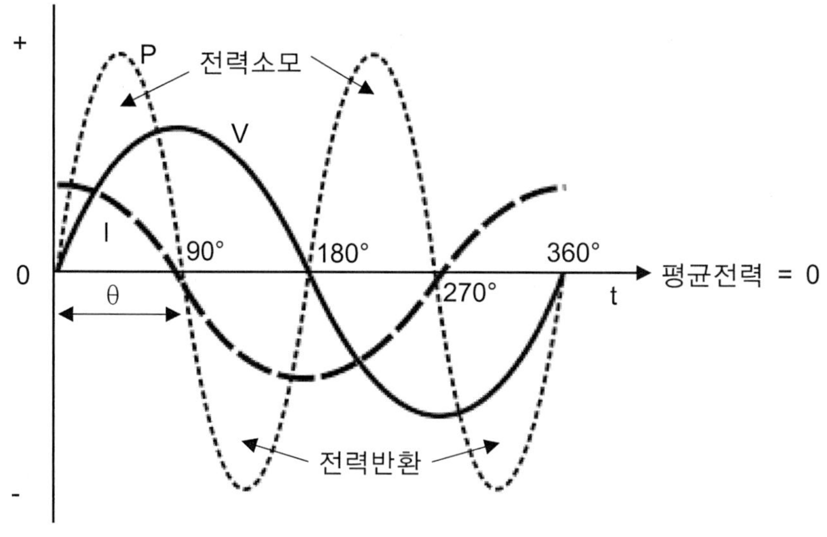

그림 12-5 순수 커패시터 회로에서의 전압, 전류 및 전력

12.5 전력 삼각형과 역률

저항 회로에서 소모되는 실제 전력(real power)은 유효전력으로 나타내고 인덕터와 커패시터 회로에서 소모되는 전력을 무효전력(reactive power)으로 나타내므로 이를 합쳐서 복소 전력(complex power)이라 하고 다음 식으로 나타낸다.

$$S = P + jQ$$

유효전력은 복소 전력의 실수부이고 다음과 같은 식으로 나타낸다.

$$P = VI\cos\theta\,(W)$$

순수 저항만의 회로에서 위상 차이는 없으므로 $\theta = 0$이고 $\cos\theta = 1$이 되어 간단히

$$P - VI(W)$$

로 나타낼 수 있다. 여기서 V와 I는 모두 실효값(RMS)이다. 무효전력은 복소 전력의 허수부로 인덕터나 커패시터 회로에서 실제 전력은 소모하지 않고 수학적으로 계산되는 전력으로 다음과 같다.

$$Q = VI\sin\theta\,(\mathrm{VAr})$$

무효전력의 단위는 VAr를 사용하고 V와 I 역시 실효값을 사용한다. 유효전력과 무효전력의 합을 구하기 위해서 단순히 두 전력을 대수적으로 더할 수 없다. 임피던스 삼각형에서와 같이 벡터 합으로 구해야 한다. 유효전력과 무효전력의 벡터 합을 피상전력(apparent power)이라 하고 그림 12-6과 같이 나타내며 이를 전력 삼각형이라 한다.

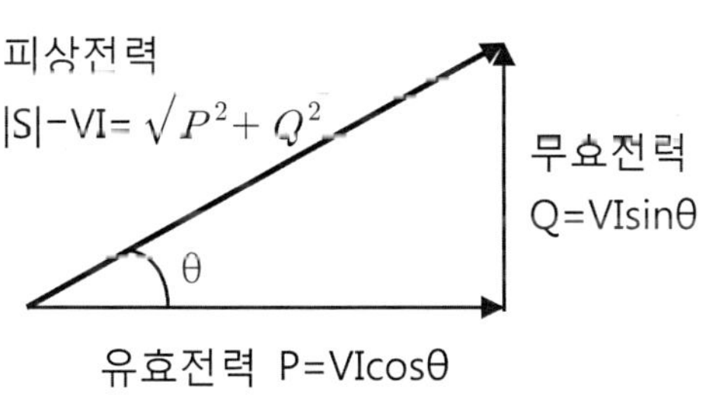

【그림 12-6】 전력 삼각형

피상 전력은 단순한 외형상 전력으로 전압과 전류의 곱으로 나타내며 복소 전력의 절대값과 같고 단위는 VA를 사용한다.

$$\text{피상 전력} = VI = |S| = |P + jQ| = \sqrt{P^2 + Q^2}$$

유효전력과 피상전력과의 비를 역률(Power factor)이라고 하며 유효전력의 식으로부터

$$\cos\theta = \frac{P}{VI}(W/VA)$$

와 같이 $\cos\theta$로 나타낸다. 결국 역률은 회로에서 전압과 전류의 위상차라고 할 수 있다. 순수 저항만의 회로에서 전압과 전류의 위상차는 0이므로 이때 역률은 1이 된다. 순수 리액티브 회로에서는 전압과 전류의 위상차가 90°이므로 역률은 0이 된다. 이는 회로에서 소모되는 전력은 0이지만 리액티브 부하에 공급되는 전압과 전류는 존재한다는 것을 의미한다.

예제 12-3

그림 12–7과 같은 회로에서 회로의 임피던스, 전류, 역률, 그리고 피상전력을 구하시오.

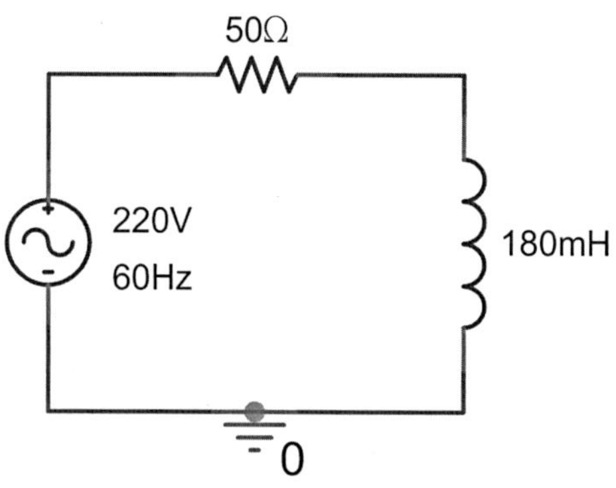

┃그림 12-7┃ 전력과 역률

풀이

회로의 임피던스 Z를 구하기 위해 리액턴스 X_L을 먼저 구하면 다음과 같다.

$$X_L = 2\pi f L = 2 \times 3.14 \times 60 \times 180 \times 10^{-3} \simeq 67.8(\text{ohm})$$

따라서 임피던스 Z는

$$Z = \sqrt{R^2 + X_L^2} = \sqrt{50^2 + 67.8^2} \simeq 84.24(\text{ohm})$$

와 같이 구할 수 있고 회로 전류 I는

$$I = \frac{V}{Z} = \frac{220}{84.24} \simeq 2.61(\text{A})$$

이다. 역률 $\cos\theta$는 다음과 같이 임피던스 삼각형으로부터 구할 수 있다.

$$\cos\theta = \frac{R}{Z} = \frac{50}{84.24} \simeq 0.59, \ \theta \simeq 53.8^\circ$$

마지막으로 피상전력은

$$S = V \times I = 220 \times 2.61 = 574.2(\text{VA})$$

이다. 피상전력은 다른 방법으로 유효전력과 무효전력으로부터 구할 수 있으므로 위의 결과를 검증해 보면 다음과 같다.

유효전력 $P = VI\cos\theta = 220 \times 2.61 \times 0.59 \simeq 338.78(W)$

무표전력 $Q = VI\sin\theta = 220 \times 2.61 \times \sin(53.8) \simeq 463.36(VAr)$

$$S = \sqrt{P^2 + Q^2} = \sqrt{338.78^2 + 463.36^2} \simeq 574(VA)$$

소수점 이하에서 약간의 오차가 있으나 결국은 같은 값을 구할 수 있다.

예제 12-4

그림 12-8과 같은 RLC 직렬 회로에서 임피던스, 전류, 역률, 피상전력, 그리고 유효전력을 구하시오.

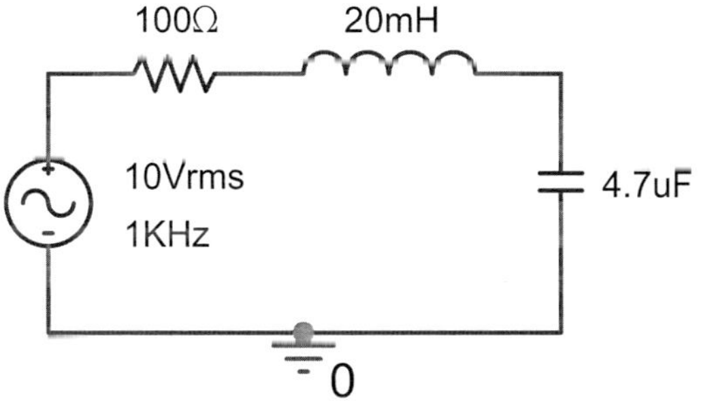

▌그림 12-8▐ RLC 직렬 회로의 전력

풀이

먼저 인덕터와 커패시터의 리액턴스를 구해보자.

$$X_L = 2\pi f L = 2 \times 3.14 \times 10^3 \times 20 \times 10^{-3} = 125.6(\text{ohm})$$

$$X_C = \frac{1}{2\pi f C} = \frac{1}{2 \times 3.14 \times 10^3 \times 4.7 \times 10^{-6}} \simeq 33.88(\text{ohm})$$

임피던스는 다음 식과 같이 구할 수 있다.

$$Z = \sqrt{R^2 + (X_L - X_C)^2} = \sqrt{100^2 + (125.6 - 33.88)^2} \simeq 135.69(\text{ohm})$$

임피던스 삼각형으로부터 역률 $\cos\theta$를 구하면

$$\cos\theta = \frac{R}{Z} = \frac{100}{135.69} \simeq 0.737$$

이고 위상각 θ는 다음과 같다.

$$\theta = \cos^{-1}(0.737) \simeq 42.5^\circ$$

회로에 흐르는 전류는

$$I = \frac{V}{Z} = \frac{10}{135.69} \simeq 73.7(\text{mA})$$

이다. 이 값으로부터 피상전력 S와 유효전력 P를 구하면 다음과 같다.

$$S = V_{rms} \times I_{rms} = 10 \times 73.7 = 737(\text{mW})$$

$$P = V_{rms} \times I_{rms} \times \cos\theta = 10 \times 73.7 \times 0.737 \simeq 543.17(\text{mW})$$

12.6 실험 실습

12.6.1 실험 목표

직류 회로에서 전압과 전류, 그리고 전력과의 관계를 숙지한 후 교류 회로에서 전압과 전류의 위상 차이가 전력에 미치는 영향을 이해한다. RLC 회로에서 피상전력, 유효전력, 무효전력, 역률의 개념을 이해하고 실험을 통하여 확인한다.

12.6.2 실험 부품

저항	100Ω	1개
인덕터	10mH 20mH	1개 1개
커패시터	1uF 4.7uF	2개 1개
가변저항	10kΩ	1개

12.6.3 실험 내용

실험 1

그림 12-8과 같은 저항만의 회로에서 직류전원의 전압을 표 12-1과 같이 변화시키면서 회로에 흐르는 전류를 멀티미터로 측정하여 기록하시오. 또 이때의 전력을 계산하여 기록하시오. 직류전원의 전압을 10V로 고정하고 저항을 10KΩ 가변저항으로 바꾼 후 저항값을 표 12-2와 같이 변화시키면서 전류를 측정하고 이때의 전력을 계산하여 기록하시오.

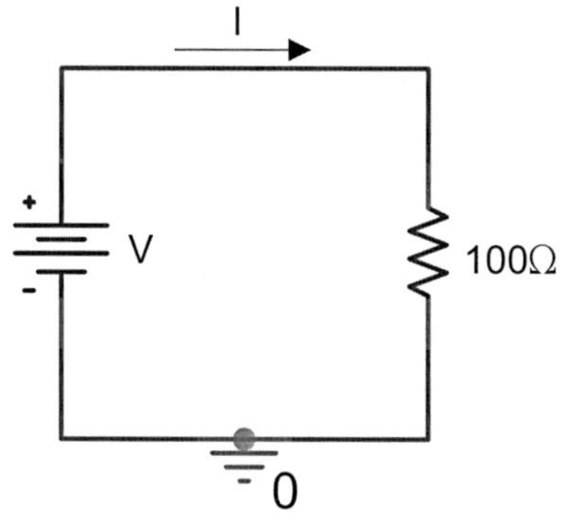

❙그림 12-8❙ 실험 1 회로

❙표 12-1❙ 100Ω 저항에서의 전류와 전력

전압	전류(mA)	전력(mW)
2V		
4V		
6V		
8V		
10V		

❙표 12-2❙ 전압 10V에서의 전류 및 전력

가변저항	전류(mA)	전력(mW)
2K		
4K		
6K		
8K		
10K		

실험 2

그림 12-9와 같은 RL 직렬 교류 회로에서 멀티미터를 이용하여 회로의 전류를 측정하고 오실로스코프를 이용하여 전원 전압과 저항 전압의 위상차를 측정하시오. 측정한 값을 이용하여 표 12-3을 완성하시오.

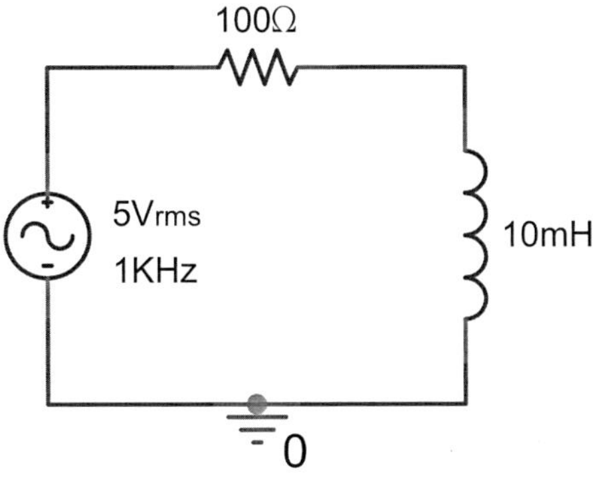

| 그림 12-9 | 실험 2 회로

| 표 12-3 | RL 직렬 회로의 전압, 전력 및 위상

전류 측정값(Irms)	
피상전력 S = Vrms X Irms	
리액턴스 X_L = 2πfL	
임피던스 Z = $\sqrt{R^2+X_L^2}$	
역률 pf = cosθ	
임피던스 위상 θ = $\cos^{-1}$(pf)	
유효전력 P = Vrms X Irms X cosθ	
저항에서의 전력 (W = I^2R)	
전원전압과 저항전압의 위상차 (오실로스코프 측정값)	
저항 전압 및 위상 $V_R \angle \theta$	
인덕터 전압 및 위상 $V_L \angle \theta$	
전원 전압 $V = \sqrt{V_R^2 + V_L^2}$	

실험 3

그림 12-10과 같은 RC 직렬 교류 회로를 구성하고 멀티미터를 이용하여 회로의 전류를 측정하고 오실로스코프를 이용하여 전원 전압과 저항 전압의 위상차를 측정하시오. 측정한 값을 이용하여 표 12-4를 완성하시오.

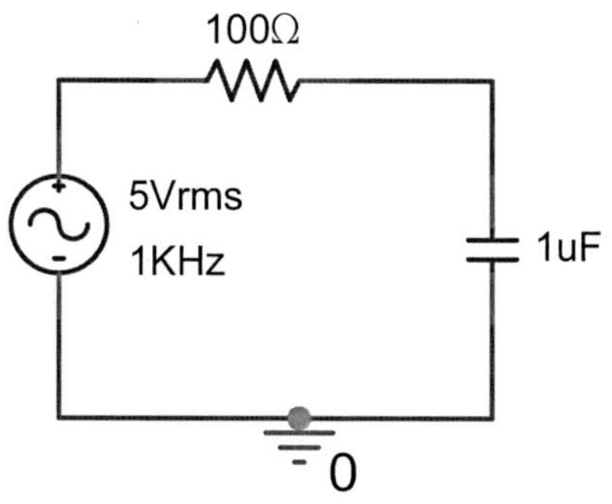

그림 12-10 실험 3 회로

표 12-4 RC 직렬 회로의 전압, 전력 및 위상

전류 측정값(Irms)	
피상전력 S = Vrms X Irms	
리액턴스 XC = 1/2πfC	
임피던스 Z = $\sqrt{R^2+X_C^2}$	
역률 pf = cosθ	
임피던스 위상 θ = $\cos^{-1}$(pf)	
유효전력 P = Vrms X Irms X cosθ	
저항에서의 전력 (W = I^2R)	
전원전압과 저항전압의 위상차 (오실로스코프 측정값)	
저항 전압 및 위상 $V_R \angle \theta$	
커패시터 전압 및 위상 $V_C \angle \theta$	
전원 전압 $V = \sqrt{V_R^2 + V_C^2}$	

실험 4

그림 12-11과 같이 [실험 3]의 회로에 추가로 1uF 커패시터를 병렬로 연결하여 [실험 3]을 반복하여 표 12-5를 완성하고 차이점을 확인하시오.

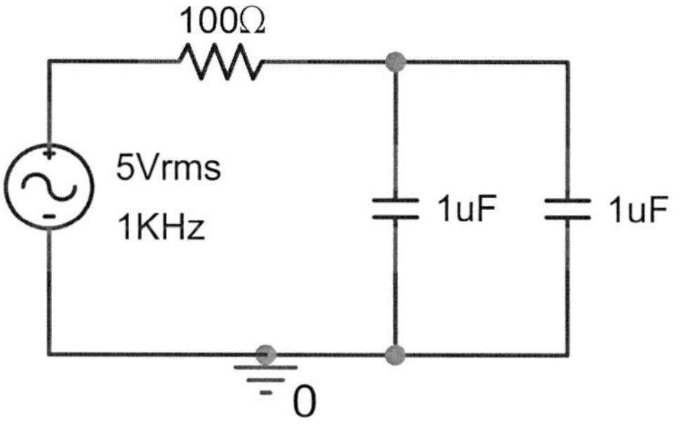

[그림 12-11] 실험 4 회로

[표 12-5] 커패시터 병렬 연결 후 RC 직렬 회로의 전압, 전력 및 위상

전류 측정값(Irms)	
피상전력 S = Vrms X Irms	
리액턴스 XC = 1/2πfC	
임피던스 $Z=\sqrt{R^2+X_C^2}$	
역률 pf = cosθ	
임피던스 위상 θ = $\cos^{-1}$(pf)	
유효전력 P = Vrms X Irms X cosθ	
저항에서의 전력 (W = I^2R)	
전원전압과 저항전압의 위상차 (오실로스코프 측정값)	
저항 전압 및 위상 $V_R\angle\theta$	
커패시터 전압 및 위상 $V_C\angle\theta$	
전원 전압 $V=\sqrt{V_R^2+V_C^2}$	

※ 1uF의 커패시터를 병렬로 연결한 후 역률, 유효전력 등의 차이점을 논하시오.

실험 5

그림 12-12와 같은 RLC 직렬 회로를 구성하고 전류를 측정하여 임피던스와 전력을 계산한 후 표 12-6에 기록하시오. 회로가 공진을 하기 위한 커패시터의 값을 구한 후 그 값에 가장 근사한 값의 커패시터로 교체하시오. 커패시터를 교체한 후 전류를 다시 측정하여 표 12-7을 완성하고 회로에서 얼마나 전력이 증가했는지 기록하시오.

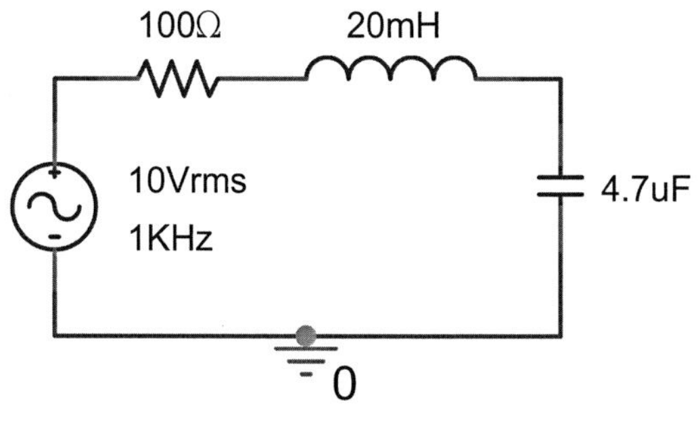

그림 12-12 실험 4 회로

표 12-6 RLC 직렬 회로의 전압, 전력 및 위상

전류 측정값(Irms)	
피상전력 S = Vrms X Irms	
인덕터의 리액턴스 $X_L = 2\pi fL$	
커패시터의 리액턴스 $X_C = 1/2\pi fC$	
임피던스 $Z=\sqrt{R^2+(X_L-X_C)^2}$	
역률 pf = $\cos\theta$	
임피던스 위상 $\theta = \cos^{-1}(pf)$	
유효전력 P = Vrms X Irms X $\cos\theta$	
전원전압과 저항전압의 위상차 (오실로스코프 측정값)	

| 표 12-7 | 커패시터 교체 후 전력

공진($X_L = X_C$)을 위한 커패시터의 값	
공진시 전류 측정값	
전원전압과 저항전압의 위상차 (오실로스코프 측정값)	
공진시 유효전력	
유효 전력 증가값	

제 13 장

응용 회로

13.1 휘트스톤(wheatstone) 브리지

영국의 Charles Wheatstone에 의하여 고안된 저항 측정용 회로이다. 그림 13-1과 같이 2개의 직렬 연결된 저항이 다시 병렬로 연결된 형태로 총 4개의 저항이 다리(bridge) 모양으로 연결되어 있어 휘트스톤 브리지 회로라고 부른다.

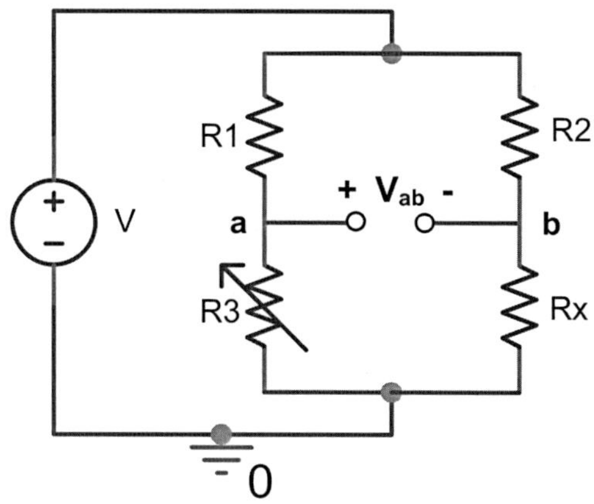

| 그림 13-1 | 휘트스톤 브리지 회로

휘트스톤 브리지 회로에서 R_x는 측정하고자 하는 저항이고 R_3는 가변저항이다. 회로에서 가변저항 R_3를 조정하면 단자 a-b의 전압 V_{ab}를 0V로 만들 수 있고 이와 같은 상태를 브리지가 평형이 되었다고 한다. 평형 조건에서는 다음 식이 성립한다.

$$V_{ab} = V_a - V_b = V_{R3} - V_{Rx} = 0$$

따라서 저항 R_3에 걸리는 전압 V_{R3}와 저항 R_x에 걸리는 전압 V_{Rx}는 같음을 알 수 있다. 저항 R_1과 R_3는 직렬 연결되어 있으므로 전압 분배에 의해

$$V_{R3} = \frac{R_3}{R_1 + R_3} V$$

와 같은 식이 성립하고 마찬가지로 V_{Rx}도 다음 식과 같다.

$$V_{Rx} = \frac{R_x}{R_2 + R_x} V$$

평형 상태에서 $V_{R3} = V_{Rx}$가 성립한다고 하였으므로

$$\frac{R_3}{R_1 + R_3} = \frac{R_x}{R_2 + R_x}$$

와 같고 이 식을 풀면 다음과 같다.

$$R_3(R_2 + R_x) = R_x(R_1 + R_3)$$

$$R_2 R_3 = R_1 R_x \tag{13.1}$$

결론적으로 식 (13.1)은 브리지 회로에서 서로 대각선에 위치하는 두 개의 저항들의 곱은 서로 같음을 알 수 있고 이 식을 이용하여 미지의 저항 R_x를 구할 수 있다.

예제 13-1

그림 13-1과 같은 회로에서 $V=5$, $R_1 = 100\Omega$, $R_2 = 150\Omega$, $R_3 = 200\Omega$, $R_4 = 100\Omega$ 일 때 전압 V_{ab}를 구하시오. 또한 이 회로가 평형 상태가 되기 위한 저항 R_4의 값을 구하시오.

풀이

먼저 a 단자의 전압 V_a를 구하면

$$V_a = \frac{R_3}{R_1 + R_3} V = \frac{100}{100 + 200} \times 5 \simeq 1.67(\text{V})$$

이다. b 단자의 전압 V_b를 구하면

$$V_b = \frac{R_4}{R_2 + R_4} V = \frac{100}{150 + 100} \times 5 = 2.0(\text{V})$$

이다. 따라서 $V_{ab} = V_a - V_b = 1.67 - 2.0 = -0.33$(V)이므로 이 회로는 평형 상태에 있지 않다. 저항 R_4 값을 조절하여 평형 상태를 만들기 위해서는 다음 식이 성립해야 한다

$$R_1 R_4 = R_2 R_3$$

위의 식에서 저항 R_4를 구하면 다음과 같다.

$$R_4 = \frac{R_2 R_3}{R_1} = \frac{150 \times 200}{100} = 300(\Omega)$$

13.2 브리지회로를 이용한 인덕턴스/커패시턴스의 측정

휘트스톤 브리지 회로는 저항뿐만 아니라 인덕터나 커패시터의 크기를 측정할 때도 사용된다. 저항을 측정할 때는 직류전원을 사용하지만 인덕터나 커패시터를 측정하기 위해서는 교류전원을 사용해야 한다. 그림 13-2는 인덕터의 크기를 측정하기 위한 브리지 회로이다. R_1은 고정저항, R_2는 가변저항을 연결한다. L_1은 값을 알고 있는 인덕터를 연결하고 L_x는 측정하고자 하는 인덕터를 연결한다.

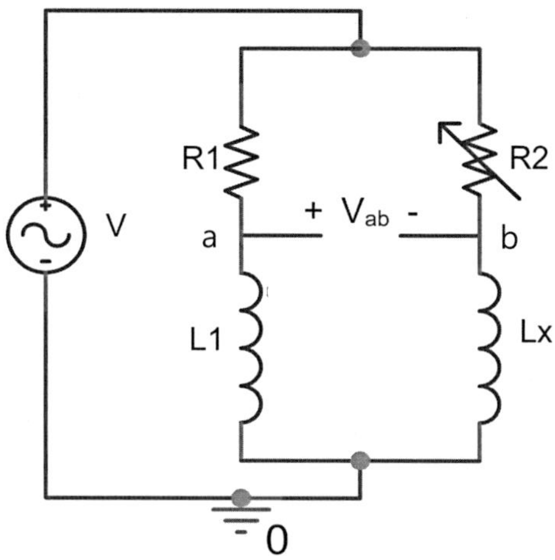

그림 13-2 인덕터 측정을 위한 브리지 회로

인덕터의 경우에도 저항과 마찬가지로 식 (13.1)이 적용된다.

$$R_1 L_X = R_2 L_1$$

예제 13-2

그림 13–2와 같은 회로에서 $R_1 = 100\Omega$, $R_2 = 150\Omega$, $L_1 = 30\text{mH}$ 일 때 인덕터 L_x의 값을 구하려고 한다. 회로가 평형 상태를 이루었다고 가정하고 인덕터 L_x의 값을 구하시오.

풀이

식 (13.1)을 적용하여 풀면 다음과 같다.

$$R_1 L_X = R_2 L_1$$

$$100 \times L_X = 150 \times 30$$

$$\therefore L_X = 45(mH)$$

13.3 수동소자를 이용한 필터 회로

전기회로에서 특정한 주파수 영역의 신호만을 선택해야 할 경우가 있는데 이와 같은 회로를 필터(filter)라 한다. 필터 회로는 저항, 커패시터, 그리고 인덕터와 같은 수동소자만을 가지고도 만들 수 있다. 수동소자만으로 구성하는 경우 트랜지스터나 OP-Amp와 같은 증폭 소자가 없어 신호 이득이 없으므로 출력은 항상 입력보다 작아진다. 선택해야 하는 주파수 영역이 고주파인 경우 고역통과(high pass) 필터라 하고 저주파인 경우를 저역통과(low pass) 필터라 한다.

그림 13-3은 이상적인 경우의 저역통과 그리고 고역통과 필터의 출력 특성을 보여준다. 그림에서 f_c는 차단주파수이다.

(a) 저역 통과 (b) 고역 통과

| 그림 13-3 | 이상적인 필터의 특성

저역 통과 필터 회로

저역 통과 필터 회로에서 차단주파수는 출력 전압이 −3dB되는 지점의 주파수이다. −3dB는 다음과 같이 계산된다.

$$-3\,\mathrm{dB} = 20\log\frac{V_C}{V_O}$$

$$V_C = V_O\,10^{-\frac{3}{20}} = 0.707\,V_O$$

따라서 차단주파수에서의 출력 전압 V_c는 원 출력 전압 V_o의 70.7%를 나타낸다. 간단한 저역 통과 필터 회로는 그림 13-4와 같이 RC 회로로 만들 수 있다.

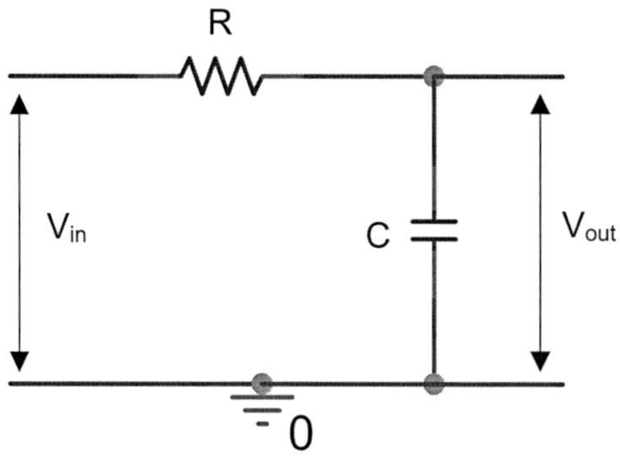

❙그림 13-4❙ RC 저역 통과 필터 회로

그림 13-4의 회로에서 출력 전압 V_{out}은 4장에서 배운 직렬 회로에서의 전압 분배 법칙에 의해 다음 식과 같이 나타낼 수 있다.

$$V_{out} = \frac{X_C}{Z}V_{in} \tag{13.2}$$

위의 식 (13.2)에서 커패시터의 리액턴스 X_C와 회로의 임피던스 Z는 다음과 같다.

$$X_C = \frac{1}{2\pi f C}$$

$$Z = \sqrt{R^2 + X_C^2}$$

저항 R은 주파수의 영향을 받지 않으므로 회로의 출력 전압은 리액턴스 X_C, 그 중에서도 주파수 값에 영향을 받는다는 것을 알 수 있다.

예제 13-3

그림 13-4와 같은 RC 저역 통과 필터에서 입력전압이 10Vp의 교류 신호이고 저항이 10KΩ, 커패시터가 22nF이고 입력 신호의 주파수가 각각 100Hz와 10KHz일 때의 출력 전압을 구하시오.

풀이

먼저 주파수가 100 Hz일 때의 출력 전압을 구해보면 다음과 같다.

$$X_C = \frac{1}{2\pi f C} = \frac{1}{2 \times 3.14 \times 100 \times 22 \times 10^{-9}} \simeq 72.4(\text{Kohm})$$

$$Z = \sqrt{(10 \times 10^3)^2 + (72.4 \times 10^3)^2} \simeq 73.1(\text{Kohm})$$

$$V_{out} = \frac{72.4}{73.1} \times 10 = 9.9(\text{V})$$

주파수가 10 KHz일 때 출력전압은

$$X_C = \frac{1}{2\pi f C} = \frac{1}{2 \times 3.14 \times 10 \times 10^3 \times 22 \times 10^{-9}} \simeq 723.8(\text{ohm})$$

$$Z = \sqrt{(10 \times 10^3)^2 + (723.8)^2} \simeq 10(\text{Kohm})$$

$$V_{out} = \frac{723.8}{10000} \times 10 \simeq 0.72(\text{V})$$

이다. 주파수가 10 KHz일 때의 출력 전압은 주파수가 100 Hz일 때 출력 전압의 약 7.3% 밖에 안 된다는 것을 알 수 있고 이는 저역 통과 필터로 동작한다는 것을 의미한다.

입력 신호 주파수에 대한 출력 전압의 이득 즉, 회로의 주파수 응답 곡선을 그려보면 그림 13-5와 같다.

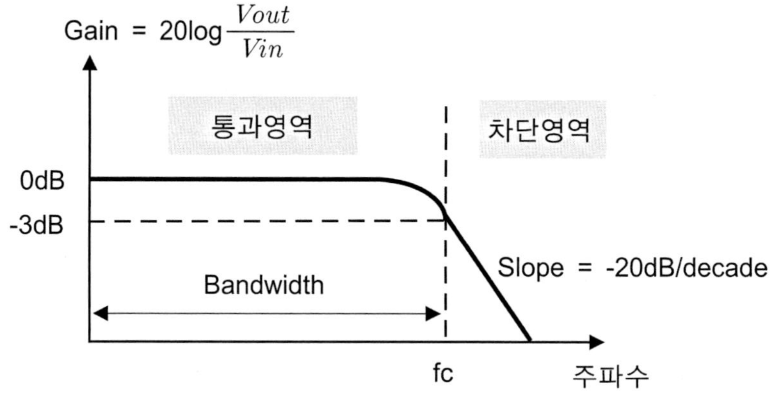

▌그림 13-5▐ 저역 통과 필터 회로의 주파수 응답

그림 13-5의 주파수 응답 곡선을 보면 통과 영역에서의 주파수 응답은 차단 주파수까지 거의 일정하여 이득이 0dB를 나타낸다. 이는 입력신호 대 출력신호의 비가 1임을 나타내어 출력신호의 손실이 없는 이상적인 경우를 보여준다. 차단영역에서의 주파수 응답은 −20dB의 기울기로 감소한다.

차단주파수에서 주파수 응답은 −3dB 감소하는 지점이고 이때의 전압은 출력 전압의 0.707배가 된다는 것을 이미 설명하였다. RC 회로에서 차단주파수를 구하기 위해 식 (13.2)를 다시 이용하면 차단주파수에서의 전압 V_C는

$$V_C = \frac{X_C}{Z} V_O = \frac{X_C}{\sqrt{R^2 + X_C^2}} V_O$$

이고 V_C가 0.707 즉, $\frac{1}{\sqrt{2}}$배가 되어야 하므로 $R = X_C$일 때 성립한다. 따라서 차단주파수는 다음과 같이 구할 수 있다.

$$R = X_C = \frac{1}{2\pi f_C C}$$

$$f_C = \frac{1}{2\pi RC}$$

저역 통과 필터 회로는 이미 9장에서 배운 RC 적분 회로와 같다. 낮은 주파수의 펄스 입력에 대해서는 입력과 비슷한 신호가 출력되지만 높은 주파수의 펄스 입력의 경우 삼

각파가 출력되고 출력신호의 전압 또한 많이 감쇄되어 출력된다.

고역 통과 필터 회로

저역 통과 필터 회로와는 반대로 RC 미분회로는 고역 통과 필터 회로로 사용될 수 있다. RC 미분회로는 그림 13-6과 같이 RC 직렬 회로에서 단순히 RC의 위치가 바뀐 회로이다.

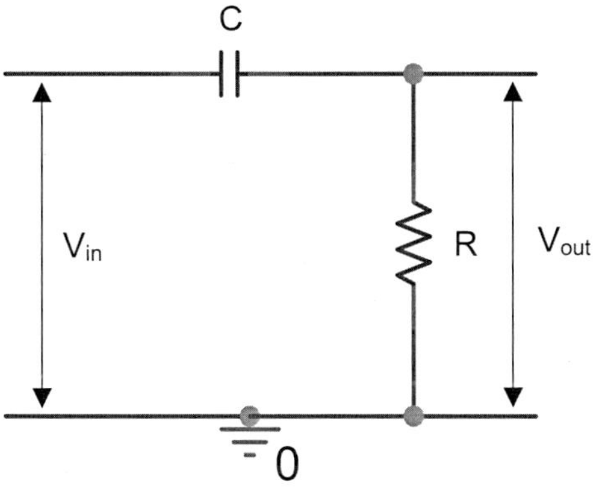

| 그림 13-6 | RC 고역 통과 필터 회로

RC 고역 통과 필터 회로에서의 커패시터는 낮은 주파수 신호에 대해서는 리액턴스가 증가하면서 통과를 시키지 않는 반면 고주파 신호에 대해서는 리액턴스가 감소하여 대부분의 입력 신호가 저항에 나타나게 되어 고역 통과 필터로서 동작하게 된다. 회로에서 출력 신호는 다음과 같이 구할 수 있다.

$$V_{out} = \frac{R}{Z} V_{in} = \frac{R}{\sqrt{R^2 + X_C^2}} V_{in}$$

차단주파수에서의 출력은 입력의 $\frac{1}{\sqrt{2}}$배와 같으므로 $R = X_C$일 때 성립하며 이때의 차단주파수는 저역 통과 필터 회로와 마찬가지로

$$f_C = \frac{1}{2\pi RC}$$

이다. 고역 통과 필터 회로의 주파수 응답은 그림 13-7과 같다.

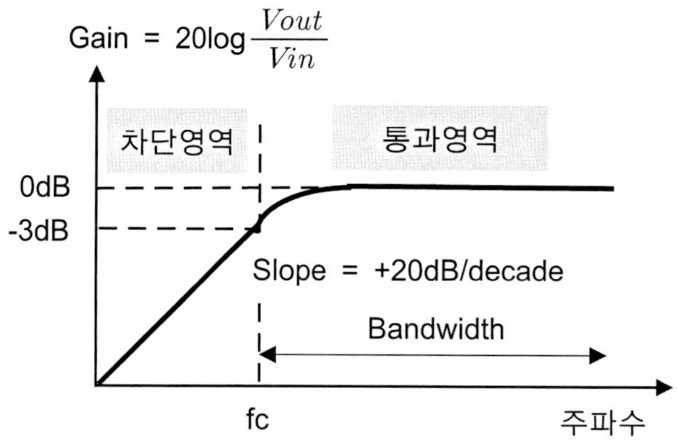

┃그림 13-7┃ 고역 통과 필터 회로의 주파수 응답

대역 통과 필터 회로

필터 회로는 저역 및 고역 통과 필터 외에 일정한 대역의 주파수만 통과시키는 대역 통과(Band Pass) 기능이 필요할 때가 있다. 대역 통과 필터 회로의 낮은 쪽 주파수는 0 Hz, 즉 DC 신호가 아니어야 하고 높은 쪽 주파수도 일정한 주파수 값을 가져야 한다. 이는 그림 13-8과 같이 저역 통과 회로와 고역 통과 회로를 연결하여 구현할 수 있으며 Band Pass Filter 또는 간단히 BPF라고 불린다. 또한 회로가 통과시키는 주파수 대역을 회로의 Bandwidth라고 부르며 고주파 쪽의 차단주파수 f_H, 저주파 쪽의 차단주파수 f_L을 사용하면 Bandwidth BW는

$$\mathrm{BW} = f_H - f_L$$

와 같이 쓸 수 있다.

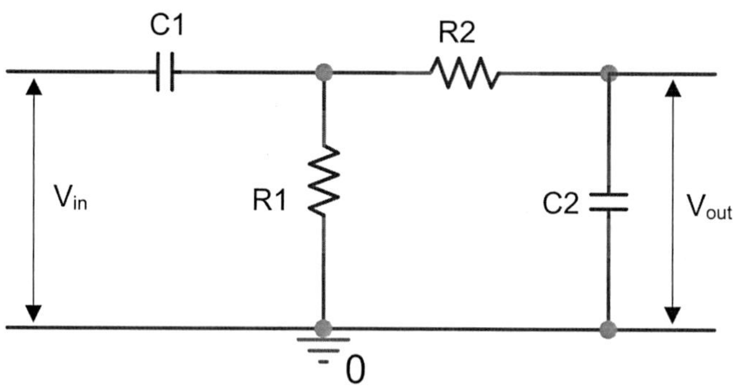

┃그림 13-8┃ 대역 통과 필터 회로

대역 통과 필터 회로는 그림 13-8에서 보는 바와 같이 고역 통과 필터와 저역 통과 필터 회로가 연결되어 있는 형태이다. 따라서 고역 통과 필터의 차단주파수가 저역 통과 필터의 차단주파수보다 작게 설계되어야 하는 점이 중요하다.

예제 13-4

5 KHz~25 KHz 대역의 신호를 통과시키는 대역 통과 필터 회로를 설계하려고 한다. 회로는 그림 13-8과 같고 저항은 R_1, R_2 모두 10KΩ일 때 커패시터의 값을 결정하시오.

풀이

먼저 회로 앞 단의 고역 통과 회로에서 커패시터 C_1을 구하면 다음과 같다.

$$f_C = \frac{1}{2\pi R_1 C_1} = 5\,\mathrm{KHz}$$

$$C_1 = \frac{1}{2\pi R_1 f_C} = \frac{1}{2\times 3.14\times 10\times 10^3\times 5\times 10^3} = 3.18(\mathrm{nF})$$

회로 뒷 단의 저역 통과 회로에서 커패시터 C_2를 구하면 다음과 같다.

$$C_2 = \frac{1}{2\pi R_2 f_C} = \frac{1}{2\times 3.14\times 10\times 10^3\times 25\times 10^3} = 0.64(\mathrm{nF})$$

13.4 실험 실습

13.4.1 실험 목표

지금까지 배운 R,L,C 수동 소자 회로의 간단한 응용 회로를 경험해 본다. 직류 회로에서는 휘트스톤 브리지 회로, 교류 회로에서는 대역 통과 필터 회로를 실험해 보고 이론과 실제와의 차이를 확인해 본다. 이론으로 학습한 응용 회로들은 이상적인 경우를 가정하고 설명하였으나 실제로 부품을 사용하여 구현을 해보면 이론과 많은 차이가 있다는 것을 경험할 수 있다. 실험과 함께 PSpice 시뮬레이션을 병행하여 실험 오차를 확인한다.

13.4.2 실험 부품

구분	규격	수량
저항	500Ω 1KΩ 2KΩ 3KΩ 4.7KΩ	1개 2개 2개 1개 1개
가변저항	10KΩ	1개
인덕터	1mH 3mH 10mH	2개 1개 1개
커패시터	0.1uF 0.22uF 0.47uF 1uF	1개 1개 1개 1개

13.4.3 실험 내용

실험 1

그림 13-9와 같은 브리지 회로를 구성하고 R_1은 2KΩ, R_2는 1KΩ, R_3는 10KΩ 가변저항을 사용한다. 전원은 5V 직류전원을 연결한다. R_x는 500Ω, 1KΩ, 2KΩ, 3KΩ, 4.7KΩ를 사용한다. 멀티미터를 사용하여 V_{ab}가 0V 되도록 가변저항 R_3를 조정하여 그 때의 R_3 값을 측정하여 표 13-1에 기록한다.

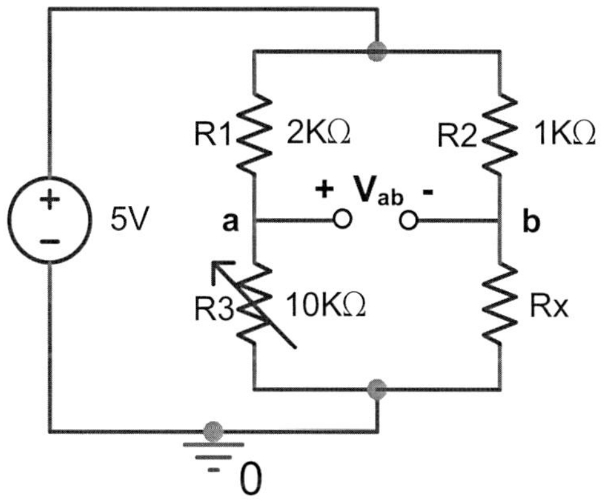

그림 13-9 실험 1 회로

표 13-1 브리지 회로에서 저항값 측정

Rx	500Ω	1KΩ	2KΩ	3KΩ	4.7KΩ
R3(측정값)					
R3(계산값)					

실험 2

[실험 1]의 그림 13-9 회로에 대하여 PSpice 시뮬레이션을 수행하시오. 그림 13-10과 같이 시뮬레이션 회로를 설정하고 R_3는 가변저항 대신에 10KΩ 고정 저항으로 바꾸시오. R_x는 저항의 value를 {Rvar}로 설정하시오. 아래와 같이 PSpice 설정을 한 후 V_{ab}의 시뮬레이션 결과 값을 표 13-2에 기록하시오.

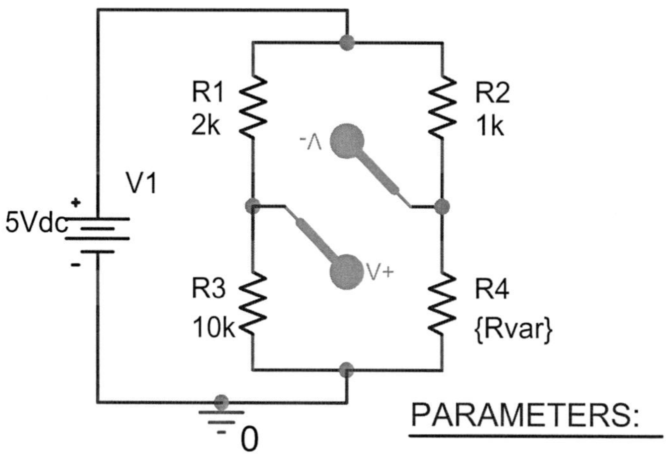

┃그림 13-10┃ 실험 2 시뮬레이션 회로

PSpice 설정

1. PARAM 소자의 설정은 회로에서 PARAMETERS:를 더블 클릭하여 Property Editor 화면이 나오면 New Property.. 버튼을 클릭하고 아래와 같이 입력한 후 OK 버튼을 눌러 끝낸다. 여기서 Value 값은 변수 Rvar의 초기값으로 500으로 설정하고 OK 버튼을 누른다.

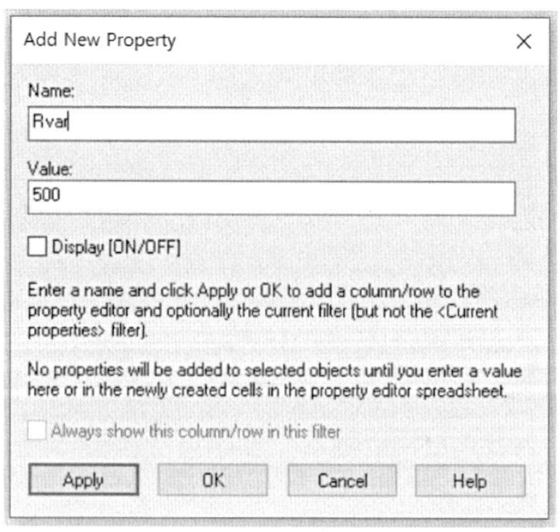

2. Property Editor는 아래 화면과 같이 “SCHEMATI..” 탭에서 마우스 오른쪽 버튼을 누르고 Close를 선택하여 끝낸다.

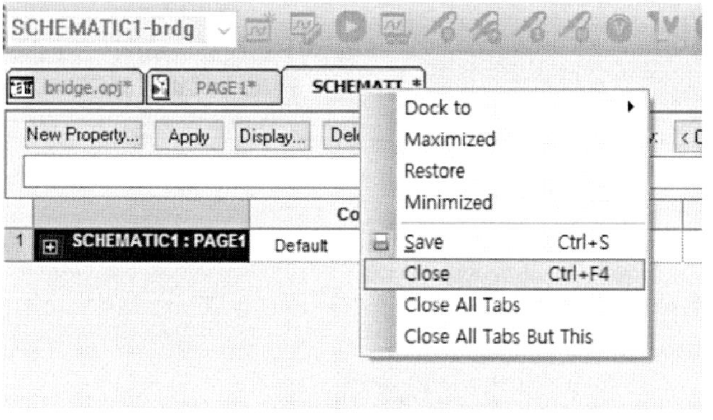

3. 시뮬레이션 프로파일에서는 Parametric Sweep 옵션을 선택한 후 오른쪽 Sweep type의 value list에 Rx의 값을 크기 순으로 차례로 입력한다.

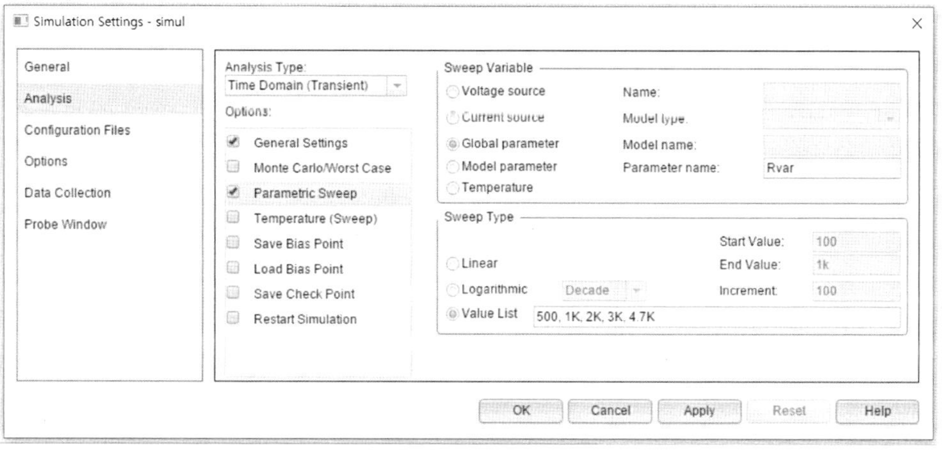

| 표 13-2 | 시뮬레이션 결과

Rx	500	1K	2K	3K	4.7K
V_{ab}					

실험 3

그림 13-11 회로에서 R_1은 1KΩ 고정저항, R_2는 10KΩ 가변저항을 연결한다. L_1은 1 mH 인덕터를 연결하고 L_x는 측정하고자 하는 인덕터로 1 mH, 3 mH, 10 mH 인덕터를 연결한다. 전원 V는 교류전원 5 V_{pp}, 1 KHz를 연결한다. 브리지 회로가 평형이 되는 R_2를 구하여 표 13-3에 적으시오.

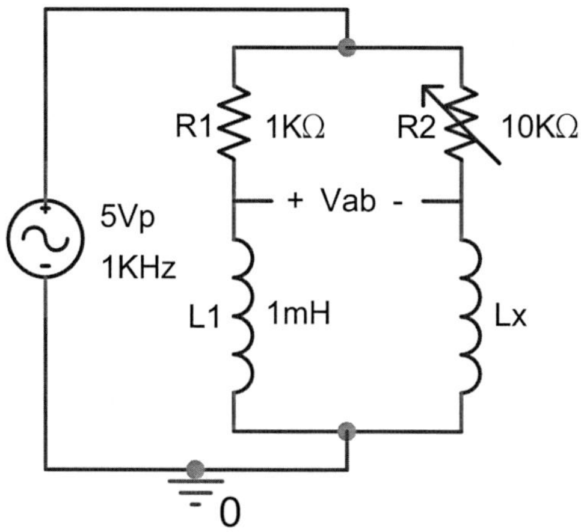

| 그림 13-11 | 실험 3 회로

| 표 13-3 | 브리지 회로의 인덕턴스 측정

Lx	1mH	3mH	10mH
R2(측정값)			
R2(계산값)			

실험 4

[실험 3]의 그림 13-11 회로에서 R_1은 2KΩ, R_2는 10KΩ 가변저항, L_1 대신에 커패시터 0.1uF를 연결하고 L_x는 측정하고자 하는 커패시터로 0.22uF, 0.47uF, 1uF를 차례로 연결하여 브리지 회로가 평형이 되는 R_2를 구하여 표 13-4에 적으시오. 전원 V는 교류전원 5 V_p, 1KHz를 연결한다.

| 표 13-4 | 브리지 회로의 커패시턴스 측정

Lx	0.22uF	0.47uF	1uF
R2(측정값)			
R2(계산값)			

실험 5

그림 13-12와 같은 RC 저역 통과 필터 회로를 구성하고 교류전원의 주파수를 변화시키면서 각 주파수에 대하여 커패시터에 걸리는 출력전압을 측정하여 표 13-5에 기록하시오. 측정전압을 토대로 보다 정확한 회로의 차단주파수를 찾으시오.

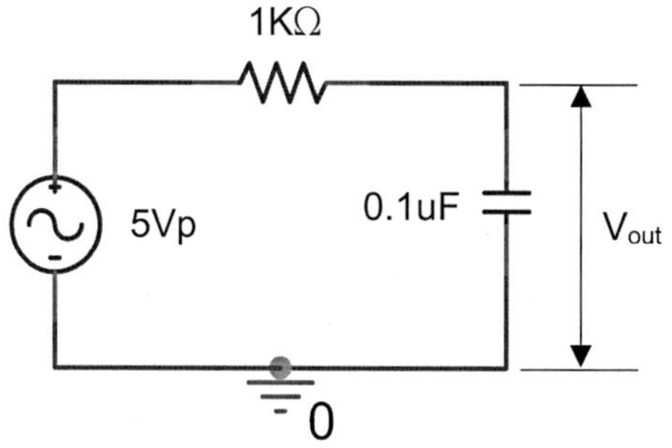

ǁ 그림 13-12 ǁ 실험 5 회로

ǁ 표 13-5 ǁ 출력전압 측정

주파수(Hz)	출력전압
100	
500	
1000	
1500	
2000	
3000	
5000	

※ 차단주파수 = ______________(Hz)

실험 6

그림 13-13과 같은 RL 회로를 구성하고 임의의 주파수를 선택하여 교류전원의 주파수를 변화시키면서 각 주파수에 대하여 저항에 걸리는 출력전압을 측정하여 표 13-6에 기록하시오. 측정값을 토대로 회로가 어떤 필터로 동작하는지 회로의 특성을 쓰고 차단주파수를 구하시오.

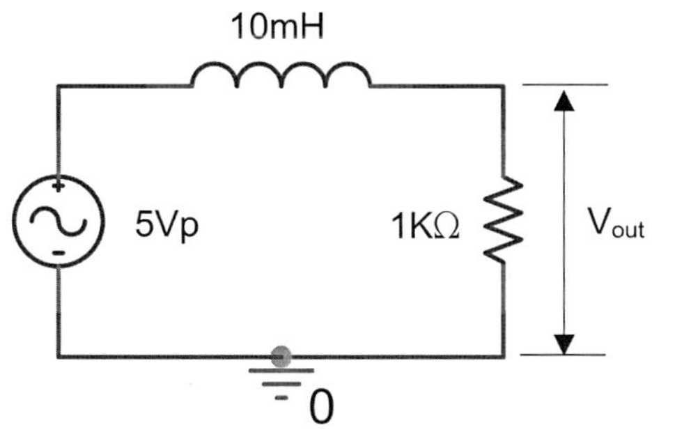

| 그림 13-13 | 실험 6 회로

| 표 13-6 | 출력전압 측정

주파수(Hz)	출력전압

※ 회로 특성 = ________________필터 회로

※ 차단주파수 = ________________(Hz)

실험 7

그림 13-14와 같은 RC 고역 통과 필터 회로를 구성하고 교류전원의 주파수를 변화시키면서 각 주파수에 대하여 저항에 걸리는 출력전압을 측정하여 표 13-7에 기록하시오. 측정전압을 토대로 보다 정확한 회로의 차단주파수를 찾으시오.

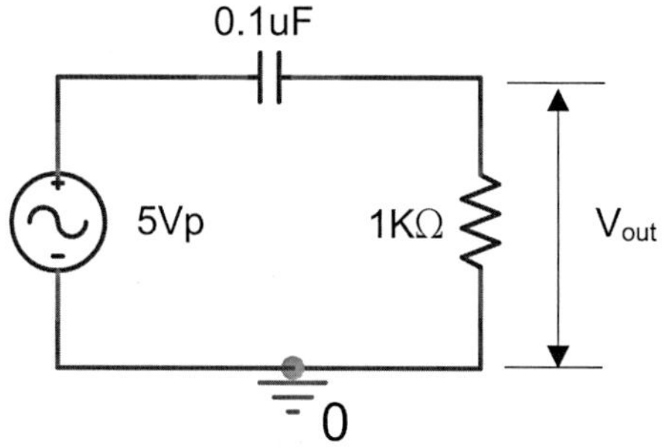

| 그림 13-14 | 실험 7 회로

| 표 13-7 | 출력전압 측정

주파수(Hz)	출력전압

※ 차단주파수 = ______________(Hz)

실험 8

[실험 7]의 RC 고역 통과 필터 회로에 대하여 커패시터의 값을 변화시키면서 차단주파가 어떻게 변하는지 PSpice 시뮬레이션으로 확인하고 표 13-8에 기록하시오. 커패시터의 값은 0.01uF, 0.047uF, 0.1uF, 0.47uF, 1uF 로 변화시키면서 관찰하시오.

| 표 13-8 | 커패시터 값과 차단주파수

커패시터	0.01uF	0.047uF	0.1uF	0.47uF	1uF
차단주파수					

실험 9

그림 13-15와 같은 대역 통과 필터 회로에 대하여 저주파 차단주파수 f_L과 고주파 차단주파수 f_H를 구하여 표 13-9에 기록하시오.

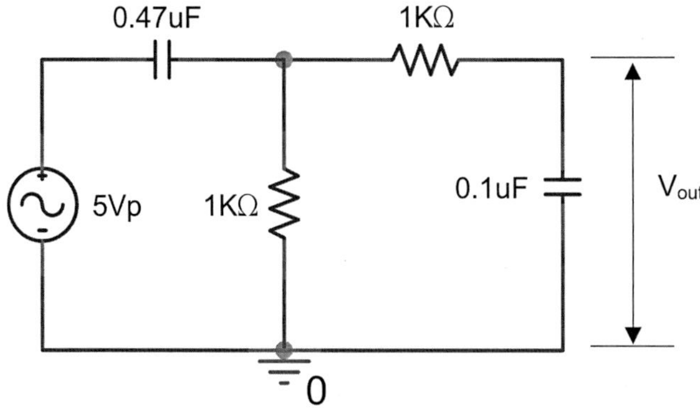

| 그림 13-15 | 실험 9 회로

| 표 13-9 | 대역 통과 필터의 차단주파수

	f_L	f_H
측정값		
계산값		

실험 10

그림 13-15와 같은 대역 통과 필터 회로에 대하여 통과 대역폭이 2 KHz~20 KHz인 회로를 설계하려고 한다. 저항은 모두 1 KΩ일 때 커패시터의 값을 구하시오. 커패시터 값을 구한 후 PSpice 시뮬레이션을 실행하고 출력 신호를 표 13-10에 그리시오.

C1 = ______________

C2 = ______________

| 표 13-10 | 출력 전압 그래프

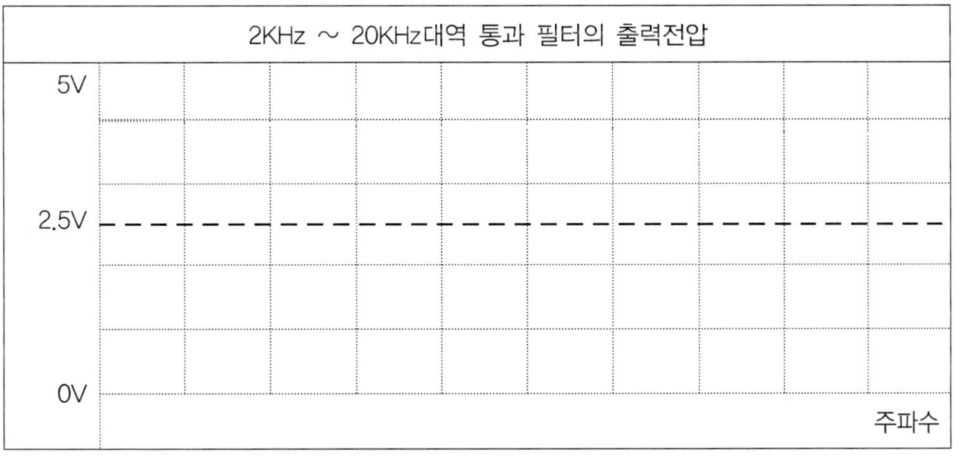

찾아보기

ㅅ

ㅇ

ㅈ

ㅊ

ㅋ

ㅌ

ㅍ

ㅎ

A~G

H~S

T~Z

저 자 약 력

진현준 : 호서대학교 교수

고려대학교에서 전자공학을 전공하고 미국 리하이대학에서 박사 학위를 취득한 후 현재 호서대학교 정보통신공학과에 재직하고 있다.

급변하는 교육 환경에서 실험실습 과목의 중요성을 인지하고 기초회로이론, 디지털회로 및 시스템, 마이크로프로세서 등의 과목에 대하여 보다 충실한 실험실습이 되도록 관심을 기울이고 있다.

정가 21,000원

PSpice로 배우는 기초회로 이론과 실험실습

2019년 2월 12일 초판 인쇄
2019년 2월 18일 초판 발행
저　자 : 진현준
발행자 : 송　준
발행처 : 홍릉과학출판사
주　소 : 서울시 강북구 인수봉로 50길 10
01093
등　록 : 1976년 10월 21일 제5-66호
전　화 : (02) 999-2274~5, 903-7037
팩　스 : (02) 905-6729
e-mail: hongpub@hongpub.co.kr
http://www.hongpub.co.kr
ISBN: 979-11-5600-645-9

저자와의 협의하에 인지생략

낙장 및 파본은 구입처나 본사에서 교환하여 드립니다.
판권 소유에 위배되는 사항(인쇄, 복제, 제본)은 법에 저촉됩니다.